高等职业教育“十四五”规划教材

试验统计方法

第 4 版

张　爽　张新燕　瞿宏杰　主编

中国农业大学出版社
· 北京 ·

内 容 简 介

本教材在第 3 版的基础上精心修订而成，新版教材强调以“试验过程”为导向，以“实践技能”为主线，以“实际应用”为最终目标，构建教材内容体系。本教材内容包含 7 个项目，即一个完整的试验流程，涵盖了从试验设计到试验总结的各个环节，包括试验设计、试验计划书的拟定、试验实施、试验资料整理、统计推断、试验结果统计分析、试验总结等。教材注重强化思政教育与专业知识的深度融合，厚植家国情怀；注重纸数融合，配套动画和分析软件操作视频，让学习过程更加直观和高效。

本教材适合高等职业院校农业类专业田间试验与统计分析相关课程教学使用，也可供农业科技人员、农业推广人员、现代农业从业人员自学参考。

图书在版编目(CIP)数据

试验统计方法 / 张爽，张新燕，瞿宏杰主编.
4 版. -- 北京 ：中国农业大学出版社，2025. 7.
ISBN 978-7-5655-3501-7

Ⅰ. S3-33

中国国家版本馆 CIP 数据核字第 2025SF3506 号

书　　名　试验统计方法　第 4 版

作　　者　张　爽　张新燕　瞿宏杰　主编

策划编辑　张　玉　郭建鑫　　**责任编辑**　郭建鑫

封面设计　中通世奥图文设计中心

出版发行　中国农业大学出版社

社　　址　北京市海淀区圆明园西路 2 号　　**邮政编码**　100193

电　　话　发行部 010-62733489,1190　　读者服务部 010-62732336

编辑部 010-62732617,2618　　出　版　部 010-62733440

网　　址　http://www.caupress.cn　　**E-mail** cbsszs@cau.edu.cn

经　　销　新华书店

印　　刷　北京溢漾印刷有限公司

版　　次　2025 年 8 月第 4 版　　2025 年 8 月第 1 次印刷

规　　格　185 mm×260 mm　　16 开本　　16.5 印张　　406 千字

定　　价　49.00 元

第4版编审人员

主　编	张　爽	黑龙江农业职业技术学院
	张新燕	河北旅游职业学院
	瞿宏杰	襄阳职业技术学院
副主编	申宏波	黑龙江农业职业技术学院
	王国伟	玉溪农业职业技术学院
	唐忠建	新疆农业职业技术大学
	肖锡湘	吉安职业技术学院
	潘　伟	黑龙江农业职业技术学院
参　编	陈　亮	湖北生物科技职业学院
	刘　俊	吉安职业技术学院
	邱青璐	河北旅游职业学院
	王自杰	黑龙江省农业科学院佳木斯分院
	余克琴	襄阳职业技术学院
	袁玉涛	培黎职业学院
主　审	苗兴芬	黑龙江八一农垦大学

第3版编审人员

主　编	霍志军	黑龙江农业职业技术学院
	尚文艳	河北旅游职业学院
副主编	孙东升	辽宁职业学院
	吴杏红	云南农业职业技术学院
参　编	黄荣利	河北旅游职业学院
	崔海明	河北旅游职业学院
	刘经才	黑龙江鹤岗市蔬园乡农技推广站
	焦占力	黑龙江省农业科学院农化研究所

前　言

党的二十大报告提出“加快建设农业强国，扎实推动乡村产业、人才、文化、生态、组织振兴。”

随着农业现代化进程的加速和科技的飞速发展，试验统计方法已成为农业类专业不可或缺的专业基础课程。该课程具有深厚的理论性与广泛的实践性，可以为精准农业提供技术支持，也可以对农业生产中的各种风险因素进行评估和预测，还可以帮助农业生产者和管理者做出更加科学合理的决策。试验统计是推动农业生产创新发展的重要工具，更是农业科技工作者服务现代化农业的必备技能。

本教材在第3版的基础上，广泛收集教材使用反馈，结合教育部相关文件精神，由多家职业院校一线教师组建的编写团队修订而成。为了使学生和社会学习者深入掌握并熟练运用试验统计方法，新版教材以“试验过程”为导向，以“实践技能”为主线，以“实际应用”为最终目标，构建“1绪论7项目3拓展”的教材内容体系。7个项目，即一个完整的试验流程，涵盖了从试验设计到试验总结的各个环节，具体包括试验设计、试验计划书的拟定、试验实施、试验资料整理、统计推断、试验结果统计分析、试验总结；3个拓展，即着眼于满足不同学习者的需求，紧跟实际应用与现代科技发展步伐，增设卡方(χ^2)检验、SPSS应用以及DeepSeek多领域赋能3个拓展知识模块；为了让学习过程更加直观高效，教材配备有动画以及实践操作视频，有助于学生与社会学习者轻松掌握试验统计方法的精髓。在此基础上，教材进一步强化思政教育与专业知识的深度融合。设置思政园地，介绍先进人物典型案例，实现了思政元素与专业知识的有机融合，实现知识传授与价值引领的有机统一，引导学生树立为现代化农业发展贡献力量的使命感和责任感，厚植家国情怀。

本教材由张爽统稿，苗兴芬主审，具体编写分工如下：申宏波编写绪论、附表；张爽编写项目一；唐忠建编写项目二；余克琴编写项目三；袁玉涛编写项目四的任务一、任务二、技能训练4-1；瞿宏杰编写项目四的任务三、任务四、任务五、技能训练4-2、技能训练4-3、自测练习、思政园地；刘俊编写项目五的任务一、技能训练5-1、自测练习、思政园地；陈亮编写项目五的任务二；潘伟编写项目五的任务三、技能训练 5-2、技能训练 5-3；王国伟编写项目五的任务四；张新燕编写项目六；肖锡湘编写项目七；邱青璐编写拓展一、拓展二；王自杰编写拓展三。

本教材编写过程中参考了大量文献资料，在此向有关作者深表感谢。由于编者水平和编写时间有限，书中难免有错误或疏漏之处，敬请广大读者批评指正，以便再版时修订完善。

编　者

2025 年 6 月

目　录

绪　论

知识目标：

- 了解试验的概念和特点；
- 熟知试验的根本任务；
- 明确试验的要求；
- 掌握试验的研究方法。

能力目标：

- 能够根据不同的试验选择适宜的研究方法；
- 能够结合实际情况确定试验的基本任务。

素质目标：

- 具备勤勤恳恳、忘我工作的职业精神；
- 秉持一丝不苟、献身科学的奋斗精神；
- 树立为祖国科学事业奋斗的爱国奉献精神。

思政园地

在当今市场竞争愈发激烈的环境下，农产品生产面临着诸多挑战，高产、优质、低耗已然成为核心要求。这不仅对农业生产从业者提出了更高的要求，也为科研工作者带来了新的使命与期许。科研工作者需要以严谨的科学态度和扎实的专业知识，通过精心设计的试验研究，深入探索农业生产各个环节的优化路径，将试验成果转化为切实可行的生产技术与解决方案，从而为农产品生产实践提供有力支持。助力农产品在高效、优质、可持续发展的道路上稳步前行，为保障国家粮食安全、推动农业现代化进程以及促进农村经济繁荣贡献智慧与力量，这不仅是科研工作者的责任，更是时代赋予的重任，正如我国著名的数学家、多元统计分析学科的开拓者之一、中国概率统计领域最主要的奠基人之一许宝騄，他把自己的全部精力都奉献给了数学领域、奉献给了祖国的科学事业。

一、试验的概念

在农业上，一个新品种、一项新技术、一种新产品的推广应用，都必须用一种科学的方法验证其优劣或鉴定其实用价值，这种科学的方法就是农业科学试验。

农业科学试验是促进农业科学进步的重要手段，农业生产是在大田条件下进行的，受自然环境条件和栽培条件影响较大。农业科研成果在大田生产条件下的实践效果如何，如引进的新品种是否适应本地区栽植、新选育的品种是否比原有品种更高产稳产等，都必须在田间条件下进行试验，才能为这些问题的解答和科学研究成果的评定提供可靠的依据。因此，田间试验在农业科学试验中的重要地位是不可替代的，是农业科学试验的主要形式。

二、试验的任务

试验的基本任务是在大田自然环境条件下研究新品种、新产品、新技术的增产效果，增加经济效益的理论、方法和技术，客观地评定具有各种优良特性的高产品种及其区域适应性，评定新产品的增产效果及对环境的反应，正确地评判其最有效的增产技术措施及其适用范围，使农业科研成果合理地应用和推广，发挥其在农业生产上的重要作用，并为各级农业部门及农户提供科学决策和技术咨询，促进农业科研成果尽快转化为生产力。

三、试验的特点

田间试验的研究对象和材料是生物体本身，任何农业新品种与新技术措施在应用到大田生产时都必须先进行田间试验。田间试验作为农业科学研究的主要途径，有其自身的特点，不同植物的试验方法又各有不同。

1. 试验应用面广

田间试验是在大田土壤上进行的，一般情况下，不破坏土壤的自然结构，不改变田间的气候状况，试验条件符合农业生产实际，便于推广应用。

2. 试验简单易行

试验单元是一定面积的小区，简单易行，能直接反映试验的效果。

3. 试验具有复杂性

在田间开放系统中，各种生长因子如光照、温度，甚至病虫等生物条件难以人为控制，不同部位试验小区的土壤理化性状的差异也无法消除。因此，田间试验误差大，只有通过合理的试验设计和认真细致地实施试验的每一个环节，并通过严密的统计分析，才能根据田间试验结果得出科学的结论。

四、试验的要求

1. 试验目的要明确

进行田间试验时，在阅读文献与社会调查的基础上，明确课题，并制订合理的试验方案，对试验的预期结果及其在农业生产和科学试验中的作用做到心中有数，这样才能有目的地解决当前生产实践和科学试验中亟待解决的问题，并兼顾将来可能出现的问题，避免盲目性，提高试验的效果。

2. 试验条件要有代表性

试验条件应能代表将来准备推广试验结果的地区的自然条件（如试验地土壤种类、地势、土壤肥力、气候条件等）与生产条件（如轮作制度、农业结构、施肥水平等），这样有利于试验结果的推广应用。另外，在进行试验时，既要考虑代表目前的条件，还要注意到将来可能被广泛采用的条件，使试验结果既符合当前需要，又不落后于生产发展的要求，使试验有预见性。

3. 试验结果要有可靠性

试验结果的可靠性包括准确性与精确性两个方面。准确性是指试验结果与被研究的理论真值相接近的程度，越是接近，则试验越准确。但一般试验中真值是未知的，故常设对照处理，来了解结果的相对准确程度。

精确性是指同一处理的试验指标，在不同重复观察中所得数值彼此接近的程度，是可以计算的，是由试验误差的大小决定的。进行田间试验时，必须随时随地注意试验的精确性，一方面要力求避免发生人为的错误；另一方面要尽量降低由于各种偶然因素的影响而引起的试验误差，以提高试验的精确性。因此，为降低试验误差，必须严密地设计试验，严格地执行试验，合理地运用统计方法。

4. 试验结果要有重演性

重演性是指在相似的条件下再次试验会得到类似的试验结果。也就是说，一项试验结果在推广前，必须进行重复试验，如果获得类似的结果，则说明试验结果有推广应用价值。要保证试验结果能够重演，首先，要仔细明确地设定试验条件，使其具有代表性；其次，可将试验在各种条件下进行或重复做 2～3 年试验，以验证其结果是否能重演。

由于田间试验易受自然环境条件的影响，同一试验在不同年份可能有不同的结果。为此，必须记录气象因素的变化，做好田间档案，同时对作物生长发育进行观测记载，以便研究其间的关系，掌握其规律性。

五、试验研究方法

试验研究方法一般可分为调查研究法和试验研究法。调查研究法是就已有的事实对生物各方面进行研究，是最常采用的研究方法。其特点是速度快、效果好，简单易行，适用于多方面的研究。试验研究法是人为新创造一些条件对生物各方面进行研究，这些新创造的条件是人们依据研究目的而拟定的，是可以控制的，具体又可分为以下四类：

1. 经验总结调查法

在各地广泛进行植物栽培过程中会积累很多宝贵的经验，这些宝贵的经验对推动农业发展有积极作用。经验总结调查法是一种节省时间且能提高试验效果的方法，是在先进技术或丰产优质的综合管理经验调查中经常采用的试验方法。

2. 生物学调查法

生物学调查法是植物生产研究中的重要手段，常配合田间试验、调查研究等以取得有关植物各器官生长发育等方面的数据资料，分析说明试验效果，并在生产中推广。如通过果树叶果比、枝果比、干周等相关数据的调查、测定、计算可作为确定果树负载量的依据。另外，还可总结出规律性资料，如定期测量果树根系、枝条、果实等的生长量，定期解剖芽眼观察分化情况等可帮助我们了解果树的年周期中各器官的生长发育动态，借以提高管理水平。所以，生物学调查法是一种应用范围很广的研究方法。

3. 田间试验法

田间试验法是植物常用的重要研究方法，它以差异对比法为基础，在控制或人工处理条件下，突出对比因素，以比较不同处理的反应和效果。一般植物的田间试验需要较长的时间，为了加速试验进程，节约经费，提高试验效果，可采用预备试验和正式试验相配合的方法。在正式试验中还可分为几个步骤，先进行小区试验，继而选择效果最好的处理进行田间生产试验，最后将最佳处理推广于生产。新育成或引进的品种要布点进行区域化试验，从而确定最佳推广范围。

4. 室内研究法

室内研究法是利用人工控制的环境条件（如温室、大棚、生长箱、组织培养室、人工气候室等设备）进行植物各方面的研究，可得到较为准确可靠的试验结果，误差少而速度快。随着设备条件的改善，室内研究法应用已越来越多，已逐渐成为普遍采用的研究方法。室内研究法有调查性的（如根系观察、营养诊断、花芽分化观察等），也有试验性的（如盆栽试验、水培试验、组织培养试验等）。

以上四种方法应当互相配合、综合应用，以期用较短的时间完成研究任务。

自测练习

一、单选题

1. 在农业上，一个新品种、一项新技术、一种新产品的推广应用，都必须用一种科学的方法验证其优劣或鉴定其实用价值，这种科学的方法被称为（　　）。

A. 农业科学试验　B. 试验因素　C. 试验水平　D. 试验水平组合

2. 田间试验需在各种试验条件下进行或重复做（　　）年，以验证其结果是否能重演。

A. 1　B. 2～3　C. 4～5　D. 6～7

3.（　　）是指同一处理的试验指标，在不同重复观察中所得结果彼此接近的程度，是可以计算的，是由试验误差的大小决定的。

A. 精确性　B. 准确性　C. 可靠性

二、多选题

1. 试验的特点主要包括（　　）。

A. 试验应用面广　B. 试验简单易行　C. 试验有复杂性　D. 试验应用面小

2. 田间试验的基本要求主要包括（　　）。

A. 试验目的要明确　B. 试验条件要有代表性

C. 试验结果要有可靠性　D. 试验结果要有重演性

3. 试验研究的方法一般可分为（　　）。

A. 调查研究法　B. 试验研究法　C. 讨论法

4. 试验研究法是人为新创造一些条件对生物各方面进行研究，该方法具体又可分为（　　）。

A. 经验总结调查法　B. 生物学调查法

C. 田间试验法　D. 室内研究法

三、判断题

1. 在一定条件下，观察、比较植物各方面的现象、结果，从而得出某种科学结论的一切活动称为试验。（　　）

2. 重演性是指在相似的条件下再次试验会得到类似的试验结果。（　　）

3. 准确性是指试验结果与被研究的理论真值相接近的程度，越是接近，则试验越准确。(　　)

4. 利用人工控制的环境条件，如温室、大棚、生长箱、组织培养室、人工气候室等设备进行植物各方面的研究属于田间试验法。(　　)

四、简答题

1. 简述田间试验的基本任务。

2. 什么是农业科学试验？其在农业生产上有什么作用？

绪论　自测练习答案

项目一
试验设计

知识目标：

- 了解试验设计术语及试验的种类；
- 熟知试验设计的基本原则；
- 明确实验误差的控制途径；
- 掌握试验单元设计及田间试验小区设计方法。

能力目标：

- 能够利用试验设计的基本原则控制试验误差；
- 能够结合实际进行试验单元和试验小区的设计；
- 能够结合实际进行对比法、间比法、随机区组、裂区和拉丁方试验设计。

素质目标：

- 具备认真负责、实事求是的工作态度；
- 具有一丝不苟、精益求精的科学精神；
- 具有立志为农业现代化贡献智慧与力量的家国情怀。

任务一　试验设计的基本原则

一、试验设计术语

1. 试验指标

试验指标是指用于衡量试验效果的指示性状。生产试验中，常用作物的各种性状作指标，可以选用单指标，也可以选用多指标，指标要能反映和衡量试验效果的好坏。如葡萄苗嫁接成活率试验，考察的试验指标可为单指标，即苗的成活率；又如玉米品种比较实验中，考察的试验指标不仅有产量、单穗重等指标，有时也会考察品种的质量，如蛋白质、淀粉等含量，试验指标多时要分清主次，以便抓住主要方面。

2. 试验因素

试验因素是指试验中对试验指标可能产生影响的原因或要素，简称因素、因子或处理因素。例如，作物生产中受到品种、种植密度、肥水条件、栽培管理措施以及自然环境条件等诸多方面的影响，这些方面就是影响作物生产的因素。在这众多因素中，有的影响较大，为主要因素；有的影响较小，为次要因素；有的因素易由人工控制，如肥料、水分、生长素、农药、除草剂等栽培因素，有的难由人工控制，如光、温、湿、气、土、病、虫等自然环境条件。

由于客观条件的限制，一次试验中不可能将每一个因素都进行考察研究，通常是选取某个或几个对试验指标影响较大的重要因素来进行试验。把除试验因素以外其他所有对试验指标有影响的因素称为非试验因素或非处理条件。例如品种比较试验，研究的对象是品种，品种即为试验因素，除品种以外的其他栽培因素和环境条件均为非处理条件。

3．水平

水平是指试验因素量的不同级别或质的不同状态。试验因素划分为几个数量等级或设定为几个状态，其就是几个水平。如施肥试验中采用 225 kg/hm^2、300 kg/hm^2、375 kg/hm^2 3 种施肥量进行比较，则施肥量因素有 3 个水平，也就是每一个施肥量即为一个水平；又如品种比较试验中，用 3 个品种进行比较，则品种因素有 3 个水平，也就是每一品种即为一个水平。

从中可以看出，试验因素水平可以是定量的，即可以用数字表示，如时间、温度、用量、长度等，表现为不同的数量等级，具有量的差异，称为数量水平。数量水平不同级别间的差异可为等间距，也可为不等间距。水平也可以是定性的，即不能用数字表示，如品种、方式、方法、药剂、肥料等，表现为因素的不同状态，具有质的区别，称为质量水平。

4．水平组合

在有的试验中常常要考察多个因素，为了全面比较，须将各因素的每一水平相互搭配来进行试验，这种同一试验中各因素不同水平组合在一起而构成的技术措施（或条件）称为水平组合。一个试验中所有可能的不同水平组合数是各因素水平数之积。例如，在不同品种施肥试验中，探索不同品种采用不同的施肥量对产量的影响，这是一个双因素试验，其水平如表 1-1-1 所示。

表 1-1-1　品种×施肥量试验因素水平

因素	水平			水平数
品种	甲品种	乙品种	丙品种	3
施肥量/(kg/hm^2)	225	300	375	3

为了找出各品种的适宜施肥量，甲、乙、丙 3 个品种应分别与 225 kg/hm^2、300 kg/hm^2、375 kg/hm^2 3 种施肥量进行组合，具体水平组合如下。

$$\text{甲品种}\begin{cases}225\ kg/hm^2\\300\ kg/hm^2\\375\ kg/hm^2\end{cases}\quad \text{乙品种}\begin{cases}225\ kg/hm^2\\300\ kg/hm^2\\375\ kg/hm^2\end{cases}\quad \text{丙品种}\begin{cases}225\ kg/hm^2\\300\ kg/hm^2\\375\ kg/hm^2\end{cases}$$

或者：

$$225\ kg/hm^2\begin{cases}\text{甲品种}\\\text{乙品种}\\\text{丙品种}\end{cases}\quad 300\ kg/hm^2\begin{cases}\text{甲品种}\\\text{乙品种}\\\text{丙品种}\end{cases}\quad 375\ kg/hm^2\begin{cases}\text{甲品种}\\\text{乙品种}\\\text{丙品种}\end{cases}$$

其有两种写法，但实际内容相同，共 9 个水平组合，从中可以看出水平组合数为各因素水平数的乘积,即 3×3=9。

5. 试验处理

试验处理是指在试验小区上所实施的试验措施。单因素试验中,试验因素的每一个水平就是一个试验处理;多因素试验中,不同因素的水平相互组合,即水平组合,其构成一个试验处理。

6. 试验方案

试验方案是指根据试验目的和要求所拟定的进行比较的试验处理的总称。

7. 试验单元

试验单元是指试验中能接受不同处理的试验载体,也称为试验单位。在试验中,它的形式可以多种多样,可以是一个试验小区、一株树,也可以是一盆植物等。在试验结果的统计分析中,通常一个试验单元要有一个数据参与统计分析。

8. 试验效应

试验效应是指试验因素对试验指标所起的增加或减少的作用。例如,某水稻品种施肥量试验,施氮 10 kg/667 m^2 的产量是 350 kg/667 m^2,施氮 15 kg/667 m^2 的产量是 450 kg/667 m^2,则在施氮 10 kg/667 m^2 的基础上增施 5 kg 的效应即为 450－350＝100 kg/667 m^2。

二、试验种类

(一)依试验因素数量划分

1. 单因素试验

单因素试验是指只研究一个因素效应的试验。如玉米品种比较试验,只研究"品种"这一个因素,其他的因素是相对一致的。其优点是试验设计简单,统计分析比较容易。但由于与农作物生长发育有关的各个因素之间存在复杂的关系,而此类试验又只研究一个因素,不能了解几个因素间的相互关系。因此其应用范围小,有一定局限性。

2. 多因素试验

多因素试验是指同时研究两个或两个以上因素的试验,又称复因素试验。例如,玉米品种与施肥量相结合的试验就是多因素试验。其优点是不仅可以研究各个因素单方面的效应,而且能研究因素间的相互作用,所以多因素试验说明的问题比较全面,比较切合实际。但其设计上比较复杂,统计分析上比较烦琐,所以应用时因素数和水平数不宜过多。

3. 综合试验

综合试验是指将各种丰产措施结合在一起以创造高产的试验形式,是具有检验和示范作用的试验。综合试验也是一种多因素试验,但各因素的不同水平不构成平衡的处理组合,而是选择一种或数种成套的技术措施进行试验,它的一个处理组合就是一系列经过实践初步证明的优良水平的配套。这种试验简而易行,各地都可吸取当地和外地的丰产经验和科研成果,设计适合当地应用的丰产技术方案,是推广丰产经验、提高作物产量的一种有效的方法。

(二)依试验研究内容划分

1. 品种试验

品种试验主要研究各种作物的引种、育种和良种繁育等问题。如品种比较试验,将遗传性不同的品种置于相同的条件下,以选出产量、品质和抗性等指标超过原推广品种,并适于当地推广应用的新品种。我们熟悉的杂交水稻,正是通过这种不断试验和筛选的方式培育出来的。

1974 年，被誉为“杂交水稻之父”的袁隆平院士在安江农校试种的“南优 2 号”杂交稻取得了重大突破，亩产达到 628 kg，这一成果标志着世界上第一个实用高产杂交水稻品种的诞生。从 1976 年起，杂交水稻开始迅速在全国推广，1976 年至 1980 年期间，全国累计播种面积超过 2.5 亿亩（1 亩≈667 m^2），增产粮食 130 多亿 kg。

袁隆平院士曾说：“人就像种子，要做一粒好种子。”他一生致力于杂交水稻技术的研究、应用与推广，以不懈的创新、奋斗和探索精神，推动了中国种业的发展，为我国的粮食安全、农业科学进步以及世界粮食供给作出了不可磨灭的贡献。

我国是农业大国，农业是我国的立国之本、强国之基。粮食安全关乎国家的稳定与发展，而农业科技创新则是实现这一目标的关键。我们每一名同学都应该肩负起“强农兴农”的责任，努力学习农业科学知识，为把中国人的饭碗牢牢端在自己手中贡献一份力量。让我们以袁隆平院士为榜样，传承他的精神，用实际行动践行“藏粮于地、藏粮于技”的理念，为农业现代化和乡村振兴注入新的活力。

思政园地*

2. 栽培试验

栽培试验主要研究各种栽培技术措施的增产作用，如播种期、播种量、播种方式等试验。如秋白菜的播种期、播种方式比较试验，是将秋白菜置于不同播种期、不同播种方式下进行比较，以确定最佳播种期和播种方式，即该栽培因素的何种水平最能发挥该品种的增产作用。

栽培试验包括栽培技术对比试验、丰产栽培技术试验、栽培技术示范试验等。

3. 肥料试验

肥料试验是研究肥料对作物营养、产量、品质及土壤肥力等作用的试验方法，如玉米、大豆、果树等的配方施肥试验。

4. 农药试验

农药试验是研究农药对病虫草害防治效果的试验方法，如某种新型农药对玉米、大豆、果树等田间病虫草害防治的药效试验。

5. 贮藏试验

贮藏试验主要研究不同管理技术措施、不同贮藏条件、方法对贮后果蔬品质以及种子的影响。

（三）依试验规模划分

1. 单点试验

单点试验是指在一个地点进行的试验。试验涉及的范围小，且试验结论也只局限于试验地点附近的有限地区。

2. 多点试验

多点试验是指在统一组织下，按统一设计的试验方案、统一的试验方法和统计方法，在许多地点同时进行的试验。其试验区域较广，试验结果的准确性较高，可以缩短试验研究的年限，提早确定试验成果的适用范围，有利于迅速推广。

（四）依试验期限划分

1. 单季试验

单季试验是指试验期限仅为一个生产季节，如肥料用量试验常用此法。

---

* 注：本书思政园地资料均来自网络。

2. 长期试验

长期试验是指试验期限多为几年或几个生产季节，如英国洛桑实验站的小麦长期定位试验，迄今已持续了150多年。

(五)依试验小区面积划分

1. 微区试验

微区试验是指试验小区面积一般在10 m^2以下的试验，一般适用于探索性试验或观察性试验。

2. 小区试验

小区试验是指试验小区面积一般在10～60 m^2的试验。大多数的试验为小区试验，其优点是小区面积小，能减少整个试验地的面积，同时也能利用合理的田间实验设计方法来控制土壤差异、小气候差异以及作物群体间竞争等，容易做到在肥力均匀的地块进行试验和精细管理，同时便于增加试验小区的重复次数，提高试验的精确性。

3. 大区试验

大区试验是指在田间试验中小区面积一般在330 m^2以上的试验，多为示范性试验。其优点是试验地土壤和栽培条件接近于大田，具有大田生产的代表性，试验结果能够较好地反映处理在生产上的表现。但由于小区面积较大，不能设置重复和精细管理，不宜在处理数比较多、精确性要求高的试验中采用，一般多在经过初步试验，明确了优良处理以后，进一步在生产条件下进行的生产示范性试验时采用，为推广应用打基础。

(六)依试验指标数量分类

1. 单指标试验

试验中仅设一个衡量标准。如不同嫁接期、不同嫁接法对葡萄苗嫁接成活率的影响试验，指标就是“成活率”。

2. 多指标试验

试验中设有两个以上衡量标准，如不同剪砧期、不同剪砧高度对苹果苗木质量的影响试验，指标包括苗木的高度、粗度、伤口愈合程度等。

(七)依试验场所划分

1. 田间试验

田间试验是指安排在农田、果园的土地上进行的试验。其受自然环境变化影响较大，试验误差不易控制。

2. 室内试验

室内试验是指安排在实验室内进行试验。其环境容易控制，如温室试验、组织培养试验、盆栽试验和人工气候室试验等。

三、试验设计的基本原则

试验设计主要目的是减少试验误差，提高试验精确度，使研究人员能从试验结果中获得正确的观测值，对试验误差进行正确的估计。为实现上述目的，田间试验设计应遵循以下三条基本原则。

1. 设置重复

重复是指在试验中每种处理安排的试验单元数，即在田间试验中，同一种处理种植的小区数即为重复次数。设置重复最主要的一个作用是估计试验误差。试验误差是客观存在的，我们只能通过同一处理不同试验单位间的差异来估计。如果每一处理只有一个试验单位，即同一处理只有一个观测值，那么同一处理内的差异则无法表现和获取，误差也就无法估计。而设置重复后，我们可以从同一处理不同重复间的差异估计试验误差，从而判断试验处理间差异的显著程度。

设置重复的另一个作用是降低试验误差，从而提高试验的精确度。试验误差与重复的次数的平方根成反比，即重复次数越多，试验误差越小，试验的精确度就越高。同时增加重复可以扩大试验范围，提高试验的代表性。但是重复不是越多越好，重复过多，会增加管理的难度，增加人力、物力的投入，反而得不到预想的试验效果。因而不同试验的重复次数的多少要根据具体情况而定，一般小区面积较小的试验常设置 3～6 次重复，较大的通常设置 2～4 次重复；进行面积较大的生产示范试验时，设置 2 次重复即可。

2. 随机排列

随机排列是指每次重复中的每个处理都有同等的机会被安排在任何一个试验小区上，而不带有任何的主观成见。设置重复可以为误差的估计提供条件，但是要想获得无偏的试验误差估计值，则要求我们对各个处理做到随机排列。因此随机排列与设置重复相结合，就能够提供无偏的试验误差估计值。

进行随机排列，可以采用抽签法、计算机产生随机数字或利用随机数字表(附表 1)。随机数字表的用法将在后面介绍。

3. 局部控制

在田间试验中，要将所有的非处理因素控制得均衡一致是很难做到的，但我们可以将整个试验环境划分成若干个相对最为一致的小环境，每一个相对一致的小环境称为区组，再在每个小环境内或区组内分别设置一套完整的处理，这就是局部控制。

局部控制是降低误差、控制土壤等环境条件差异最好的办法。因为在较小地段内试验环境条件等非处理因素较易控制，可以在整个试验环境中分范围、分地段地控制土壤差异等非处理因素，使之对各试验处理小区的影响达到最大程度的一致。例如，试验地有较明确的土壤差异，可以按其肥力梯度划分区组，使区组内肥力相对均匀一致，每个区组内将每个处理安排一次，这样能影响试验误差的只限于区组内较小地段的细微土壤差异，误差相对减小。

综上所述，一个好的试验设计，必须根据设置重复、随机排列、局部控制这三个基本原则合理周密地做出安排。只有这样才能在试验中得到最小的试验误差，获得真实的处理效应和无偏的试验误差估计。

田间试验设计三个基本原则的关系及作用如图 1-1-1 所示。

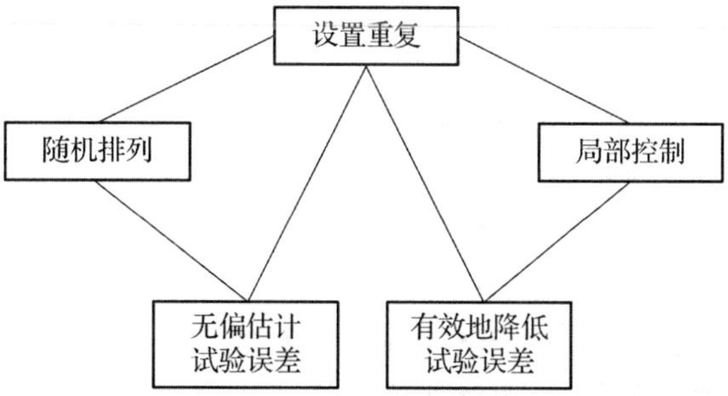

图 1-1-1 试验设计的三大原则

任务二 试验误差控制

田间试验的条件是复杂的，受很多不能完全控制的自然因素的影响，因此在进行田间试验时，必须做好设计和对试验数据进行正确的统计分析，以便得出准确的结果并做出正确的判断。

一、试验误差的概念和类型

1. 试验误差的概念

在田间试验中，试验处理有其真实效应，但总是受到许多非处理因素的干扰和影响，使试验处理的真实效应不能完全地反映出来。田间试验中的所有观测值，既包含处理的真实效应，又包含许多其他因素的偶然影响。这种因非处理因素的偶然干扰和影响而造成的试验结果与真值的偏差，称为试验误差或误差。

试验误差是衡量试验精确度的依据，误差小表示精确度高，误差大则精确度低。图 1-2-1 以打靶的情况来说明试验的准确性和精确性。以中心为理论真值，a 表示 5 枪集中在中心，准而集中，具有最佳的准确性和精确性，说明试验误差最小；b 表示 5 枪偏离中心，有系统偏差，但很集中，准确性差，而精确性甚佳；c 表示 5 枪既打不到中心，又很分散，准确性和精确性均很差；d 表示 5 枪很分散，但能围绕中心打，平均起来有一定准确性，但精确性很差。

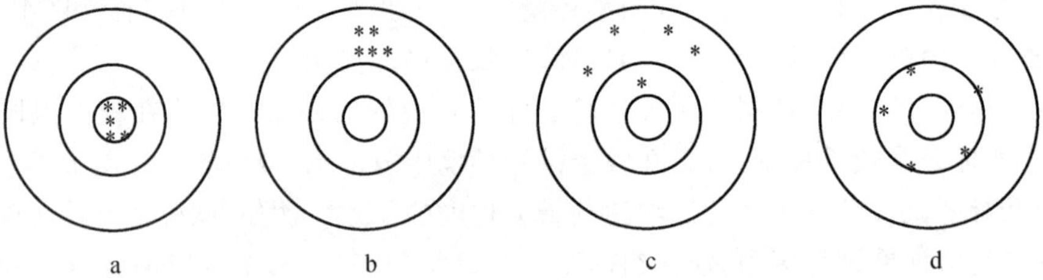

图 1-2-1 打靶图表示试验的准确性与精确性

显然，只有试验误差小才能正确而可靠地评定处理间的差异。田间试验必须注意试验设计与统计分析的密切关系，既运用统计原理指导田间试验设计以降低试验误差，又用统计方法处理试验结果，以合理地估计试验误差，从而提高田间试验的精确性。

2. 试验误差的类型

试验中的误差，按其来源、性质和特点的不同，一般可分为 2 种，即系统误差和随机误差。

(1)系统误差 系统误差是由试验处理以外的其他试验条件明显不一致造成的误差，也称片面误差。如试验地的施肥、灌水等农业技术操作以及试验管理操作明显不一致而造成的处理的观测值与其真值之间呈现的有一定方向性的偏差，这些均属系统误差，它影响试验的准确性。一般来说，系统误差的出现有一定的明显来源，或遵循某种规律变化，其产生原因往往是可知或能掌握的，因此可以克服并避免。

(2)随机误差 随机误差是指在严格控制试验条件相对一致后，仍然出现的由偶然因素引起处理观测值与其真值之间的偏差，也称偶然误差，习惯上常说的试验误差即指这种误差。它是偶然因素引起的，因此表现出明显的随机性，在试验中很难对其进行控制，不可避免，不能消除，只能尽量降低。在试验的结果统计分析中涉及的试验误差一般指偶然误差，其值无一定方向和大小，但它是正态分布的，影响试验的精确性，主要采用概率统计的方法处理。

系统误差和随机误差不是截然分开、固定不变的。实际上，有时把某些变化复杂、数值较小的系统误差当作随机误差处理。而有些随机误差被人们认识并找到控制方法，一旦控制不善时又被当作系统误差。当然，即使科学高度发展，试验的偶然性仍不能消除，也会有随机误差存在。

二、试验误差的来源

田间试验的核心是提高试验的精确度，降低试验误差。要有效降低试验误差，就要了解试验误差的来源，试验误差的来源主要包括以下 3 个方面。

1. 外界环境条件的差异

外界环境条件的差异是指试验所处自然环境条件上的差异，具体包括土地条件上的差异、试验地微域气候的差异以及偶然性因素引起的差异等。

(1)土地条件上的差异　如土壤肥力、土壤结构、土壤理化性质、耕作制度以及地形、地势等方面的差异，这些差异普遍存在，又难以控制，其中土壤肥力的差异是田间试验误差的最主要来源，主要是土壤形成过程中各种成土因子变异和长期的耕作过程中各种农事操作等不均一所造成的，表现为具有方向性的肥力梯度差异变化和斑块状的无规律性差异变化。在试验过程中可以通过试探性播种、调查植株状态以及观察试验地杂草等判断土壤肥力差异状况。

(2)试验地微域气候的差异　如试验地周围有高大的建筑或植株，有较大的水面或宽阔的公路等，都会造成试验各小区的微域气候的不同，从而引起各小区植株生长发育的不一致。

(3)偶然性因素引起的差异　试验过程中一些无法预见的原因，如病虫草害、鸟兽侵袭、人畜践踏、暴风雨、狂风冰雹等对试验的影响。

2. 试验材料固有的差异

指试验中各处理供试材料在遗传和生长发育上存在的差异，如供试种子不一致或基因型不纯合、秧苗或树苗大小不一、供试肥料或农药不均匀性等。

3. 试验操作管理措施的差异

指试验过程中除试验处理以外的栽培管理和结果观察时操作上存在的差异。如播种、移栽、施肥、浇灌、中耕除草、病虫害防治等农事操作管理措施的不一致，以及对一些性状进行观察和测定时，各处理的观察测定时间、标准、人员和所用工具或仪器等不能完全一致所造成的误差。

三、试验误差的控制

试验误差影响着试验的精确性，而试验误差又不能完全消除，这就要求我们，针对试验误差来源采取相应的措施，将其控制在试验允许的范围内，使误差降低到最小限度，来提高试验的精确性。

(一)控制外界因素

试验过程中引起差异的外界因素中，土壤差异是最主要也最难控制的。通常采用以下 3 种控制措施。

1. 正确选择试验地

(1)试验地要有代表性　要使田间试验具有代表性，首先试验地要有代表性，即试验地在气候条件、土壤类型、土壤肥力、耕作、栽培管理水平等应能代表当地的自然条件和农业条件，具有典型性和普遍性，以便使试验结果能在当地推广应用。

(2)试验地的土质、肥力要均匀一致　试验地肥力均匀是提高试验精确性的首要条件，肥力差异会影响处理效应的表现，甚至出现假象。试验地土壤质地组成、土层深厚、地下水位高低、耕种历史等力求一致。一般有较严重斑块状肥力差异的田块，最好不选为试验地。

2. 试验地应有较好的生态环境

首先试验地要平坦，特别是水田，严格要求田块平坦，以防灌水深浅不一而影响作物生长；旱作或果树、蔬菜等应尽量选择地势平坦地块，如必须在坡地进行试验，要注意小区的排列，务必使同一个重复的各小区设置在同一等高线上，选择局部肥力相对比较一致的地段，以便试验时能实现局部控制。试验地位置要适当，最好是四周空旷、阳光充足，尽量避开树木、建筑物、池塘、肥坑、道路等，远离居民点和畜舍，以免造成土壤肥力和气候条件的不一致。

3. 采用合理的小区技术

试验过程中合理设置试验小区是控制误差的有效措施，将在后面详细介绍。

4. 应用最佳的试验设计和相应的统计分析

正确采用试验设计能非常有效地降低试验误差。有关的试验设计和相应的统计分析分别在项目一任务三和项目六中专门讲述。

(二)选择同质一致的试验材料

必须严格要求试验材料的基因型要同质一致，尽量选用均匀一致的试验材料，不一致的试验材料可分级、分等重复使用或充分混合均匀后再使用。

(三)改进操作和管理技术，使之标准化

首先，一切管理操作、观察测量、数据收集都应以区组为单位进行控制，减少可能发生的差异；其次，操作要尽可能做到完全一样，要仔细，一丝不苟。杂交水稻之父袁隆平就是这样拿着放大镜，一垄垄、一行行、一穗穗，在几千几万个稻穗中寻找，在勘察了 14 万余株稻穗，并经过两年的探索、试验和研究后，终于写成引起国内外科技界高度重视的“惊世”论文《水稻的雄性不孕性》。

任务三　试验单元设计

一、田间试验小区设计

在田间试验中，安排实施一个处理的小块地段就是试验小区，简称小区。小区是田间试验的实施单位，因此，小区排列的合理性对于提高试验的精确度、控制试验误差有着重要的作用。

(一)试验小区面积

1. 农作物田间试验小区面积

在田间试验中，试验小区的面积是不固定的，有时较大，有时很小。通常小区面积过小则有可能恰好落在较肥或较瘦的斑块型地段上，使试验误差增大；较大面积的小区能更全面地

包含试验环境的复杂性，从而在一定范围内增加小区面积将会降低试验误差。但二者不是同比例的，即试验精确度的提高程度往往落后于小区面积的增大程度，当小区面积增大到一定程度时，误差降低的效果便不太明显，相反由于小区面积扩大，容易导致各项操作管理不及时和质量不一致，进而增大误差。具体田间试验采用多大的小区面积，一般来说要考虑以下几个方面。

（1）试验种类及性质　一般品种试验的小区面积可以小些，机械化栽培试验、灌溉试验、病虫害试验等试验的小区面积均应大些；耕作、肥水等地下试验的面积大于疏花疏果等地上部的试验；预备实验、初级阶段的试验，小区可小些，而正式试验、生产试验、推广试验则要大些。

（2）作物类别及多寡　稻麦等种植密度大的小株作物试验小区面积可小些，棉花、甘蔗、玉米等种植密度小的大株作物应大些；试材少的小区面积可小些，试材多的可大些。

（3）试验地土壤差异　土壤差异大，小区面积应相应大些；土壤差异小，小区面积应相应小些。如土壤差异呈斑块型，则应设置较大面积的小区。

（4）育种工作的不同阶段　在整个新品种选育的过程中，品系数由多到少，种子数量由少到多，对试验精确度的要求由低到高。因此，在育种过程的各个阶段中所采用的小区面积应从小到大。

（5）重复数及处理数　重复数及处理数较多时，且人力、财力不足，小区面积可适当小些；试验地面积较大，试验处理数不多时，可采用较大的小区。

（6）试验过程中取样的需要　如需在试验过程中取样进行各种测定，则应相应增大小区面积。

（7）边际效应和生长竞争　边际效应是指小区两边或两端的植株，因占较大空间而表现的差异。因此，小区面积确定应考虑边际效应的大小，边际效应大的应相应增大小区面积。生长竞争是指当相邻小区种植不同品种的作物或施用不同的肥料时，由于株高、分蘖力或生长期的不同，通常有一行或更多行受到影响而带来的差异。一般来说，对于这些效应和影响的处理办法是将小区的每一边除去 1～2 行，两端各除去 0.3～0.5 m，留下的面积是准备收获的面积，称为收获面积或计产面积，观察记载及计算产量均应在此面积上进行。试验小区面积大小，在考虑上述因素情况下，可参考表 1-3-1。

表 1-3-1　常用田间试验小区参考面积

试验地条件和试验性质	作物类型	小区面积/m^2	
		最低限度	一般范围
土壤肥力均匀	大株作物	30	60～130
	小株作物	20	30～100
土壤肥力不均匀	谷类作物	60～70	130～300
生产性示范试验	谷类作物	300～350	600～700
微型小区试验	稻麦类作物	1	4～8

2. 果树田间试验小区面积

果树田间试验的小区一般以植株的多少而定，根据具体情况不同试验要求的株数不同，可参考表1-3-2。

表1-3-2　果树田间试验小区的株数　　株

果树类型	预备试验	正式试验	每一个处理的总株数
乔木	1～3	9～20	4～30
灌木、浆果	3～8	20～40	60～120
苗圃、苗床	嫁接：15～20 实生：20～40	50～100	100～200

(二)试验小区的形状和方向

小区的形状是指小区的长度与宽度的比例。适当的小区形状也能较好地控制土壤差异，一般来说，狭长形小区相对于正方形小区，更能包含试验地的土壤复杂性，因而能降低试验误差，但从减少边际效应和生长竞争的角度考虑，以正方形小区为好，如土肥水试验、药效试验多采用正方形小区。综合两者的作用，小区一般以长方形为宜，且长边应与肥力变化方向平行(图1-3-1)。

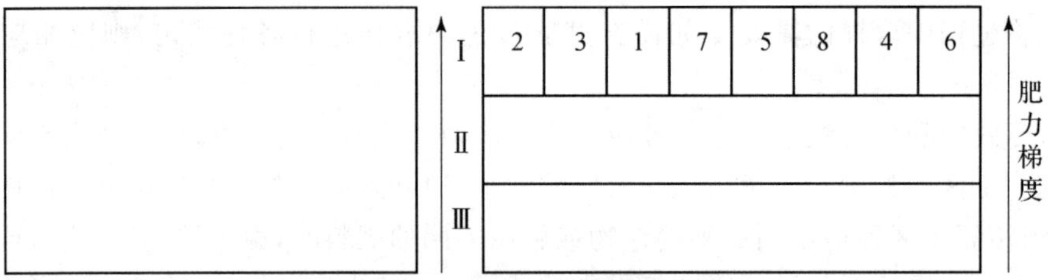

图1-3-1　按土壤肥力变异趋势确定小区排列方向

(Ⅰ、Ⅱ、Ⅲ代表重复，1、2、……代表小区)

小区的长宽比为(3～10)∶1，甚至可达20∶1。一般而言，小区面积较大时，长宽比以(2～3)∶1为宜，小区面积较小时，以(3～5)∶1为宜。此外，小区长宽比的确定还应根据试验地形状、面积及小区多少等因素进行适当调整。

当试验地具有不同的前茬时，小区的长边应与不同茬口的分界线垂直；当试验地为缓坡时，由于坡上与坡下的土壤水分和养分存在差异，小区的长边应与缓坡倾斜的方向平行(图1-3-2)；当确实不知土壤差异的表现形式时，宜采用正方形小区，正方形小区具有最短的周长，且计产面积占小区面积的比例最大，有利于降低边际效应及生长竞争。在这种情况下，正方形小区虽不如狭长形小区那样能获得较高的精确度，但也不会产生较大的误差。

(三)区组和小区的排列

1. 农作物试验区组和小区的排列

将全部处理小区分配于相对同质的一块土地上，称为一个区组，即田间试验的一个区组便是一个重复。前面我们讲过，一般来说，当小区面积较大时，可设置3～4次重复，分别安排在3～4个区组上，设置区组是控制土壤差异最简单最有效的方法之一。

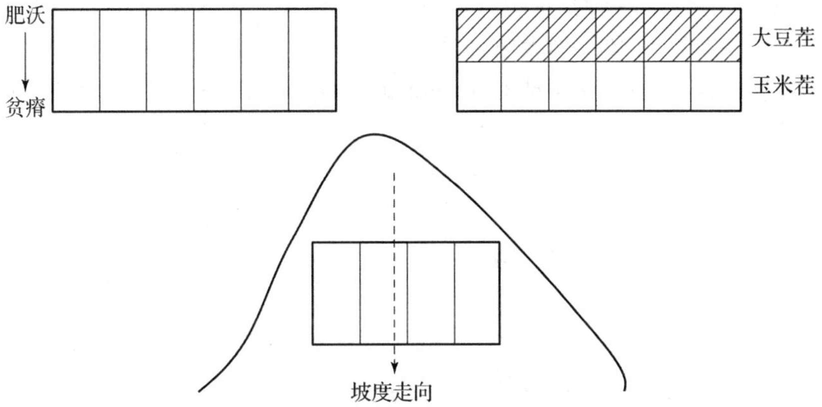

图 1-3-2 小区排列方向示意图

试验的全部重复可以排成双排式或者多排式，甚至也可以与其他试验排在一起，排成双排式或者多排式，这要根据试验地形状以及整个试验地的布局来确定，但重复排列必须遵循局部控制的原则。若试验地不存在明显的方向性肥力差异，且处理不多，也可采用单排式(图 1-3-3)。

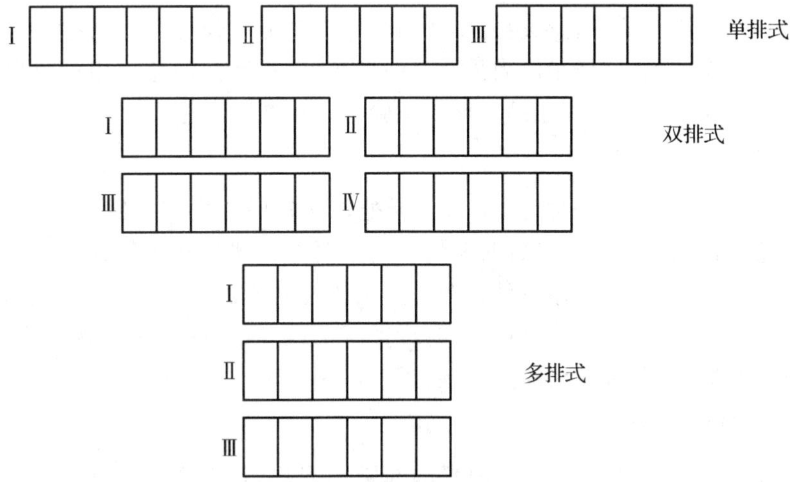

图 1-3-3 区组的排列方式

2. 果树试验的区组和小区排列

果树试验的区组和小区排列主要考虑株间的差异，尽量要使区组内株间差异小，对形状不一定要求一致，甚至同一区组的各小区可以不相邻。一般可采用以下小区和区组设计。

(1)单株区组 单株区组是指在同一植株选择条件相近的几个主枝或大枝组，设置处理和对照，以一个主枝或大枝为小区，全株成为区组。如果树试验中的花芽分化观察、授粉试验、修剪反应、局部枝果的保花措施、激素或微量元素的应用、品种高接比较鉴定等均可采用单株区组。

(2)单株小区 以单株为处理单位，将供试树按干周大小及树冠大小等不同分成若干组，每一组为 1 个处理，其中每一株为一小区。同一组内各处理间的基础差异要小，均选同一类型树。每一组单株小区可集中排列，也可分散排列。单株小区要求重复次数不少于 4 次，最好 8～10 次。如图 1-3-4 所示，依干周大小将果树分成 4 组，每组选 10 棵树，即构成一个 4 个处理 10 次重复的单株小区试验，这样排列，同一组的植株没有在一起，但它们的干周大小相近，体现了局部控制原则。

①	③	④	②	③	①	②	②	④	①
④	①	②	③	①	④	③	④	①	④
③	④	④	①	②	②	②	③	①	③
②	①	②	③	④	④	①	③	③	②

图 1-3-4　果树试验单株小区选择

（1、2、3、4 代表供试树干周大小不同）

单株小区适用于品种高接鉴定试验、修剪试验、疏花疏果或保花保果试验、激素或微量元素试验。

(3)组合小区　在山地各小区中，要选择均匀一致的供试树比较困难，因此可选用不同树势或树龄的单株组成组合小区。在组合小区内的单株树势有强有弱，但各个小区不同树势的植株是按同样比例组成的，这样小区内虽有株间差异，但小区间的差异相对减少，也能达到局部控制要求。组合小区一般适用于品种比较试验、施肥、整形修剪试验等。

（四）对照区设置

田间试验应设置对照区（符号为 CK），作为处理比较的标准。对照应是当地推广的优良品种或最广泛应用的技术措施。设置对照的目的主要是在观察和比较试验中的各个处理时，作为衡量处理优劣的标准；同时用以估计和矫正试验地的土壤差异。通常一个试验只设置一个对照，但有时为了适应某种要求，可以同时设置两个或多个对照，如作物品种比较试验则可同时设置早熟、晚熟两个品种作为对照。

（五）保护行（区）设置

为保护试验材料不受人畜等外来因素的践踏和损坏，同时防止靠近试验地四周的小区受到空旷地的特殊环境的影响，因此试验区周围要设置保护行，从而使处理间能有正确的比较。

保护行通常用“G”表示，一般禾谷类作物的保护行应设置 4 行以上。各小区之间一般连接种植，不设保护行；幼年果树、山地果园、单株小区试验可不设保护行；各重复之间除有特殊需要可设置 2～3 行外，一般也不设保护行。

保护行种植品种，可用对照品种，且多采用比供试品种早熟的品种。由于比供试品种略为早熟，可以在供试品种成熟前提前收割，这样既便于试验小区作物的收割，也可以避免与试验小区作物发生混杂、减少鸟兽等对试验区作物的危害。

（六）区组及田间道路设置

为了便于观测记载和田间作业，试验地须设置 0.5～1 m 宽的田间道路。为了尽量节省土地，减少边际效应，田间道路不必设置过多。通常重复之间以及重复与两端保护行之间设置田间道路，如果有多个小区，小区间多设置 1 m 和 0.5 m 间隔的田间道路。1 m 的道路用于试验人员田间调查，0.5 m 的用于试验材料间隔，因此试验一区和二区间仍需要田间间隔，只不过可以较短，有的设置为 0.3 m。两侧小区与保护行间一般不设置田间道路。若小区间设田埂，则两侧小区与保护行间也应设出埂。为了节省试验地，两个重复间、重复与保护行间可以不设田间道路，如图 1-3-5 所示。

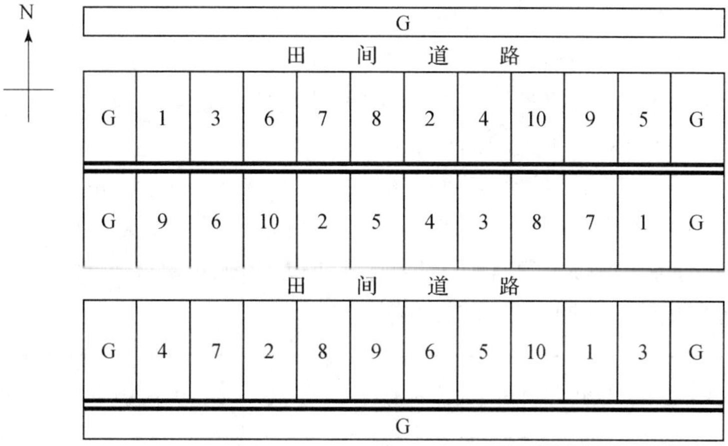

图 1-3-5　试验区组与田间道路设置

二、室内试验单元设计

室内试验指安排在实验室内进行的试验，其环境较容易控制，如温室试验、组织培养试验、盆栽试验和人工气候室试验等。

室内试验的试验单元同样要根据不同试验目的要求进行设计，以每个单元的生物量能够反映试验的处理效应为最低限度。如组织培养试验，主要设计每个单元应该包含的器皿数，如培养瓶、三角瓶等，每个容器内含生物数，如苗数、种子数、组织数等，各单元中的生物量在大小、数量方面应尽量保持一致。

盆栽试验，一般以 5～20 个盆为 1 个试验单元；组培试验，一般以 5～20 个培养瓶为 1 个试验单元；食用菌试验，一般以 10～50 袋(瓶)为 1 个试验单元。

任务四　试验设计方法

试验设计是指如何将各处理排列在试验的小区中。常用试验设计按小区排列方式分为 2 种，即顺序排列试验设计和随机排列试验设计。在供试品种较多、着重优良特性的选择，产量仅作一般参考而不进行显著性检验的育种初期阶段试验和某些观察性试验，常采用顺序排列试验，凡需进行显著性检验的试验则须采用随机排列试验设计。

一、顺序排列试验设计

顺序排列试验设计主要有对比法和间比法两种。其优点是设计简单，播种、观察、收获等工作不易发生差错，可按品种的成熟期、株高等排列，以减少处理间的生长竞争。但由于各处理顺序排列，不能无偏估计处理效应和试验误差，因此不宜对试验结果进行方差分析，对此类试验主要采用百分比法进行统计分析。

(一)对比法

对比法是一种最简单的试验设计方法，常用于处理数较少的品种比较试验及示范试验。在田间试验中，对比法的设计特点是每隔两个处理小区设置一个对照区，这样，每一个处理小区均可排列于对照区旁，从而使得每个处理小区都能与相邻对照区直接进行比较。这种排列使得试验区与对照区相连接，降低了土壤、气候等环境条件差异。因此，对比法不仅有利于观察，还可以提高试验种与对照种比较的精确度。

在运用对比法设计田间试验时，必须注意以下两个方面。首先，由于对照区过多，其面积占试验田面积的1/3，降低了土地利用率。因此，不宜设置过多重复，重复数在3～6次即可。其次，在同一重复内各小区按顺序排列，但多排式重复时，采用阶梯式或逆向式排列，以避免不同重复内的相同小区排列在同一条直线上（图1-4-1）。

(a) 6个处理3次重复逆向式排列

Ⅰ	1	CK	2	3	CK	4	5	CK	6
Ⅱ	6	CK	5	4	CK	3	2	CK	1
Ⅲ	1	CK	2	3	CK	4	5	CK	6

(b) 6个处理3次重复阶梯式排列

Ⅰ	1	CK	2	3	CK	4	5	CK	6
Ⅱ	3	CK	4	5	CK	6	1	CK	2
Ⅲ	5	CK	6	1	CK	2	3	CK	4

图1-4-1　对比法田间试验设计

(二)间比法

育种试验的前期阶段，供试品种较多、试验要求较低时可以采用间比法。

在运用间比法设计田间试验时，必须注意以下几个方面：①在每一个试验地上，排列的开始和最后一个小区一定是对照区（CK）；②在同一重复内，各小区按顺序排列，每两个对照区之间设置同等数目的处理小区，一般设置4个、9个，甚至19个；③重复一般为2～4次，各重复可以排成一排或多排；④当多排重复时，采用逆向式排列（图1-4-2）；⑤如果一块地内不能安排下全部重复的小区，可以在第二块地上接下去，但开始时必须种植一个对照区，这个对照区称为额外对照（Ex. CK）（图1-4-3）。

Ⅰ	CK	1	2	3	4	CK	5	6	7	8	CK	9	10	11	12	CK	13	14	15	16	CK	17	18	19	20	CK
Ⅱ	CK	20	19	18	17	CK	16	15	14	13	CK	12	11	10	9	CK	8	7	6	5	CK	4	3	2	1	CK
Ⅲ	CK	1	2	3	4	CK	5	6	7	8	CK	9	10	11	12	CK	13	14	15	16	CK	17	18	19	20	CK

图1-4-2　20个品种3次重复的间比法设计（逆向式）

（Ⅰ、Ⅱ、Ⅲ代表重复；1、2、3、……、20代表品种；CK代表对照）

CK	1	2	3	4	CK	5	6	7	8	CK	9	10	11	12	CK	13	14	15	16	CK	1	2	3	4	CK	5	6	7	8	CK

Ⅰ→　　　　Ⅱ→

CK	16	15	14	13	CK	12	11	10	9	CK	8	7	6	5	CK	4	3	2	1	CK	16	15	14	13	CK	12	11	10	9	Ex. CK

←Ⅲ

图 1-4-3　16 个品种 3 次重复的间比法设计(2 行排列重复及 Ex. CK 的设置)

(Ⅰ、Ⅱ、Ⅲ代表重复;1、2、3、…、16 代表品种;CK 代表对照;Ex. CK 代表额外对照)

间比法设计的优点是设计简单,操作方便,可按品种的不同特性排列,能降低边际效应和生长竞争的影响;缺点是虽然增设了对照,但各处理在小区内的排列并非随机排列,因此,估计的试验误差有偏差。

二、随机排列试验设计

随机排列设计强调有合理的误差估计,以排除误差的影响并找出处理的本质效应。常用于精确度要求较高的研究型试验。它的对照(CK)与其他处理等价,只作为一个普通处理安排。主要包括完全随机设计、随机区组设计、裂区设计和拉丁方设计等方法。

(一)完全随机设计

完全随机设计是指将各处理随机分配到各个试验单元中,每一处理的重复数可以相等或不相等。这种设计试验单元安排灵活机动,单因素或多因素试验均可采用。同时此种设计分析简便,但是应用此类设计试验环境必须相当均匀,所以一般用于实验室培养试验以及网室或温室的盆栽试验。

如要检验三种不同的生长素,同一个剂量对作物苗高的效应,包括对照(清水)在内,共四个处理,若用盆栽试验,每处理用 4 盆,共 16 盆。随机排列是将每盆标号 1、2、3、…、16,然后利用抽签法或查随机数字表得到第一处理(9、15、12、1)、第二处理(8、11、16、2)、第三处理(7、3、10、5)和第四处理(4、6、13、14)。

(二)随机区组设计

随机区组设计是根据“局部控制”和“随机排列”原理进行的,将试验地按肥力程度等性质不同划分为等于重复次数的区组,使区组内环境差异最小而区组间环境允许存在差异,每个区组即为一次完整的重复,区组内各处理都独立地随机排列。这是随机排列设计中最常用、最基本的设计。

区组内各试验处理的排列可采用抽签法或随机数字法。如采用随机数字法,可按照如下步骤进行:

(1)当处理数为一位数时,这里以 8 个处理为例,首先要将处理分别给予 1、2、3、4、5、6、7、8 的代号,然后从随机数字表(附表 1)任意指定一页中的一行,去掉 0 和 9 及重复数字后,即可得 8 个处理的排列次序。

如在该表第 26 行数字次序为 0056729559,3083877836,8444307650,7567322330,1922462930 则去掉 0 和 9 以及重复数字而得到 56723841,即为 8 个处理在区组内的排列。完成一个区组的排列后,再从表中查另一行随机数字按上述方法排列第二区组、第三区组……,

直至完成所有区组的排列。

(2)当处理数多于 9 个，为两位数时，同样可查随机数字表。从随机数字表任意指定一页中的一行，去掉 00 和小于 100 且大于处理数与其最大整数倍相乘所得的数字及重复数字后，将剩余的两位数分别除以处理数，所得的各余数即为各处理在此区组内的排列。然后按同样方法完成其他区组内的处理排列。

如有 14 个处理，14 乘以 7 得数为 98，故 100 以内 14 的最大整数倍为 7，其与处理数的乘积得数为 98，所以，除了 00 和重复数字外，还要除掉 99。如随机选定第 2 页第 34 行，每次读两位，得 73，72，53，77，40，17，74，56，30，68，95，80，95，75，41，33，29，37，76，91，55，27，17，04，89，在这些随机数字中，除了将 99，00 和重复数字除去外，其余凡大于 14 的数均被 14 除后得余数，将余数记录所得的随机排列为 14 个处理在区组内的排列，值得注意的是，在 14 个数字中最后一个数字是随机查出 13 个数字后自动决定的。

随机区组在田间布置时，考虑到试验精确度与工作便利等方面的因素，通常采用方形区组和狭长形小区以提高试验精确度。此外，必须注意使区组划分要与肥力梯度垂直，而区组内小区的长边与梯度平行（图 1-4-4）。这样既能提高试验精确度，也能满足工作便利的要求。如处理数较多，为避免第一个小区与最末的小区距离过远，可将小区布置成两排（图 1-4-5）。

Ⅰ	Ⅱ	Ⅲ	Ⅳ
7	4	2	1
6	3	1	7
3	6	8	5
4	8	7	3
2	1	6	4
5	2	4	8
8	7	5	6
1	5	3	2

肥力梯度 ——————→

图 1-4-4　8 个品种 4 次重复的随机区组设计

3	8	1	10	7	15	14	9																
6	13	4	16	11	2	12	5																
			Ⅰ								Ⅱ											Ⅲ	

图 1-4-5　16 个品种 3 次重复的随机区组设计，小区布置成两排

随机区组设计具有以下优点：①设计简单，容易掌握；②富于伸缩性，单因素、复因素以及综合试验等都可应用；③能提供无偏估计的误差，在大区域试验中能有效地降低非处理因素等试验条件的单向差异，降低误差；④对试验地的地形要求不严，只对每个区组内的非处理因素等试验条件要求尽量一致等。因此，不同区组可分散设置在不同地段上。缺点是：这种设计方法不允许处理数太多。因为处理多，区组必然增大，局部控制的效率降低，所以，处理数一般不要超过 20 个，最好在 10 个左右。

(三)裂区设计

1. 裂区设计概念

裂区设计是复因素试验的一种设计方法。在复因素试验中，如处理数（水平组合）较少，而各个因素的效应同等重要，我们多采用随机区组试验设计。如处理数太多，而又有些特殊的要求，往往采用裂区设计。

裂区设计是先将每一区组按第一个因素设置各个处理（主处理）的小区，称为主区（或整区），在主区里随机安排主处理；然后在主区内引进第二个因素的各个处理（副处理），也就是在主处理小区内分设与副处理数目相等的更小的小区，这样的小区称为副区（或裂区）。

在裂区试验设计里，如果从第二个因素来讲，每个主区就是一个区组；但是如果从整个试验所有处理组合来讲，每个主区只是一个不完全的区组。由于在设计过程中将主区分裂为副区，这种设计方法被称为裂区设计。

2. 裂区试验设计应用

裂区试验设计通常在下列情况下应用：

(1)在一个因素各处理比另一个因素各处理需要更大的试验面积时，为了实施和管理上的方便，多应用裂区设计。将要求面积较大的因素，作为主处理，设在主区；要求面积较小的因素，则设置为副区。

(2)在一个因素比另一个因素的主效更为重要，而要求更精确的试验时，或两个因素的交互作用比其主效重要时，宜采用裂区设计。将要求精度更高的因素作为副处理，另一个因素则作为主处理。

(3)根据以往研究，已知一些因素的效应比另一些因素的效应更大时，宜采用裂区设计。将可能表现出较大差异的因素作为主处理。

(4)试验设计中，如需再加入一个试验因素而发生临时改动时，可在原来已设计的小区（主区）中再划分小区（副区）。因此，增加了一个试验因素，就成了裂区设计。值得注意的是，试验设计强调事先的周密设计，这种临时改变设计的做法仅是一种在可能情况下的补救，而不能作为常规设计。

下面以大豆品种与施肥两个因素的试验为例，来说明裂区试验设计的具体步骤。如有三个品种 A_1、A_2 和 A_3，三种肥力水平 B_1、B_2 和 B_3，三次重复。主区为品种因素，副区为肥料因素（图 1-4-6）。

①根据随机区组的设计原理，将试验地按重复次数划分区组。

②按品种的水平数，将每个区组划分为主区，随机排列各个处理。

③按施肥量的水平数，将每个主区划分为副区，随机排列各个处理。

(四)拉丁方设计

将 k 个不同符号排成 k 列，使得每一个符号在每一行、每一列都只出现一次的方阵，称为 $k \times k$ 拉丁方。应用拉丁方设计就是将处理从纵横二个方向排列为区组（或重复），使每个处理在每一列和每一行中出现的次数相等（通常一次），即在行和列两个方向都进行局部控制。所以它是比随机区组多一个方向局部控制的随机排列的设计，具有较高的精确性。

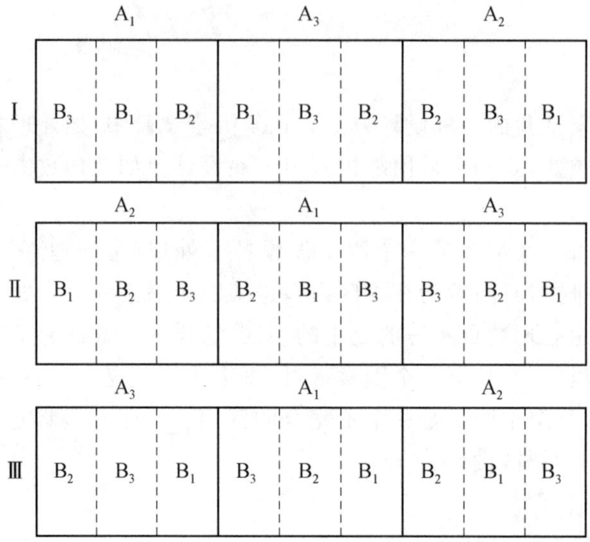

图 1-4-6　大豆品种与施肥二因素裂区设计

1. 拉丁方设计的特点

拉丁方设计的特点是处理数、重复数，即行数、列数都相等。如图 1-4-7 所示为 4×4 拉丁方，它的每一行和每一列都是一个区组或一次重复，而每一个处理在每一行或每一列都只出现一次，因此，它的处理数、重复数都是 4，因此对应的行数、列数都等于 4。

2. 拉丁方试验设计的步骤

(1)选择标准方　标准方是指代表处理的字母，在第一行和第一列均为顺序排列的拉丁方(图 1-4-8)。

A	D	C	B
B	C	D	A
D	A	B	C
C	B	A	D

图 1-4-7　4×4 拉丁方

A	B	C	D	E
B	A	E	C	D
C	D	A	E	B
D	E	B	A	C
E	C	D	B	A

图 1-4-8　5×5 标准方

在进行拉丁方设计时，首先要根据试验处理数 k 从标准方表中选定一个 $k\times k$ 的标准方。例如处理数为 5，那么需要选定一个 5×5 的标准方，如图 1-4-8 所示。然后对选定的标准方的行、列和处理进行随机化排列。本例处理数为 5，因此根据随机数字表任选一页中的一行，除去 0、6 以上数字和重复数字，满 5 个为一组，需要得到这样的 3 组 5 位数。假设得到的 3 组随机数字为 14325，53124，41235。

(2)列随机　用第一组 5 个数字 14325 调整列顺序，即把第 4 列调至第 2 列，第 2 列调至第 4 列，其余列不动(图 1-4-9)。

1	4	3	2	5
1A	D	C	B	E
2B	C	E	A	D
3C	E	A	D	B
4D	A	B	E	C
5E	B	D	C	A

(a) 列随机，按14325排列

→

5E	B	D	C	A
3C	E	A	D	B
1A	D	C	B	E
2B	C	E	A	D
4D	A	B	E	C

(b) 行随机，按53124排列

→

5	1	3	2	4
2	5	4	3	1
4	3	2	1	5
1	2	5	4	3
3	4	1	5	2

(c) 处理随机，按4 = A, 1 = B, 2 = C, 3 = D, 5 = E排列

图 1-4-9　拉丁方试验设计步骤图

(3)行随机　用第二组 5 个数字 53124 调整行顺序，即把第 5 行调至第 1 行，第 3 行调至第 2 行，第 1 行调至第 3 行，第 2 行调至第 4 行，第 4 行调至第 5 行(图 1-4-9)。

(4)处理随机　将处理的编号按第三组 5 个数字 41235 的顺序进行随机排列。即 4 号＝A，1 号＝B，2 号＝C，3 号＝D，5 号＝E。因此经过随机重排的拉丁方中 A 处理用 4 号，B 处理用 1 号，C 处理用 2 号，D 处理用 3 号，E 处理用 5 号(图 1-4-9)。

拉丁方设计的优点是由于纵、横向均构成完整区组，可以消除两个方向的系统误差，因而精确度高。缺点是由于重复数与处理数必须相等，使得两者之间相互制约，缺乏伸缩性。因此，采用此类设计时试验的处理数不能太多，一般以 4～10 个为宜。

除上述常见的四种随机排列试验设计外，还有再裂区设计和条区设计。再裂区设计往往是有三个因素的试验，即在裂区内再划分更小单位的小区，称为再裂区。条区设计是裂区设计的衍生设计，如果所研究的两个因素都需要较大的小区面积，且为了便于管理和观察记载，可将每个区组先划分为若干纵向长条形小域，安排第一因素的各个处理(A 因素)；再将各区组划分若干横向长条形小区，安排第二因素的各个处理(B 因素)。

技能训练 1-1　对比试验设计

一、目的

了解对比试验设计的适用范围，掌握对比试验设计的方法及注意事项，能根据给出的资料独立地进行对比试验设计，并绘出小区设计图，同时能根据小区布置图进行田间区划。

二、用具

直尺、铅笔、绘图纸、计算器及必要的参考资料。

三、资料

【资料 1】有一大豆品种栽培试验，共 6 个品种，分别为 A_1、A_2、A_3、A_4、A_5、A_6，采用对比试验设计，4 次重复，逆向式、阶梯式排列，小区面积 20 m^2。

【资料 2】有一玉米品种比较试验，玉米品种分别为 B_1、B_2、B_3、B_4，采用对比试验设计，6 次重复，阶梯式排列，小区面积 20 m^2。

四、实施步骤

将学生分组，每组3～5人。学生以组为单位，参考有关资料或教师提供资料进行设计。先根据资料设计，再进行实地考察，绘制小区分布图。设计要符合试验设计的基本原则和田间小区的技术要求；图形中的长度要与实际长度符合比例；用绘图铅笔绘制，绘制清晰，并力求美观、整洁，也可用计算机绘图（比例尺1∶200）。

五、考核内容与评分标准

序号	考核内容	评分标准	分值	得分
1	工作态度	小组成员工作效率高，组内工作协调性好	5	
		工作积极主动，各组员能动性强，能在小组工作中发挥应有的作用	5	
2	材料准备	材料准备完备，齐全，不影响工作的及时完成	10	
3	试验设计	因素、水平、处理明确，处理编号正确	10	
		试验地面积计算正确，小区设置合理，编号正确	10	
		处理随机到小区；田间布置图绘制正确、清晰、美观、整洁，比例合理；肥力方向等标识正确。	20	
4	试验实施	试验地选取、分区合理	15	
		试验处理实施准确无误	15	
5	增值性评价	坚守公平公正的信念，能严格按照公平公正的原则行事；能讲好老一辈科学家的感人故事，传承和弘扬老一辈科学家的奉献精神	10	

技能训练1-2　随机区组试验设计

一、目的

了解随机区组试验设计的适用范围，掌握随机区组试验设计方法及随机数字表的用法，能根据给出的资料独立进行随机区组试验设计，并绘出小区设计图，同时能根据小区布置图进行田间区划。

二、用具

直尺、铅笔、绘图纸、计算器及必要的参考资料。

三、资料

【资料1】有一大豆品种比较试验，大豆品种分别为A、B、C、D、E、F，其中D为对照，3次重复，小区面积 20 m^2，试采用随机区组设计。

【资料 2】有一大豆栽培试验，分为 4 个品种（A_1、A_2、A_3、A_4），3 种栽培密度（B_1、B_2、B_3），共 12 个处理，4 次重复，采用随机区组设计，小区面积 42 m^2。

四、实施步骤

将学生分组，每组 3～5 人。学生以组为单位，参考有关资料或教师提供资料进行设计。先根据资料设计，再进行实地考察，绘制小区分布图。设计要符合试验设计的基本原则和田间小区的技术要求；图形中的长度要与实际长度符合比例；用绘图铅笔绘制，绘制清晰，并力求美观、整洁，也可用计算机绘图（比例尺 1∶200）。

五、考核内容与评分标准

序号	考核内容	评分标准	分值	得分
1	工作态度	小组成员工作效率高，组内工作协调性好	5	
		工作积极主动，各组员能动性强，能在小组工作中发挥应有的作用	5	
2	材料准备	材料准备完备，齐全，不影响工作的及时完成	10	
3	试验设计	因素、水平、水平组合、处理明确，处理编号正确	10	
		试验地面积计算正确，小区设置合理，编号正确	10	
		处理随机到小区；田间布置图绘制正确、清晰、美观、整洁，比例合理；肥力方向等标识正确	20	
4	试验实施	试验地选取、分区合理	15	
		试验处理实施准确无误	15	
5	增值性评价	坚守公平公正的信念，能严格按照公平公正的原则行事；讲好老一辈科学家的感人故事，传承和弘扬老一辈科学家的奉献精神	10	

自 测 练 习

一、单选题

1. 试验中对试验指标可能产生影响的原因或要素被称为（　　）。

   A. 试验指标　　B. 试验因素　　C. 水平　　D. 水平组合

2. 进行不同肥料对豌豆施用效果的试验时，试验指标是（　　）。

   A. 成活率　　B. 产量　　C. 病情指数　　D. 虫口死亡率

3. 小区试验是指试验小区面积一般在（　　）m^2。

A. 10　　B. 10～60　　C. 60～80　　D. 330

4. 一般而言，小区面积较大时，长宽比以（　　）为宜。

A. (2～3)∶1　　B. (3～5)∶1　　C. (6～7)∶1　　D. (8～9)∶1

5. 在试验设计中，小区面积较大的试验通常设置（　　）次重复。

A. 2　　B. 2～4　　C. 3～6　　D. 6～8

（6～12题共用题干）玉米田间试验，品种分别为A、B、C，施肥量分别为225 kg/hm^2、300 kg/hm^2、375 kg/hm^2，小区面积20 m^2，3次重复，采用随机区组设计。

6. 此试验有（　　）个因素。

A. 2　　B. 3　　C. 4　　D. 5

7. 此试验中品种和施肥量分别有（　　）个水平。

A. 3、3　　B. 3、4　　C. 4、3　　D. 4、4

8. 此试验中共有（　　）个水平组合。

A. 6　　B. 9　　C. 12　　D. 14

9. 此试验中共有（　　）个处理。

A. 7　　B. 8　　C. 9　　D. 10

10. 此试验设计的小区数为（　　）个。

A. 24　　B. 27　　C. 32　　D. 36

11. 此试验为（　　）类型的试验设计。

A. 单因素完全随机设计　　B. 单因素随机区组设计

C. 双因素完全随机设计　　D. 双因素随机区组设计

12. 随机数字表从第22行第1列开始查，以随机数字表查得的其中一个区组的排列顺序是（　　）。

A. 397162485　　B. 284796135　　C. 694723851　　D. 1274381659

13. 对比法的设计特点是每隔（　　）个处理小区设置一个对照区，这样，每一个处理小区均可排列于对照区旁。

A. 2　　B. 4　　C. 6　　D. 8

二、多选题

1. 试验依因素数量可分为（　　）。

A. 单因素试验　　B. 多因素试验　　C. 综合试验　　D. 品种试验

2. 试验的全部重复可以排成（　　）。

A. 单排式　　B. 双排式

C. 多排式　　D. 与其他试验排在一起

3. 需进行显著性检验的试验则须采用（　　）。

A. 对比法设计　　B. 完全随机区组试验设计

C. 随机区组设计　　D. 裂区试验设计

4. 间比法设计的优点主要包括（　　）。

A. 设计简单　　B. 操作方便

C. 可按品种的不同特性排列　　D. 随机排列

5. 完全随机区组试验设计的特点主要有（　　）。

A. 单因素或多因素试验均可采用　　B. 重复次数有伸缩性

C. 可按品种的不同特性排列　　D. 随机排列

6. 随机区组设计的优点主要包括(　　)。

A. 单因素、复因素以及综合试验等都可应用

B. 设计简单

C. 能提供无偏估计的误差

D. 同区组可分散设置在不同地段上

7. 拉丁方设计的优点主要包括(　　)。

A. 纵、横向均构成完整区组　　B. 可以消除两个方向的系统误差

C. 重复数与处理数必须相等　　D. 精确度高

三、判断题

1. 玉米施肥量与施肥时间相结合的试验是单因素试验。(　　)

2. 复因素试验中,不同因素的水平相互组合就是一个实验处理。(　　)

3. 试验误差是衡量试验精确度的依据,误差小表示精确度高,误差大则精确度低。(　　)

4. 系统误差也称片面误差,不可避免,不能消除。(　　)

5. 将全部处理小区分配于相对同质的一块土地上称为一个区组,设置区组是控制土壤差异最简单、最有效的方法之一。(　　)

6. 小区一般以长方形为宜,且长边应与肥力变化方向垂直。(　　)

7. 从减少边际效应和生长竞争的角度考虑,以正方形小区为好。(　　)

8. 果树授粉、修剪反应试验可采用单株区组。(　　)

9. 设置对照的目的主要是在观察和比较试验中的各个处理时,作为衡量处理优劣的标准,同时用以估计和矫正试验地的土壤差异。(　　)

10. 保护行种植品种,可用对照品种,且多采用比供试品种早熟的品种。(　　)

11. 随机区组设计一般用于实验室培养试验以及网室或温室的盆栽试验。(　　)

12. 裂区设计是单因素试验常用的一种设计方法。(　　)

四、简答题

1. 简述试验设计的“三大原则”及其作用。

2. 什么是试验误差?分为哪两类?

3. 简述控制试验误差的途径。

4. 进行黄豆品种比较试验,6 个品种分别为 A、B、C、D、E、F,设置对照品种为 CK,3 次重复,小区面积 20 m^2,采用对比试验设计,逆向式排列。简述试验设计方案。

五、计算题

1. 测定不同温度对蓝靛果扦插苗生根的影响,温度别为 20 ℃、25 ℃、30 ℃,每个处理 5 盆,采用完全随机设计,请说明该试验的因素、水平、处理数、小区数,并应用随机数字表查出处理排列顺序(从随机数字表第 20 行第 1 个数字开始)。

2. 有一不同品种玉米播种期试验,A 因素为玉米品种,有 A_1、A_2、A_3 三个水平,B 因素为播种期,有 B_1、B_2 两个水平,重复 3 次,小区面积 20 m^2,请完成一个随机区组设计,并绘制设计图(随机数字表分别从第 24 行第 1 列、第 28 行第 1 列、第 36 行第 1 列起查)。

项目一 自测练习答案

项目二
试验计划书的拟定

知识目标：

- 了解试验因素划分的方法；
- 熟知单因素试验方案和多因素试验方案拟定要求；
- 明确试验计划书的具体内容；
- 掌握试验方案拟定及试验计划书的编制方法。

能力目标：

- 能够正确分析课题项目的试验目的；
- 能够根据试验要求制订科学的试验方案；
- 能够根据试验方案撰写切实可行的试验计划书。

素质目标：

- 具备科学严谨、精益求精的工作态度；
- 具有不怕苦、不怕累、追求真理的科学精神；
- 树立为农业科研工作筑牢根基的奉献精神。

任务一　拟定试验方案

试验方案是根据试验目的和要求所拟定的进行比较的试验处理的总称。试验的首要任务就是在明确试验目的和要求的基础上，制订出适宜的试验方案，并及时把试验方案的各处理按要求布置到试验田块，通过规范的田间管理和观察记载，获取可靠的试验数据，这是试验研究的核心内容之一。这一过程不仅需要严谨的逻辑思维和实事求是的态度，更需要秉持求真务实的科学精神。我国“共和国勋章”获得者屠呦呦及其团队在疟疾治疗研究中，生动诠释了这种科学精神。面对重重困难，他们始终坚守严谨的科学态度，利用现代医学和方法进行分析研究、不断改进提取方法，终于在 1971 年成功发现青蒿素的抗疟功效，为全球疟疾防治开辟了新的道路，做出了不可磨灭的贡献。这种科学精神和执着追求，正是我们在试验方案拟定与实施过程中应当

思政园地

学习和传承的宝贵财富。

试验方案按其供试因素数量的多少可分为单因素试验方案、复因素试验方案和综合性试验方案。

一、单因素试验方案

单因素试验方案一般由试验因素的若干水平加适当对照处理构成。其设计要点是确定因素水平的范围和间距。

(一)试验因素水平的划分

根据各试验因素的不同特点,可以把试验因素分为两类,即数量化因素与质量化因素。数量化因素指因素水平可以用数量等级的形式来表现的因素,如在施肥技术中,施肥量(如3 kg、5 kg、7 kg)、施用时期(用时间表示,如播种后15 d、20 d、25 d)等都是可以量化的;质量化因素指因素水平不能够用数量等级的形式来表现的因素,如在施肥技术中,施肥种类(如有机肥、复合肥、尿素)、施用时期(用生育期表示,如出苗期、拔节期、抽穗期)、施用方式(如种肥、基肥、追肥)等都是不能量化的。对不同的试验因素,划分不同水平的要求不同:

1. 数量化因素水平划分

在划分水平时应注意水平的全距(范围)和间距。全距(范围)是指试验因素水平的上、下限范围,其大小取决于研究目的、条件及试验研究的深入程度。全距(范围)要符合生产实际并有一定的预见性。间距是指试验因素相邻水平间的级差,间距要适当且相等。所谓适当是指水平间距既要保证各水平之间能明确的区分,又尽可能地把最佳水平包含在其中。间距过小,在全距一定的情况下会使水平数增多从而导致试验规模过大,不便于操作,且试验效果易被误差所掩盖,试验结果不能说明问题,而间距过大,容易丢失最佳处理;数量化因素通常可不设置对照或以0水平为对照。

如玉米种植密度(因素)在生产上一般为45 000～82 500株/hm^2。但如果在南方地区用半紧凑型品种进行密度试验,从理论上可以预计密度要偏大一些,全距应以60 000～75 000株/hm^{2}为宜,水平间距一般以4 500～7 500株/hm^{2}为宜,不设对照。

又如研究马铃薯某一品种的耐肥程度,施肥量就是试验因素,试验中的处理(水平)就是几种不同的施肥量,品种及其他栽培管理措施都相同,以0水平为对照(表2-1-1)。

表2-1-1 马铃薯磷肥施用量试验方案

处理号	处理名称	磷肥用量/(kg/hm^2)
1	对照	0
2	低磷	40
3	中磷	80
4	高磷	120

2. 质量化因素水平划分

对于质量化因素,在划分水平时,应该尽可能把最能反映该项技术水平的新成果、新技术列入因素水平中,如在品种试验中,要尽量地将可能适应当地生产发展需要的新品种作为品种因素的不同水平,质量化因素一般都需要设置对照。

(二)单因素试验方案

【例 2-1-1】要了解氮肥施用量对水稻免耕抛秧栽培的影响，设计一个试验进行研究，以确定免耕抛秧栽培的最佳氮肥施用量。

分析：要明确氮肥施用量对水稻免耕抛秧栽培的影响，氮肥施用量就是试验因素，水平就是几种不同的施肥量，品种及其他栽培管理措施都相同，该试验方案即为一个单因素试验。

根据水稻栽培学原理，氮肥施用量全距为 0～250 kg/hm^2，间距以 30～75 kg/hm^2 为宜，以氮肥用量为 0 kg/hm^2 作对照。现以间距 45 kg/hm^2 为例说明水平的设计安排(表 2-1-2)。

表 2-1-2　氮肥施用量对水稻免耕抛秧栽培影响的单因素试验方案

水平	氮肥用量/(kg/hm^2)	折合尿素用量/(kg/hm^2)
1(CK)	0	0
2	45	98
3	90	196
4	135	293
5	180	391
6	225	489

二、复因素试验方案

复因素试验方案是由两个或两个以上试验因素的不同水平相互配合构成水平组合，其设计目的一方面是要确定各试验因素的最佳水平，更重要的是了解不同因素间的相互作用，并从中选出最佳水平组合。复因素试验的效率常高于单因素试验。复因素试验方案设计常有两种类型：一是全面实施方案，二是不完全实施方案。

(一)全面实施方案

根据试验因素的数量及每个试验因素的水平数设计的包含所有的试验处理方案称为全面实施方案。如番茄的种植株距(行距相同)与番茄品种 2 个试验因素的田间试验，如果种植株距(行距相同)和番茄品种 2 个试验因素的水平都是 4，即 4 个番茄品种，4 个株距开展二因素田间试验，2 个因素的水平数之积就是 4×4＝16 个处理，全面实施方案就是 16 个处理，在田间要开展 16 个处理的试验。

【例 2-1-2】对某地甜玉米生产情况进行调查，发现影响其产量和品质的主要因素是种植密度与氮肥施用量，要了解该地甜玉米的最佳种植密度与氮肥施用量，同时从中选出种植密度与氮肥施用量的最佳水平组合，设计一个试验方案。

分析：需设计两因素试验方案以明确种植密度与氮肥施用量对甜玉米产量和品质的影响。根据玉米栽培学原理和当地种植特点，种植密度设 3 个水平、氮肥施用量设 5 个水平，对两个试验因素分别划分水平，如表 2-1-3 所示。

表 2-1-3 甜玉米种植密度与氮肥施用量两个试验因素水平划分

水平编号	因素 1:种植密度		水平编号	因素 2:氮肥用量	
	种植密度/(株/hm^2)	行株距/cm		施氮量/(kg/hm^2)	折合尿素用量/(kg/hm^2)
Ⅰ	60 000	70.0×22.8	1	0	0
			2	100	217
Ⅱ	67 500	70.0×21.2	3	200	435
			4	300	652
Ⅲ	75 000	70.0×19.0	5	400	870

对两个因素的各水平进行组合，得到 3×5＝15 个水平组合，即 15 个处理，如表 2-1-4 所示。

表 2-1-4 甜玉米种植密度与氮肥施用量的两因素试验方案

处理编号	种植密度/(株/hm^2)	氮肥用量/(kg/hm^2)
1	60 000	0
2	60 000	100
3	60 000	200
4	60 000	300
5	60 000	400
6	67 500	0
7	67 500	100
8	67 500	200
9	67 500	300
10	67 500	400
11	75 000	0
12	75 000	100
13	75 000	200
14	75 000	300
15	75 000	400

复因素试验方案的优点是因素水平能均衡搭配，其水平组合的确定方法是，先将种植密度的Ⅰ水平(60 000 株/hm^2)分别与氮肥用量的 5 个不同水平搭配，得到 1、2、3、4、5 共 5 个水平组合(处理)；同样再由种植密度的Ⅱ水平(67 500 株/hm^2)、Ⅲ水平(75 000 株/hm^2)分别与氮肥用量的 5 个不同水平搭配，得到其余 10 个水平组合(处理)。从本例可看出，如果试验因素过多、水平划分太细，试验规模将迅速扩大，往往难以全面实施复因素试验方案。

(二)不完全实施方案

由复因素试验方案的一部分处理构成的试验方案，称为不完全实施方案。不完全实施方案可采用正交试验、正交回归试验、旋转回归试验、最优试验等设计方法来制订，下面以正交试验为例介绍不完全实施的复因素试验方案的制订。

正交试验是借助正交表进行的一种均衡的不完全实施的复因素试验方案，当试验需要研究的因素较多时，采用正交设计既可减少处理数，又能保持试验方案的均衡性，同时还可通过对正交试验结果的分析了解全面试验的情况，找出各因素的最优水平组合。

正交表是正交试验方案设计的基本工具，是运用组合数学理论构造的一种数学表格，主要由三部分构成，通常用 $L_k(m^p)$ 表示，其中 L 代表正交表；k 为正交表的行数，表示该正交表规定的处理(水平组合)数；p 为正交表的列数，表示最多可以安排的因素数目，或者最多可以考察的效应数目(包括主效和互作)；m 表示每个因素(列)的水平数。正交试验方案设计的基本步骤如下。

1. 列出因素水平表

根据专业知识、以往的研究结论和经验，从影响试验指标的诸多因素中，通过因果分析筛选出需要考察的试验因素。在确定试验因素时，应优先考虑对试验指标影响大的因素、尚未考察过的因素、尚未完全掌握其规律的因素，试验因素确定后，应根据专业知识和已有的资料，正确划分每个因素的水平，尽可能把水平值取在理想区域。一般以 2～4 个水平为宜，对主要考察的试验因素，可以多取水平，但最好不超过 6 个水平。

2. 选择合适的正交表

正交表的选择是高效、合理设计正交试验方案的关键，k 值过小，试验因素可能安排不下；k 值过大，处理数增多，操作难度大，试验效率不高。正交表选择的原则是在能够安排试验因素和交互作用的前提下，尽可能选用较小的正交表，以减少处理数。试验因素(包括交互作用)的个数不能大于正交表的列数，水平数应等于正交表中的水平数。

3. 表头设计

表头设计就是指将试验因素和交互作用合理地安排到所选正交表的各列中的过程。若试验因素间无交互作用，各因素可以任意安排；若要考察因素间的交互作用，各因素应按相应的正交表中交互作用列表来进行安排，以防止设计混杂。

4. 编制试验方案

根据因素水平表、正交表及其表头设计编制试验方案，并根据各处理内容实施试验，记录试验结果。

【例 2-1-3】为了明确某植物组织培养中继代增殖培养基的最佳配方，拟考察细胞分裂素(6-BA)、生长素(NAA)和蔗糖浓度这 3 个因素(每个因素均分 3 水平，即 $m=3$)对增殖培养的影响。

分析：若采用全面实施方案，则有 3×3×3＝27 个处理。由于试验的主要目的是考察这三个因素的效应与筛选最佳水平组合，为简化试验，可采用 $L_9(3^4)$ 正交表进行试验方案设计。根据专业知识分析列出各因素的水平(表 2-1-5)，并进行表头设计(表 2-1-6)。

表 2-1-5 继代增殖培养基配方的因素水平表

水平编号	因素		
	蔗糖浓度/(g/L)	6-BA 浓度/(mg/L)	NAA 浓度/(mg/L)
1	0.5	0.05	20
2	1.5	0.10	30
3	2.5	0.15	40

表 2-1-6 $L_9(3^4)$正交表的表头设计

列号	1	2	3	4
因素	6-BA 浓度	NAA 浓度	原糖浓度	(空列)

根据 $L_9(3^4)$正交表编制试验方案(表 2-1-7)。

表 2-1-7 继代增殖培养基配方的正交试验设计方案

处理编号	列号			
	蔗糖浓度/(g/L)	6-BA 浓度/(mg/L)	NAA 浓度/(mg/L)	(空列)
1	1(0.5)	1(0.05)	1(20)	1
2	1(0.5)	2(0.10)	2(30)	2
3	1(0.5)	3(0.15)	3(40)	3
4	2(1.5)	1(0.05)	2(30)	3
5	2(1.5)	2(0.10)	3(40)	1
6	2(1.5)	3(0.15)	1(20)	2
7	3(2.5)	1(0.05)	3(40)	2
8	3(2.5)	2(0,10)	1(20)	3
9	3(2.5)	3(0.15)	2(30)	1

根据表 2-1-7 设计的各处理内容实施试验。通过切取该植物初代培养的幼芽转入继代培养基中进行继代增殖培养。一般每瓶培养基接种 5 个幼芽,每 10 瓶为一个试验单元,30 d 后统计各处理的增殖率。

三、综合性试验方案

综合性试验是在进行复因素研究之后,将所有丰产重要因素重新组合,进行试验分析,各因素的水平不需要构成平衡处理。综合性试验方案设计一般由所有适合当地丰产栽培措施(因素)的最优水平组合(处理)加上当地常规丰产栽培措施为对照即可。其优点是处理数目少,简单易行,试验效率较高;缺点是不能分析哪些措施适宜,哪些措施不适宜,哪些措施需要改进。

任务二　拟定试验计划书

研究课题确定后，在进行试验之前，需制订一份文字计划，称为试验计划书。试验计划书是试验实施的依据，是参试人员在试验过程中严格遵守的规定，是试验成功的关键。在进行试验之前，必须慎重考虑，认真制订试验计划书，以便在试验过程中检查执行情况，保证试验任务的顺利完成。

一、试验计划书内容

科研课题申请途径不同，试验计划书的格式也有所不同，但其要说明的内容基本上是相似的。下面以小型课题研究为例说明试验计划书的主要内容。

(一)试验名称

试验名称要求能精炼地概括试验研究内容，包括供试作物类型或品种名称、试验因素及主要指标，并具有实用性、先进性、创新性和可行性，如“马铃薯抗旱栽培模式试验”“诱蝇剂的不同悬挂高度对柑橘虫害的防治效果研究”“不同培养料对平菇产量和品质的影响”。有时也可在课题名称中反映试验的时间、负责试验的单位与地点，如“2023 年全国烤烟品种区域试验计划”等。

(二)正文

正文的写作要求行文朴实、流畅，措辞严谨、客观、理性，不要用太华丽的形容词。正文主要包括以下 7 个部分的内容。

1. 试验目的

试验必须有明确的目的，且明确地体现在计划书中，应至少包括三方面内容。首先，要说明为什么要进行本试验。可从供试作物的市场及应用价值、该作物生产上存在的主要问题等方面出发，提出解决问题的建议措施，即引出要研究的问题；其次，说明试验的理论依据，即从理论上简要分析试验因素对问题解决的可行性；最后，提出试验目前的研究成果、发展趋势及预期的试验成果。

2. 试验基本条件

试验的基本条件反映试验的代表性和可行性，主要包括试验地基本条件、试验材料等。试验地基本条件主要包括试验的地点、面积、环境条件、土壤类型、土壤肥力、试验地的地形地势、排灌条件、轮作方式和前茬等内容。

试验材料主要包括试材的品种、来源等。试验材料选择正确与否，直接关系试验结果的正确性。尽量避免个体间的差异，以减少对试验结果的影响。

室内试验的基本条件主要包括实验室环境控制及有关仪器设备是否能满足植物培养与分析测定的需要。

3. 试验方案

试验方案是全部试验工作的核心，主要包括研究的因素、水平的确定等。它是根据试验目的要求，经过精密考虑，仔细讨论后确定的。本试验要采用几个处理和是否有对照处理，要在试验计划中写清注明。

4. 试验设计

试验设计主要叙述采用的试验设计方法、试验单元的大小、重复次数、走道、保护行、重复(区组)的排列方式等内容。田间试验的试验单元设计包括小区面积、长宽比例、几行区(即每个小区种植多少行),并制作出田间试验布置图,根据布置图在已准备好的试验地上布置试验的各个处理小区;室内试验的试验单元设计主要写明每个单元包含多少个容器,每个容器内所含生物数。

5. 主要操作管理措施

简要介绍对供试材料的培养或栽培措施。在田间试验中,介绍供试作物的主要栽培管理措施,包括整地方法、时间、耕翻深度,播种规格(播种时期、方法和密度),育秧(苗)方式、移栽时期、各主要生育时期的肥水管理(灌溉次数及时期,施肥方式、种类、数量)、病虫害防治以及其他农艺措施(中耕除草次数、时期)等;对组织培养或食用菌栽培等方面的室内试验主要介绍培养料(基)的准备、培养料(基)灭菌方法、外植体消毒方法、接种方法和要求、培养室的温度、湿度及光照控制等。

6. 观察记载、分析测定项目及方法

观察记载、分析测定是积累试验资料、建立试验档案的主要手段,因此要尽可能详细地观察所有对植物生长发育有影响的环境条件及植物生长发育过程中的各项性状表现。田间试验观察测定的项目主要包括温度、光照、降水、风、灾害性天气等气象条件,生育期、形态特征、生物学特性、经济性状、生长发育状况、病虫害发生情况以及田间农事操作等。室内考种与测定项目主要包括种子千粒重、结实率、种子成分及品质分析等。

一般以一个试验单元(小区)为一个观察记载单位,但某些性状观察记载工作量太大或不便于以试验单元(小区)为一个观察记载单位时,也可在一个试验单元(小区)内进行抽样调查。

7. 试验资料的统计分析方法和要求

试验结束后,对各阶段取得的资料进行整理与分析,明确采用统计分析的具体方法。

(三)试验进度安排及经费预算

试验进度安排说明试验的起止时间和各阶段工作任务安排。经费预算要在不影响课题完成的前提下,充分利用现有设备,节约各种物资材料。将必须增添的仪器设备、人力、材料的名称、数量、要求、金额和研究技术人员及协作条件等详细列出,早做准备,保证试验的顺利进行。

(四)落款

写明试验负责人、执行人的姓名和单位。

(五)附录

附录主要包括绘制试验环境规划图(田间种植图)、制作观察记载表,田间种植图上应详细记下重复的位置、小区面积、形状、走道、保护行设置等,以便日后实施时查对,如品种比较试验田间布置图(图 2-1-1)。

一份试验计划除包括以上各项主要内容外,有时为了说明与本试验有关的基本情况,说明提出试验的根据和进行本项试验的意义,还可以在试验计划开头加上一段类似序言的说明文字。有些试验所用的方法比较特殊,应在计划中加上一项试验方法。有些复杂试验还包括一些辅助性项目,如盆栽试验、室内分析等,应在计划上列出有关项目。有些试验不只是在一个

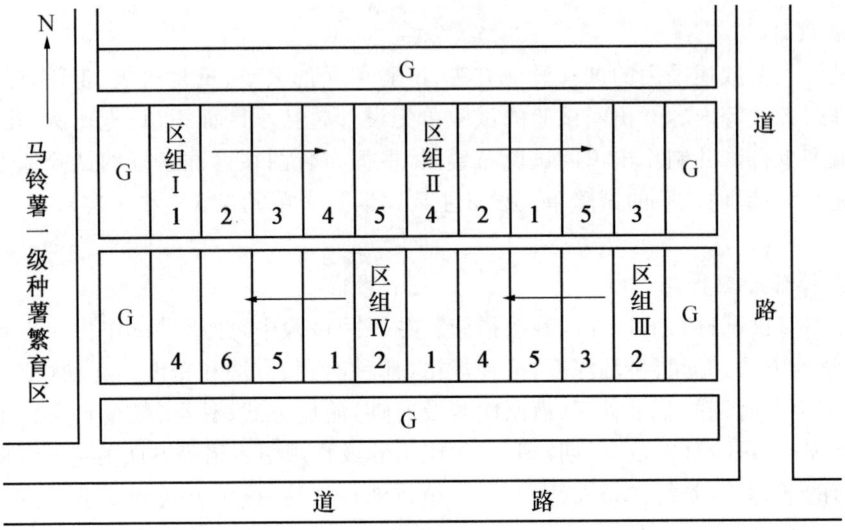

图 2-1-1　田间试验布置图(单位:m,比例尺 1∶500)

地方进行,应当在计划上列出试验地点,以及各试验点供试地段的基本情况。如果同一试验由几个单位、几个人共同负责,同时又有明确分工,也应当在试验计划上写明这些情况,或者在计划上加上组织领导一项。总之,为保证试验顺利进行,各项规定都应写在计划上,但也要求简明扼要,条理清晰,可写可不写的就不要写,能够用表格形式表达的,尽量采用表格。

二、试验计划书的编制

试验计划是确保试验成功的关键,参试人员必须认真编制,使之更加科学合理,且实施过程中应遵守和执行计划的规定,不得随意更改,以免造成试验结果出现偏差,如果在执行时发现计划中有遗漏的地方或由于条件的变化,原计划有不合适的地方,必须经过大家讨论后才能修改。

(一)试验计划书格式

(1)封面　写明试验名称、计划书编制者或编制小组名称以及设计时间等。

(2)试验目的及选题依据。

(3)试验地的基本情况。

(4)试验处理　写明供试材料、因素、水平及其试验方案。

(5)试验设计　写明设计方法、处理次数、小区面积、保护行、走道等。

(6)播种与管理　播种时间、方法、播种量、田间管理方法、次数、数量与要求等。

(7)观测记载的项目、标准和方法。

(8)试验年限。

(9)主持单位和协作单位的人员及其分工。

(10)仪器设备、农资及用工等经费的预算。

(二)范文样例

地膜彩色马铃薯不同种植密度试验计划书范文如下。

地膜彩色马铃薯不同种植密度试验

河北旅游职业学院

一、试验的目

早春通过地膜覆盖，种植彩色马铃薯，在我区七月中旬以前收获完毕，能有效弥补京津冀地区市场淡季马铃薯货源紧缺的问题，具有较好的经济效益。彩色马铃薯比普通白肉或黄肉马铃薯的植株瘦弱、块茎小、产量低，但大部分种植者仍采用普通马铃薯的种植方式，在一定程度上影响了其产量与经济效益。尤其是在种植密度的安排上，对早春低温条件下地膜植株生长缓慢、株高降低等特点下的适宜种植密度尚未有充分的研究。本试验拟通过对彩色马铃薯不同种植密度下生产效果的研究，确定早春地膜彩色马铃薯的最适种植密度，为进一步提高彩色马铃薯的块茎产量、增加农民经济效益提供依据。

二、试验地基本情况

试验地位于学院实习农场。试验地肥力中等、地势平坦，土壤为沙质壤土，田块排灌方便，前茬为白菜，收获后耕翻晒田。

三、试验处理

供试品种为生育期 90 d 的黑美人马铃薯。

本试验共设置 5 个不同的密度，不设对照，见表 1。

表 1 试验处理(方案)

编号	1	2	3	4	5
处理	4 500 株/667 m^2 (株距 20.7 cm)	5 000 株/667 m^2 (株距 18.8 cm)	5 500 株/667 m^2 (株距 17.1 cm)	6 000 株/667 m^2 (株距 15.8 cm)	6 500 株/667 m^2 (株距 14.6 cm)

四、试验设计

试验采用随机区组设计，3 次重复，小区宽 4.2 m，长 10 m，小区面积为 42 m^2，6 行区。田间布置如图 1 所示。

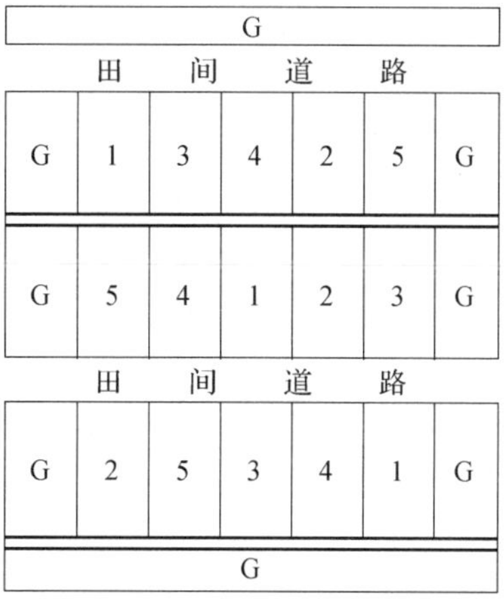

图 1 试验田间布置

五、主要栽培管理措施

播种前，结合做畦，每 667 m^2 施有机肥 2 000 kg、氮肥（N）40 kg、磷肥（P5O2）15 kg、钾肥（K_2O）20 kg，一次性混合施入土中。试验于 2024 年 3 月末播种，采用 1.4 m 的 1 带 2 行，每小区 3 带 6 行，双行大、小垄种植，大行距 0.9 m，小行距 0.5 m；起畦种植，深 30 cm，

六、观察记载项目

主要调查彩色马铃薯的各生育时期，收获时首先在每个小区随机选取 10 株样本，测定块茎总数、商品薯个数、小数个数、分别称重，然后以小区为单位收获、计产。另外在全生育期间，还应注意记录气温的变化情况。根据试验结果编制田间调查表、室内考种表（略）。

七、试验进度安排及经费概算

试验于 2024 年 3 月开始，至 7 月 15 日前结束。需支付工人工资 500.00 元，种薯开支 600.00 元，肥料农药开支 450.00 元，机耕、水电及地租开支 550.00 元。共需试验经费 2 100.00 元，

技能训练 2-1　拟定试验计划书

一、目的

了解试验计划书的内容、拟订方法和步骤，学会查阅资料，能熟练拟定试验计划书。

二、用具

电脑、Word 软件、打印纸，文献检索工具。

三、资料

各院校可根据当地生产实际情况确定试验课题，或在教师的指导下由学生自己选题进行试验设计和拟订试验计划，也可选用下列资料。

【资料 1】从外地引进某作物 4 个品种（A_1、A_2、A_3、A_4）与当地一主栽品种（A_0）进行品种比较试验。

【资料 2】某种新型农药(B)防治某作物的某种病（虫）害，与其他三种农药（B_1、B_2、B_3）进行药效对比试验。

【资料 3】某植物组织培养过程中，对某元素（激素）的最佳浓度尚未清楚，需要设计含不同浓度元素（激素）的培养基进行比较试验。

四、实施步骤

将学生分组，每组 3～5 人。学生以组为单位，查阅有关资料或由教师提供资料，拟定试验计划书。首先，小组分析讨论撰写计划书需要涉及的内容，如试验目的和意义、试验时间和地

点、试验所需的材料、试验方案、试验过程中需要检测的指标、观察记载项目等基本内容。其次，小组设计田间规划种植图并编制试验进度与经费预算表。最后，形成共识，撰写计划书。

五、考核内容与评分标准

序号	考核内容	评分标准	分值	得分
1	工作态度	小组成员工作效率高，讨论积极，小组内工作协调性较好	5	
		工作积极主动，各组员主观能动性强，能在小组工作中发挥应有的作用	5	
2	材料准备	材料准备完备、齐全，不影响工作的及时完成	10	
3	试验方案制定	课题分析到位，试验目的明确，根据试验目的选取试验方案类型，科学合理，体现试验目标	10	
		因素、水平、水平组合、处理明确，处理编号正确	10	
		充分考虑到试验所需的特殊条件，试验实施对试验地的基本要求描述清晰明了	20	
4	田间规划种植图绘制	规划图要素齐全，比例适当，标识醒目	15	
5	试验计划书书写水平	计划书书写规范，术语使用科学恰当，文字表达简明专业	15	
6	增值性评价	坚守公平公正的信念，能严格按照公平公正的原则行事；能讲好老一辈科学家的感人故事，传承和弘扬老一辈科学家的奉献精神	10	

自 测 练 习

一、单选题

1.（　　）是根据试验目的和要求所拟定的进行比较的试验处理的总称。

A. 试验指标　　B. 试验方案　　C. 试验水平　　D. 试验单元

2. 根据各试验因素的不同特点，下列属于数量化因素的是（　　）。

A. 施肥量　　B. 施肥种类　　C. 施肥方式

3. 试验的首要任务是在明确试验目的和要求的基础上制定出适宜的（　　），

A. 试验指标　　B. 试验方案　　C. 试验水平　　D. 试验单元

（4～10 题共用题干）开展小麦品种与施肥量田间试验，确定新培育品种 5 个，施肥量根据生产实际确定为 225 kg/hm^2、300 kg/hm^2、375 kg/hm^2。

4. 此试验有（　　）个试验因素。

A. 2　　B. 3　　C. 4　　D. 5

5. 此试验中品种和施肥量分别有（　　）个水平。

A. 3、3　　B. 5、3　　C. 4、3　　D. 4、4

6. 此试验中共有（　　）个水平组合。

A. 6　　B. 9　　C. 12　　D. 15

7. 此试验中共有（　　）个处理。

A. 7　　B. 8　　C. 9　　D. 15

8. 此试验设计的重复数为（　　）个。

A. 2　　B. 3　　C. 5　　D. 6

9. 此试验包含（　　）个试验小区。

A. 25　　B. 45　　C. 30　　D. 24

10. 此试验的目的是（　　）。

A. 确定哪种施肥量的增产效果最好　　B. 确定哪种品种增产效果最好

C. 选出最优品种和施肥量组合　　D. 引进优良新品种

二、多选题

1.（　　）指试验因素水平的上、下限范围，其大小取决于研究目的、条件及试验研究的深入程度。

A. 水平全距　　B. 水平范围　　C. 试验水平　　D. 试验组合

2. 试验方案按其供试因素的多少可以区分为（　　）。

A. 单因素试验　　B. 复因素试验　　C. 综合性试验

3. 复因素试验方案设计目的是（　　）。

A. 确定各试验因素的最佳水平　　B. 了解不同因素间的相互作用

C. 选出试验因素的最佳水平　　D. 研究对象较多节约试验经费

4. 数量化因素水平划分时注意（　　）。

A. 水平全距　　B. 水平间距

C. 以 0 水平为对照　　D. 可不设置对照

5. 甜玉米品种比较试验过程中的观察记载项目包括（　　）。

A. 植株高度　　B. 穗位及生长速度

C. 叶面积指数　　D. 小区产量

三、判断题

1. 田间试验中只能设置 1 个对照。（　　）

2. 通过适当减少试验因素、合理确定因素的水平数及其级差能提高试验效率。（　　）

3. 田间试验中，非试验因素措施如播种期、种植密度、施肥量等，在各试验小区之间均应该是一致的。（　　）

4. 农业试验中常以当地生产上推广应用面积较大的常规农艺措施为对照；肥料试验或药效试验中，常需要增设不施肥或无药剂的处理作为空白对照。（　　）

5. 单因素试验方案一般由试验因素的若干水平加适当对照处理即可，其设计目的是确定试验因素的最佳水平。（　　）

6. 复因素试验的一个处理为一个水平组合，处理数为各因素水平数的乘积。(　　)

7. 根据试验因素的数量及每个试验因素的水平数设计的包含所有的试验处理的方案就叫全面实施方案。(　　)

8. 数量化因素通常可不设置对照或以 0 水平为对照。(　　)

9. 田间试验过程中只需要观察记载试验指标，试验作物的其他指标不需要观察记录。(　　)

10. 由复因素试验方案的一部分处理构成的试验方案，称为不完全实施方案。(　　)

11. 根据各试验因素的不同特点，可以把试验因素分为两类，即数量化因素与质量化因素。(　　)

12. 正交试验是借助正交表进行的一种均衡的不完全实施的复因素试验方案。(　　)

四、简答题

1. 试验计划书的内容有哪些？

2. 试验计划书的附录包括哪些内容？

3. 开展一种“生物有机肥”(有效活菌数≥0.2 亿/g)在大白菜上的肥效试验。请为本课题分析制定试验计划书。

项目二　自测练习答案

项目三
试验实施

知识目标：

- 了解田间试验地准备；
- 熟知试验实施与管理过程；
- 明确试验数据调查内容；
- 掌握田间取样技术、收获与计产的方法。

能力目标：

- 能够正确选择试验地；
- 能够进行田间区划、试验管理与实施；
- 能够结合实际进行田间取样、数据收集及测定。

素质目标：

- 具备良好的职业道德和严谨的工作态度；
- 具有高度的敬业精神和岗位责任意识；
- 树立顾全大局、团结协作的集体主义精神。

任务一　试验准备

一、田间试验准备

在进行试验之前，应做好充分准备，以保证各处理有较为一致的环境条件，否则影响试验的精确度和准确度。

（一）田间试验地准备

试验地在进行区划前，应按试验要求进行选地、整地与施用基肥。

1. 选地

选择试验用地，首先观察前茬作物的长势，作为土壤肥力均匀度的参考。坚持“三要三避开”的原则，要前茬一致、肥力均匀，避开上年做过栽培试验及斑块状肥力分布的地块；要位置适当，避开树木、高大建筑物、道路、池塘等障碍物的地块；要地势平坦，避开坡度较大的地块。选地后及时测量其长、宽和电线杆等障碍物的位置，为田间布置提供依据。

2. 整地

整地的目的是消除试验田的不平整状况，确保肥力均匀、灌水一致，最终使试验田各处理之间生长发育的条件一致。一般试验地在试验前，需进行整地，要求耕深一致，耙匀耙平，要求在一天内完成；整地方向应与将来作为小区的长边方向垂直，使每一区组内各小区的整地质量最为相似；整地范围需延伸到将来试验区边界外 1～2 m，保证试验区域内的耕层相似；整地后应及时开好排水沟，做到沟沟相通，保证田面雨后不积水。

3. 施基肥

结合整地施入基肥，按要求施用质量一致的基肥，若用厩肥必须充分腐熟并充分混和，最好采用分格分量方法施用，以达到均匀施肥。总之要尽力设法避免施基肥不当而造成土壤肥力上的差异，尽量在较短时间内施完。试验地切忌堆放肥料，以免造成新的土壤肥力差异。在病虫害比较严重的地方需进行土壤消毒处理，处理措施要一致并于当日完成。

（二）田间区划

试验地准备工作初步完成后，按试验方案和试验计划进行试验地的田间区划。田间区划就是根据田间试验布置图在田间实际“放大样”（按比例放大到试验地上）。区划的目的是确定区组、小区、保护行、走道等在田间的位置。通常先计算好试验区的总长度和总宽度，然后根据土壤肥力差异划分区组、小区、走道和保护行，田间区划的具体步骤如下。

1. 认真阅读田间试验布置图

首先弄清比例和小区、区组的布置，换算好有关长度数据，记录在图纸反面。然后实际勘察试验地地势地貌，确定田间实际布置朝向。

2. 划出试验区的四条边界线

（1）拉一条标准线　标准线的位置根据试验地块的实际情况而定，当肥力均匀，标准线应与试验地的长边平行，并离地边至少要有 2m，以供设置保护行和走道之用，两端用木桩定点，第一条标准线就确定出来。如图 3-1-1 所示为试验区的标准线的位置，标准线位于试验地北端，东西走向。

（2）划出两条垂直标准线　以标准线为基准，在两端定点处按照“勾股”定理各划出一直角。在此直角处，分别拉直线，延长到宽边的长度，用木桩定点，即为试验区的两条垂直标准线（第二边和第三边）。垂直标准线一般为以后试验小区的起始行（或终止行）的位置，也应离田边2 m 以上。

（3）划出试验区的第四边　连接两条垂直标准线的末端，若长度与标准线（第一条边）等长，即为试验区的第四边，否则重新区划。

3. 划分区组与走道，确定区组、走道的位置

试验区的四边确定好之后，根据试验设计的小区长度和走道宽度，以垂直标准线与标准线的交点为起点，沿着垂直标准线按小区长度和走道宽度依次丈量，打桩定点。在两条垂直标准线上的对应木桩系绳拉直，确定区组、走道和两端保护行的位置。如图 3-1-1 所示为试验地标准线、垂直标准线、区组、走道的位置。

4. 划分小区，确定小区位置和面积

区组、走道确定之后，按试验设计的小区宽度，以标准线与垂直标准线的交点为起点，沿着

标准线和第四边按小区的宽度，打桩定点。在标准线和第四边上的对应木桩系绳拉直，确定小区的位置与面积。

区划完毕，按试验要求做田埂、水沟等，并在每个小区的第一行前插上标牌，标牌的正反两面按试验计划的小区或行号用记号笔写明区组号(用罗马数字表示)、小区号和处理名称(或代号)。图 3-1-2 的标牌表示为第二区组第 5 个小区，处理的名称或代号为 3。标牌插下后，直到收获，一直保留于田间。

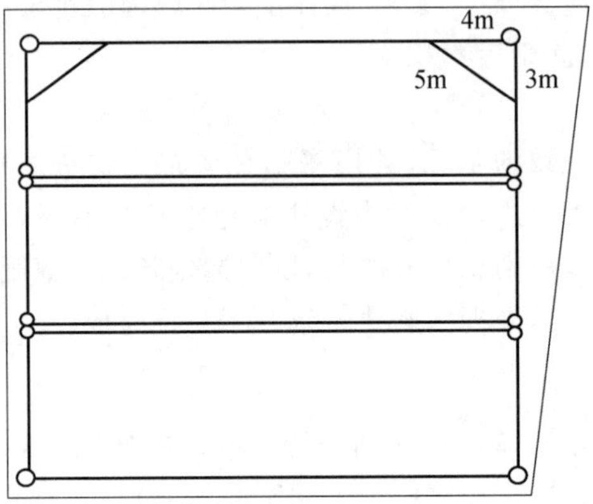

图 3-1-1　田间区划示意图

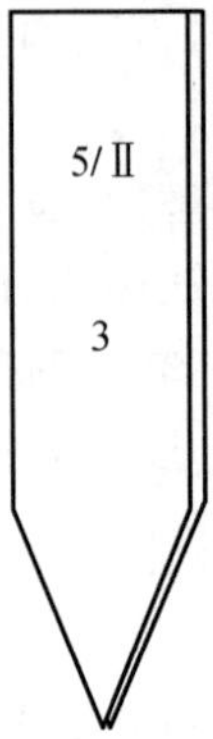

图 3-1-2　标牌

按试验设计要求和田间种植计划，划分区组、小区、走道、保护行等，并绘出田间布置图，以便实际布置落实试验。

(三)试验材料准备

作为供试材料的种子或幼苗，必须是同一来源、质量优良的种子或幼苗。试验前应先准备好播种或移栽的种子或幼苗等试验材料，一般按照种植计划书的顺序准备试验材料，避免发生差错。通常试验材料的准备步骤如下。

1. 种子准备

在试验前，事先测定各品种种子的千粒重、发芽率和净度。保证各小区(或各行)的可发芽种子数应基本相同，避免植株营养面积与光照条件的不一致，增大试验误差。但是育种试验初期，供试材料较多，而每一材料的种子数又较少，不可能进行发芽试验，则应要求每小区(或各行)播种粒数相同。品种比较试验由于不同品种的种子在千粒重、发芽率和净度等各方面存在差异，不能采用同一播种量，而应分品种测出千粒重、发芽率和净度，计算出每一品种的播种量。移栽作物的秧苗也应按这一原则来计算。

2. 计算小区或每行播种量

(1)密播小株作物　密度大的小株作物的小粒种子，可根据种子检验的结果和每公顷的计划株数，计算各小区播种量，计算公式为：

$$X=\frac{A\times B\times C}{10\ 000\times 1\ 000\times u\times v\times(1-w)}$$

式中：X——小区播种量，g；

A——每公顷计划播种量，株；

B——千粒重，g；

C——小区面积，m^2；

u——发芽率，%；

v——种子净度，%；

w——田间损失率，%。

【例 3-1-1】某一大豆试验计划种植密度为每公顷 27 万株基本苗，测定百粒重为 20 g，发芽率为 95%，种子净度为 98%，田间损失率为 10%，小区面积 10 m^2。试求小区播种量。

根据题意得：

$$X=\frac{A\times B\times C}{10\ 000\times 1\ 000\times u\times v\times (1-w)}=\frac{270\ 000\times 20\times 10}{10\ 000\times 1\ 000\times 0.95\times 0.98\times (1-0.1)}=64.5\ (\text{g})$$

若每小区种 4 行，则每行的播种量为：64.5÷4=16.1 (g)。

(2)稀播或穴播大株作物　密度低的大株作物，常用穴播。可根据每公顷的计划株数(穴数)和每穴粒数，直接计算各小区或每行播种粒数，计算公式为：

$$X=\frac{A\times B\times C}{10\ 000}$$

式中：X——小区播种粒数；

A——每公顷计划播种株数(穴数)；

B——每穴粒数(粒)；

C——小区面积，m^2。

【例 3-1-2】某一玉米试验计划种植密度为每公顷 6 万株基本苗，穴播，每穴 2 粒，小区面积 20 m^2。试求小区播种量。

根据题意得：

$$X=\frac{A\times B\times C}{10\ 000}=\frac{60\ 000\times 2\times 20}{10\ 000}=240\ (\text{粒})$$

若每个小区计划种 4 行，则每行播种量为：240/4=60 (粒)

3. 称取或数取每小区或每行播种量

大密度的小粒种子用粗天平称取每个小区或每行的播种量；密度低的大株作物的大粒种子，直接数取每个小区或每行播种粒数。

4. 装袋

以小区为单位称取或数取种子的，按小区装袋，袋面上写明试验名称、重复号、小区号、材料(处理)编号和材料(处理)名称。若以行为单位称取或数取种子的，按行装入小纸袋内，袋面上写明区组号、小区号、处理名称或代号和行号，再将同一小区各行的小种子袋合并在一起，装入大种子袋内，大袋面上写明试验名称、重复号、小区号。

5. 捆扎装箱

按照田间试验布置图的各区组的小区排列顺序打捆，装在种子箱内，以备播种。

值得注意的是，水稻种子的准备，可把每小区(或每行)的种子装入尼龙丝网袋里，挂上编号标牌，以便进行浸种催芽。需要药剂拌种的，应在准备种子时做好拌种。准备好当季播种材料的同时，须留同样材料按次序存放于仓库，以便遇到灾害后补种时备用。除此之外，还需要准备调查记载表(正、副两本)、标牌和化肥、农药等。

二、室内试验准备

试验实施之前，按试验要求选择试验场所、布置试验单元和准备供试材料。

1. 试验场所的准备

试验场所的准备主要是对室内环境及仪器设备、用具等进行彻底的清洁、消毒，同时检查试验相关仪器设备是否能正常运转。

2. 试验单元的设置

室内试验的试验单元可根据试验计划要求按一定顺序或随机摆放。若需要对试验进行局部控制，要注意同一区组内各试验单元之间的环境条件差异应尽可能小。

3. 供试材料的准备

供试材料的准备包括试验所需的生物材料及非生物材料。如植物组织培养试验中，需要准备的供试材料包括用于培养的植株或相应部分的器官、组织、细胞等生物材料；而培养基的各种营养成分、固定物等为非生物材料。

在供试材料准备过程中，应着重要求其纯正、准确，以确保处理本身的典型性，保证处理间的严密可比性，从而降低试验误差。

任务二　试验实施与管理

试验实施是对试验计划的具体落实与操作。在试验实施过程中，必须注意控制误差，力求使不同试验单元间的各项技术操作尽可能一致。因此，在试验实施中，必须以认真、仔细、精益求精、严谨的态度进行每项工作。正如“中国紧凑型杂交玉米之父”李登海，为了早日培育出高产玉米品种，日复一日地忙碌在田埂间，从种植、除草、施肥、喷药，到发芽、长叶、结穗，每个环节他都严格把关，从不缺席，艰辛的付出终于得到了回报，1979 年，李登海培育的玉米品种“掖单 2 号”，亩产量首次突破了 700 kg，引起了轰动。他三十多年如一日，刻苦攻关，他培育的高产玉米新品种已累计推广种植面积超过 15 亿亩，创造社会经济效益 1 000 多亿元，为国家玉米高产做出了突出贡献，创造了世界玉米育种的“神话”。

思政园地

一、播种或移栽

田间试验实施主要包括播种或移栽、田间管理、观察记载与测定、收获和测产等环节。播种或移栽是做好田间试验的重要环节，应做到准确无误，切忌发生差错。一旦出现差错，将会使试验失败。

（一）播种

1. 播种前准备

正确播种是保证苗全的措施之一，切忌发生差错。播种之前需做好播前准备。首先按田间布置图将标牌插在每个小区的第一行的行头，标牌上标明区组号、小区号和处理名称或编号。经查对无误后再按田间布置图将每小区（或行号）的种子发放在小区的标牌处，发放完毕，再将区号与种子袋上号码核对一次，当标牌（区号）、种子袋区号（行号）和记载本上区号（行号）三者一致，准确无误后，方可播种。

2. 播种方法

播种方法一般分为人工播种和机械播种两种，目前田间试验常采用人工播种的方法。

人工播种，播种前须按预定行距开好播种沟，进行播种。要求沟直底平，深浅一致，撒种均匀，或株(穴)距一致，严防漏播。尤其要注意各处理同时播种，播完一区(行)后，种子袋要放回原处，然后覆土镇压；播完一次重复后，经核对无误，收回种子袋，如检查发现错误，应立即在记载本上注明并做相应改正。

若机械播种，小区形状要符合机械播种的要求。先按规定的播种量调节好播种机，开始播种。播种机的速度要均匀一致，而且种子必须播在一条直线上，播种时，不允许中途停机，发生特殊情况时要退回 0.5 m。

无论人工或机械播种后，进行全面检查有无露籽，并及时覆盖。播种按重复进行，播完一次重复再播另一次重复，同一试验最好在一天内完成，如遇特殊情况，至少同一重复要在一天内播完，全部试验播种时间不能超过两天，以保证处理间的可比性。

整个试验区全部播完后，再播保护行，并将实际播种情况，按一定比例在田间记载本上绘出田间种植图，图上应详细记下重复的位置、小区面积、形状、每条田块上的起止行号，走道与保护行设置等，以便日后查对。

(二)移栽

需进行育苗移栽的试验，实际育苗数量应增加 30%的育苗面积。移栽步骤与播种步骤相似，同样移栽前插标牌、施基肥及农药等。移栽时按田间布置图进行取苗、运苗、分苗、核对、移栽等步骤。取苗时要力求挑选大小均匀、强弱一致的秧苗，以减少试验材料的不一致，若秧苗不能完全一致，差异较大的，则可分等级按比例分配不同等级的秧苗，以减少差异。运苗要求秧苗与标签一起运到试验地；分苗按秧苗上的标签名称分别发放到小区的标牌处；核对秧苗上的标签与小区的插牌是否一致；核对无误后按预定的密度(株行距)移栽，要求株行距准确，深浅一致，保证密度，使所有秧苗保持相等营养面积；多余的秧苗可留栽在小区(行)一端，以备补栽之用。

移栽完毕，同样将实际情况按一定比例在记载本上绘出田间栽植图，并详细记载重复、小区、走道和保护行的位置，以备日后查对。

二、试验过程管理

试验过程管理是作物从播种或移栽到收获的整个栽培过程中进行的各种管理措施的总称。试验管理工作应遵循唯一差异原则，除了试验设计所规定的处理间差异外，其他管理措施应保持一致，最大限度地减少试验误差。田间管理的措施主要包括补苗、间苗、中耕除草、施肥、防治病虫害、排灌水等。

(一)补苗、间苗

播种或移栽后及时仔细检查所有小区的出苗或成活情况，本着多间少补的原则，如有断垄缺苗或过密的地段，根据情况及时采取补救措施。一般对于个体协调能力强的(分蘖性或分枝性强的)，相差不足 10%；个体调节能力差(分蘖或分枝性弱的)的，相差不足 5%，且无明显缺苗断垄，可不进行补、间苗。相差超过此范围，多间少补。补种或补栽的地段应详细标记清楚，不作以后计产和其他农艺性状考察的样株。

(二)中耕除草、施追肥和防治病虫害等

播种或移栽后，除进行查、补、间苗之外，在作物生育期间，要及时进行中耕除草、培土、施追肥、灌溉排水和防治病虫害等措施，标准达到或略高于当地丰产田的管理标准，同一措施的

时间、方法、次数和质量等应力求一致，如施肥，每一小区的肥料种类一样，质量一致，数量相等，而且均匀分布，施肥的时间、方法相同。同时每项措施应在同一天内完成，如遇到特殊情况，至少同一重复在一天内完成，以保证重复内的一致。总之，栽培管理的各项措施应遵循唯一差异原则，尽量避免或减少人为的差异，最大限度地减小试验误差，提高试验的精确度。

任务三　试验数据收集

一、试验数据调查项目

田间试验目的是通过科学研究的实践活动，获得试验数据，借助统计分析，得出科学的试验结果，运用试验结果指导和发展农业生产。而田间试验的观察记载与测定是分析试验结果和说明试验结论的主要依据，为了全面解释田间试验的结果，有根据地分析增减产原因，确定各项措施的效果，做出明确的结论，在农作物生长发育期间需对其相关项目进行详细的观察记载，并在收获时进行室内考种和测定。

田间试验调查记载的项目，因试验的目的和内容不同而有差别，但有一些项目在任何试验中都需调查，一般包括以下几个方面的内容。

(一)气候条件观察记载

气候条件与农作物的生长发育有着密切的联系，气候条件的任何变化都会使农作物生长发育产生相应的影响。因此，正确记载气候条件，注意作物的生长动态，研究两者之间的关系，就可以进一步探明作物的产量、品质的变化原因，得出正确的结论。一般观察记载的气候资料包括：

1. 温度资料

温度资料包括日平均气温、月平均气温、活动积温、有效积温、最高和最低气温等。

2. 光照资料

光照资料包括日照时数、晴天日数、辐射等。

3. 降水资料

降水资料包括降水量及其分布、雨天日数、蒸发量等。

4. 风资料

风资料包括风速、风向、持续时间等。

5. 灾害性天气

灾害性天气包括旱、涝、风、雹、雪、冰等。

气候资料可在试验田内定点观测，也可以查用当地气象部门的观测资料。对于有关试验地的小气候，则由试验人员随时观察记载；对于特殊的灾害性天气以及由此引起的作物反应，必须及时观察记载，供分析试验结果时参考。

(二)试验地情况和田间农事操作记载

试验地土壤和田间农事操作与作物的生长发育也有密切的关系，应及时进行记载，供试验总结时参考。试验地的土壤情况，要记载土壤类型、地势、土壤肥力和均匀程度、前茬作物、排灌条件、土壤养分含量等内容。试验过程中的一切农事操作，如整地、施肥、播种、中耕除草、防治病虫害等，都要详细记载操作的时间、次数、工具、方法和质量等内容。

(三)作物生长发育状况的记载和测定

作物的生长发育状况是分析作物增产规律的重要依据，是田间试验观察记载的主要内容。进行田间试验时，要根据试验目的和内容确定详细的调查记载项目，在整个作物生长发育期间进行记载，作为分析试验结果的重要依据。观察记载的主要内容一般有以下几个方面。

1. 作物的生育期

如播种期、出苗期、分蘖期、拔节期、抽穗期、开花期、成熟期、收获期、生育日数等。各种作物都有各自相应的调查标准，参考有关书籍。

2. 形态特征

育种试验经常调查不同品种和材料的形态特征，如株型、叶色、叶形等作为识别品种和材料的依据。

3. 作物的生长发育状况

为了观察不同处理对作物生长发育的影响，经常定期调查作物株高、分蘖、穗长、穗粗、分枝数、节数、空秕粒数、鲜重、干重、叶面积、植株整齐度等内容，了解作物的生长发育规律。

4. 作物的经济性状

经济性状是指与产量和产品品质密切相关的性状。如单位面积株数、单位面积穗数、分蘖数、穗粒数、穗粒重、粒重、单株荚数、单株粒数、荚粒数、单株块茎数及产量、千粒重(百粒重)、蛋白质、油分、糖分的含量等。

5. 不良环境条件和病虫害情况

如旱、涝、雹、低温以及引起的旱害、涝害、倒伏、冻害、风灾和病虫危害的情况等，记载发生时间和危害程度。

6. 意外情况或损害

如发生偷盗、禽畜或灌水危害等。记载发生时间和危害程度。

调查记载项目要根据试验目的来确定调查项目的种类，力求简单，关系密切的要详细记载下来。

二、试验取样方法

(一)基本概念

1. 总体与总体含量

总体是指具有共同性质的个体所组成的集团。它往往是根据事物的属性人为规定的。总体中包含的个体的数量称为总体含量或总体容量，常用字母 N 来表示。

总体可分为有限总体和无限总体。有限总体是指总体所包含的个体是有限的、可以计数的，N 为一个大于零的确定的数字，如“某一小区种植的所有大豆植株”“一包小麦种子”“一块玉米田的果穗”等总体，由有限个体组成，因而是有限总体。无限总体指总体所包含的个体是无限的，无法数清楚，其个体数可以是无穷的，即 N 为无穷大，如水稻品种湘矮早 4 号的总体，是指湘矮早 4 号这一品种在多年、多地点无数次种植中的所有个体，其个体数目是无限的，所以是无限总体。统计上有关取样误差计算的大多数假设都来自无限总体。

2. 样本与取样

样本是指从总体中通过一定的抽样方法抽取出来的若干个个体所组成的集团。从总体中抽取样本的过程叫取样。

总体所包含的个体往往太多，甚至是无穷的，不能逐一测定或观察。因此，在生产试验研究中，一般是从总体中抽取若干个个体（即样本）来研究，以样本作为总体的代表用来估计总体。如测定2023年某地块马铃薯荷兰15的平均单株鲜薯重，如果测总体，则是要将此地块所有的马铃薯荷兰15的单株鲜薯一一称重，相加后除以总体容量N（即此地块马铃薯荷兰15株数），得到此地块的马铃薯荷兰15的平均单株鲜薯重。而如果测定样本，则是在此地块上依一定的取样方式取得若干样本，称取样本的鲜薯重后通过计算获得此地块的马铃薯荷兰15的平均单株鲜薯重。实际上两种方法所得到马铃薯荷兰15的平均单株鲜薯重在数值上相差无几，但其工作量付出就是天壤之别。因此，通常利用样本作为总体的代表用来估计总体。

3. 样本数量（容量）

样本数量（容量）指样本中包含的个体的数量，即样本的大小，常用字母n来表示。在农业生物学试验中，样本容量$n \geqslant 30$的样本称为大样本，样本容量$n < 30$的样本称为小样本，但无论是大样本还是小样本，我们在进行数据调查和采集的过程中必须保持清醒的头脑、严谨的工作态度以及敏锐的观察力，以科学的态度和方法进行筛选、归纳与提炼，这不仅是对科学研究的尊重，更是对真理的追求，体现了社会主义核心价值观中的“敬业”与“诚信”。

样本中的个体也称取样单位，可以是一定的植株数，也可以是一定的器官数，根据具体情况和调查项目而定。一般调查记载株高、穗长、粒数等项目，要按每个作物、每个项目的调查标准来取样，不能随意增减。如玉米株高，选有代表性的植株10株取平均值即可。观察记载幼穗分化进程或测定叶面积等，工作量大，样本可少些，一般3～5株即可。作物生长整齐一致，样本数可少些，反之则应多些。

（二）取样方法

调查记载是进行科学试验的核心环节，有些项目是以小区为单位进行观察记载的，不可能或很难将试验区的所有植株进行逐一调查，因此，一般是通过取样的方式进行调查。选取样本的过程称取样，采取样本的地点称取样点。取样时，应根据小区大小及作物生长状况确定取样方法，力求取样点具有代表性和均匀分布。确定取样点的方法很多，一般用典型取样法、顺序取样法和随机取样法。

1. 典型取样法

按调查研究的要求从总体内有意识地抽出一定数量有代表性的样本的方法称为典型取样法。典型取样法是一种常用的取样方法，一般采用目测的方法从试验小区内选取一定数量的有代表性的地段作为取样点，可以选一点，也可以选几点。具体取样点的数量和每个取样点的取样数目根据调查的项目来确定。

2. 顺序取样法

顺序取样法又称机械抽样法或系统抽样法，是按照某种既定的顺序抽取一定数量样本。例如先将总体各个单位编号，按照逢1或逢5等距取样，或间隔一定的株数依次取样。一般要求样本量不少于调查总体的5%。顺序取样的常用方式有对角线式、棋盘式、分行式、平行式、“Z”形取样等（图3-3-1）。

顺序取样法
动画

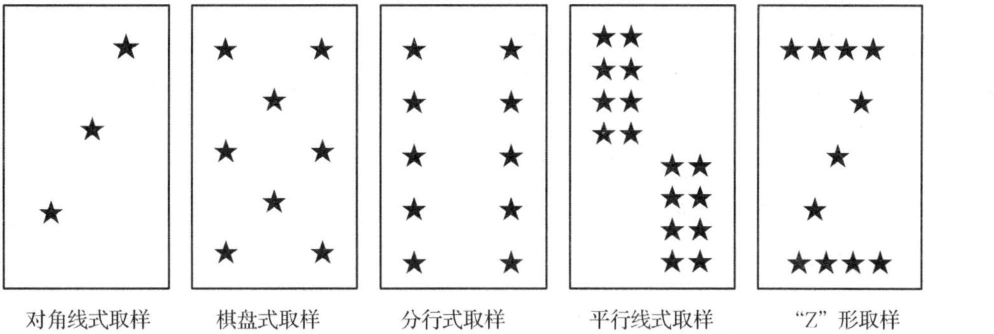

图 3-3-1　常用的顺序取样方式

(1)对角线式取样　在每个试验小区内沿小区的一条或两条对角线,间隔一定的距离随机确定一个取样点。一般一条对角线取 3 点,多用于面积较小的方形地块,两条对角线取 5 点,一般要求样本量不少于总体的 5%,即每点面积占总体的 1%以上,多用于面积较大的方形地块,具体取多少根据对角线的长度而定。

(2)棋盘式取样　在每个试验小区内沿两条或几条平行线,间隔一定的距离随机确定一个取样点,一般要求样本量不少于总体的 5%,即每点面积占总体的 0.3%左右,多用于面积较大的地块。

(3)分行式取样　分行式取样是在试验区上,以行向为依据,均选取 2 行植株,每行选取 6 个点,每点面积依总体容量而定,一般要求样本量不少于总体的 5%,即每点面积占总体的 0.4%以上。

(4)平行式取样　平行式取样是在试验区上,对应选取 4 行植株,每行对应选取 4 个点,每点面积依总体容量而定,一般要求样本量不少于总体的 5%,即每点面积占总体的 0.3%以上。

(5)"Z"形取样　"Z"形取样是在试验区上,以"Z"形选取 11 个点,每点面积依总体容量而定,一般要求样本量不少于总体的 5%,即每点面积占总体的 0.45%以上。

3. 随机取样法

随机取样又称等概率取样法,是完全依照机会均等的原则进行取样加以调查的方法。简单随机取样法是先将总体内各单位进行编号,然后用抽签法、随机数字法抽取所需数量的抽样单位组成样本。以小麦田为例,随机决定测框位置时,可先步测田块的长宽度,然后用随机数字法决定各点的方位。某田块长 300 m,宽 170 m,取 5 点,各点的长、宽位置坐标分别随机决定为(125,88),(169,24),(38,53),(80,94),(238,120)等,然后逐点布设测框调查。除了简单随机取样法外,随机取样方法还有一系列衍生方法,如整群取样法、多级取样法等。

取样调查有固定观察点与不固定观察点两种。如作物的生育动态观察,就可以在试验的每个小区内选择有代表性的固定地方,做上标记,每次观察都在点内进行。不固定点可随查随取样。

三、试验数据收集

(一)室外数据测定

1. 室外数据测定内容

室外数据测定是一个重要的实践环节,它涉及如何在自然环境中准确地收集数据,以及如何处理和分析这些数据以得出科学结论。室外数据测定的内容通常包括环境参数测定(温度、湿度、风速、风向、大气压力、光照强度、降水量等气象参数)、土壤特性测定(土壤温度、湿度、pH、电导率、有机质含量、养分水平等土壤物理和化学特性)、植物生长监测(株高、叶面积、生物量、产量等)、水质分析(水体温度、溶解氧、浊度、氮磷含量等水质指标)等。

2. 数据测定方法

具体测定方法可采用以下三种方法。

(1)直接测量　使用温度计、湿度计、风速计等直接读取环境参数。

(2)采样分析　采集土壤、植物或水质样本,带回实验室进行进一步的分析。

(3)自动化监测　使用自动气象站、土壤水分传感器等设备进行连续监测。

3. 室外数据测定注意事项

在进行室外数据测定时,应注意以下几点。

(1)校准仪器　确保所有测量仪器在使用前经过校准,以保证数据的准确性。

(2)重复测量　在不同时间和不同条件下进行重复测量,以提高数据的可靠性。

(3)记录详细信息　记录测定的时间、地点、天气条件等详细信息,以便后续分析。

(4)数据质量控制　注意可能的系统误差和随机误差,采取措施进行校正和减少误差。

在进行室外数据测定时,需要特别注意实验的随机性、重复性和均衡性,以确保实验结果的可靠性和有效性。

(二)室内考种

对于作物的某些性状,如玉米的穗长、穗粗、穗粒数、千粒重、穗行数、秃尖等,不能或不便于在田间直接进行调查和记载,收获后在室内进行观察和测定,即室内考种。

室内考种的材料要在作物成熟后、收获前采取。室内考种的项目可因作物种类、试验目的和内容不同而做不同选择。主要有三个方面:一是作物经济(产量结构)性状测定,如千粒重、穗粒数等,这是室内考种的主要内容。二是植物形态的观察,如粒形、粒色、脐色等。三是收获物重要品质的鉴定,如蛋白质及糖分的含量等。

为了使观察记载能够全面准确地反映作物生长发育的实际情况,进行田间试验观察记载应注意以下事项。观察记载的样本要有代表性,一般采用随机的方法进行抽样;观察记载要及时,否则错过时机就无从调查;观察记载和测定的项目必须具有统一评定标准和方法(国家标准、行业标准或地方标准),要求真实、准确、可靠,便于试验总结和交流;观察记载应由专人负责,同一试验的同一调查项目应由同一个人来完成,不宜中途换人,以免评定标准不一致,产生误差;观察记载要用铅笔进行记录,以防止被雨淋而字迹模糊,导致数据丢失;观察记载必须细致准确,记载的数据要及时进行备份。

(三)收获、脱粒与计产

有些试验进行到植物某一生育阶段即可完成,但大多数试验要进行到植物成熟,必须测定各小区产量,作为对试验处理的评价。因此,试验地的收获非常重要,决不能发生差错,否则就得不到完整的试验结果,影响试验的总结,甚至前功尽弃。

1. 收获

收获是田间试验数据收集的关键环节,必须严格把关,要及时、细致、准确,一定严格按小区单收、单运、单放、单脱、单晒,严防混杂。

收获之前,如保护行已成熟,可先行收割。如为了减少边际效应与生长竞争,设计时预定要割去小区边行及两端一定长度的，则也应照计划先收割，核对无误后，将其运走。然后在小区中按计划采取考种或作其他测定之用的样本，挂上标牌，校对无误后，运入贮藏室，按类别或不同处理分别挂好，待干时进行考种或测定。最后按小区收获，如各小区的成熟期不同，则应先熟先收，未成熟小区以后再收（边行、两端也要后割）。

2. 脱粒

待试验材料能脱粒时，及时严格按小区分别脱粒，如品种试验，则每一品种脱粒完毕后，必须仔细扫清脱粒机及容器，避免品种间的机械混杂。脱粒后把秸秆捆上的标牌转到种子袋上，内外各挂一个，以备随时检查核对，避免发生差错，注意在收获、运输、脱粒、考种、晾晒、贮藏等工作中，必须专人负责，建立验收制度。

3. 计算产量

脱粒后分别晒干，再将考种取样部分的籽粒加到各相应小区中，称重，即为小区计产面积的实际产量。因为不同小区计产面积不一致，一般要换算成每小区或每公顷产量再进行比较和分析。

【例 3-3-1】小麦品种比较试验的小区为 12 行，行长 10 m，行距 0.15 m，两边各 1 行和两端各 0.5 m 作为不计产部分，小区计产面积的籽粒产量是 8.4 kg，计算其小区产量和每公顷产量。

$$小区面积=小区长度\times小区宽度=10\times12\times0.15=18\ (m^2)$$

$$小区不计产部分面积=小区两边不计产面积+小区两端不计产面积$$
$$=2\times10\times0.15+2\times10\times0.15\times0.5=4.5\ (m^2)$$

$$小区计产面积=小区面积-小区不计产面积=18-4.5=13.5\ (m^2)$$

$$每平方米产量=\frac{小区计产面积产量}{小区计产面积}=\frac{8.4}{13.5}=0.622\,2\ (kg/m^2)$$

$$小区产量=每平方米产量\times小区面积=0.622\,2\times18=11.2\ (kg)$$

$$每公顷产量=每平方米产量\times每公顷面积=0.622\,2\times10\,000=6\,222\ (kg)$$

田间试验通过观察记载、收获、脱粒、计产等一系列步骤，取得了大量试验资料。试验人员下一步对这些资料进行整理、分析，对试验做出科学的结论。

技能训练 3-1 田间试验区划

一、目的

掌握田间试验区划技术，根据试验设计，按步骤进行区划，并能够绘制小区田间分布图。

二、用具

皮尺、测绳、铁锹、锄头、划印器、直尺、铅笔、绘图纸、计算器及必要的参考资料。

三、资料

【资料 1】有一大豆品种与种植密度试验，4 个品种（A_1、A_2、A_3、A_4），3 种种植密度（B_1、B_2、

B_3),共 12 个处理,4 次重复,走道宽 0.5 m,保护行宽 1～2 m,试验田长 76 m,宽 40 m,无肥力变化,分别采用:(1)随机区组设计,小区面积 24 m²,试进行区划。(2)裂区设计,副区面积 8 m²,试进行区划。

【资料 2】有一大豆品种比较试验,大豆品种分别为 A,B,C,D,E,F,G,其中 D 为对照,3 次重复,小区面积 18m²,走道宽 0.5m,保护行宽 1～2 m,试验田长 45 m,宽 25m。采用对比法设计,试进行区划。

四、实施步骤

将学生分组,每组 3～5 人,每组选取上述资料进行区划,分三步进行。

1. 试验区的位置确定

(1)在选好的地块上先量出试验区的一个长边的总长度(包括小区长、区组间走道宽、两端保护行长等),并在两端钉上木桩作为标记。

(2)以这个固定边作为基本线,于一端拉一条与基本线垂直的线,定为宽度基本线。依据勾股定律确定直角,即先在长边的基本线上量 3 m 为 *AB* 边,以 *B* 为基点再拐向宽边量出 4 m 长的一段为 *BC* 边,用 5 m 一段的长度连接成 *AC* 边作为三角形的斜边。如果斜边的长度恰好是 5 m,证明是直角。如果不是 5 m 说明不是直角,应重新测量直到准确为止。

(3)沿着已确定的直角线将宽边延长到需要的长度,在终点处做标记。采用同样方法确定其他三个直角,并把两个宽边与另一长边都区划出来,这样试验区总的位置及轮廓就确定了。

2. 区组确定

沿着试验区的宽边将保护行、走道、小区行长的长度区划出来,要求在两个宽边上同时进行,钉上木桩,用细绳将两端连接起来,使区组间的走道平直,用铁锹、锄头、镐或划印器做标记。

3. 小区确定

沿着每个重复的长边将小区的宽度区划出来,按田间种植图将各小区标牌插在每个小区的第一行的行头。

五、考核内容与评分标准

序号	考核内容	评分标准	分值	得分
1	工作态度	小组成员工作效率高,组内工作协调性好	5	
		工作积极主动,各组员能动性强,能在小组工作中发挥应有的作用	5	
2	材料准备	材料准备完备,齐全,不影响工作的及时完成	10	
3	绘制田间试验设计区划平面图	试验地位置、小区长和宽等标注准确	20	
		简要说明设计区划的依据	20	
4	区划田间试验地	按照田间区划平面图,依据区划的要求与方法在田间试验地合理进行区划	30	
5	增值性评价	坚守公平公正的信念,能严格按照公平公正的原则行事;能讲好老一辈科学家的感人故事,传承和弘扬老一辈科学家的奉献精神	10	

技能训练 3-2 试验数据调查与记录

一、目的

了解试验数据调查的重要性；熟悉试验数据调查方法；掌握各种植物田间调查的项目、标准、方法和注意事项，能独立进行试验区的整个生育期间的田间调查与记载，为获得正确的试验资料奠定基础。

二、场所

学院实训基地的大豆、玉米、小麦、谷子及各种药材试验田；或由指导教师和学生自行建立试验田。

三、用具和材料

各种作物种子、肥料、皮尺、镐头、天平、调查表、纸、笔、标牌、计算器、卷尺等。

四、实施步骤

教师布置，讲解田间试验调查项目的确定、调查方法、调查标准与注意事项；3～5 人一组；每组选取一个试验项目；根据各试验项目的要求确定调查项目，制作调查表；按各调查项目的标准，对需要观察的项目逐一观察记载。

五、考核内容与评分标准

序号	考核内容	评分标准	分值	得分
1	工作态度	小组成员工作效率高，组内工作协调性好	5	
		工作积极主动，各组员能动性强，能在小组工作中发挥应有的作用	5	
2	材料准备	材料准备完备，齐全，不影响工作的及时完成	10	
3	试验数据调查	针对不同品种、不同试验，调查时间正确、适宜	20	
		调查项目选取正确，调查方法正确	20	
		调查项目全面，调查记载表填写正确	30	
4	增值性评价	坚守公平公正的信念，能严格按照公平公正的原则行事；能讲好老一辈科学家的感人故事，传承和弘扬老一辈科学家的奉献精神	10	

自测练习

一、单选题

1. 田间试验的基本原则中，重复原则要求在试验田中每个处理设置（　　）重复，以估算试验误差的大小。

A. 1个　B. 2个　C. 3个或以上　D. 根据试验设计而定

2. 试验材料的种子准备中，保证各小区可发芽种子数基本相同的目的是避免植株营养面积与光照条件的不一致，从而（　　）。

A. 提高播种效率　B. 增加试验误差
C. 保证植株生长一致性　D. 减少试验成本

3. 试验过程管理中，补苗、间苗的原则是（　　），即在作物播种或移栽后及时仔细检查所有小区的出苗或成活情况。

A. 少间多补　B. 不补不间　C. 多间少补　D. 随机补间

4. 田间试验的收获应严格按（　　）单收、单运、单放、单脱、单晒，严防混杂。

A. 重复　B. 处理　C. 区组　D. 小区

5. 田间试验统计分析常用的方法包括（　　）等。

A. 描述性统计　B. 概率分布
C. 假设检验　D. 方差分析和回归分析

6. 取样方法中，不属于随机取样法的是（　　）。

A. 抽签法　B. 摇码　C. 查随机数表　D. 目测选取

7. 有限总体指包含的个体数目（　　）。

A. 有限　B. 无限　C. 不可数　D. 多于100

8. 凡是样本容量 $n \geqslant 30$ 的样本，称为（　　）。

A. 小样本　B. 有限样本　C. 大样本　D. 无限样本

二、多选题

1. 田间试验中，选择试验用地时应遵循的原则是（　　）。

A. 前茬作物长势不一致　B. 肥力均匀
C. 位置适当　D. 地势平坦

2. 田间区划时，试验区的四条边界线的确定方法是（　　）。

A. 拉一条标准线，两端用木桩定点　B. 划出两条垂直标准线
C. 划出试验区的第四边　D. 划分区组与走道，确定区组、走道的位置

3. 田间试验无论是人工播种还是机械播种，需要注意的是（　　）。

A. 全面检查有无露籽　B. 同一试验最好在一天内播完
C. 全试验播种时间不能超过两天　D. 播种时可不按重复进行

4. 下列属于顺序取样法的是（　　）。

A. 对角线式取样　B. 棋盘式取样　C. 分行式取样　D. 整群取样法

5. 为了使观察记载能够全面准确地反映作物生长发育的实际情况，进行田间试验观察记

载应注意(　　)。

A. 样本要有代表性　　B. 观察记载要及时

C. 必须具有统一评定标准　　D. 中途可以换人

三、判断题

1. 田间试验地准备时,选地应避开上年做过栽培试验及斑块状肥力的地块。(　　)
2. 整地时,耕深不一致是可以接受的。(　　)
3. 施基肥时,厩肥不需要充分腐熟即可施用。(　　)
4. 田间区划时,试验区的四条边界线的确定不需要考虑田边的位置。(　　)
5. 试验材料准备中,种子的千粒重、发芽率和净度不需要测定。(　　)
6. 补苗、间苗时,应根据作物的个体协调能力和差异程度来决定是否进行。(　　)
7. 试验数据调查项目中,不包括对试验地土壤肥力和均匀程度的记载。(　　)
8. 取样方法中,系统取样是一种随机取样法。(　　)
9. 室内考种主要是为了测定作物的产量结构性状。(　　)
10. 田间试验的实施步骤中,播种或移栽后的管理措施应包括施用生长调节剂。(　　)

四、简答题

1. 描述田间试验中选地的原则和目的。
2. 解释田间试验中整地的重要性及其具体要求。
3. 简述田间试验中区划的目的和步骤。
4. 阐述试验材料准备中种子准备的重要性及其步骤。
5. 解释田间试验过程管理中唯一差异原则的含义及其应用。

项目三　自测练习答案

项目四
试验资料整理

知识目标

- 了解试验资料的类别；
- 熟知次数分布表及次数分布图的类型；
- 明确次数分布表的整理方法及次数分布图的绘制方法；
- 掌握平均数与变异数的计算方法。

技能目标

- 能够熟练进行试验资料的整理；
- 能完成次数分布图的绘制；
- 能够运用公式正确计算平均数与变异数等特征数。

素质目标

- 具备严谨、细致的工作作风；
- 具有脚踏实地、一丝不苟的工作态度；
- 树立为我国农业发展奉献青春的责任感和使命感。

任务一　试验资料类别

在科学试验的实施与调查过程中，通过一系列观察、测定与记载，可以获得大量的数据资料(data)，这些资料表面往往表现得杂乱无章，没有规律性，反映不出事物的本质，必须对其进行初步整理，找出内在规律、特征，从中获得有价值的信息，便可以一目了然地看出数据集中与变异情况，这对试验结果的统计分析具有重要意义。

试验中观察记载所得数据，因所研究的性状不同而不同，一般分为数量性状资料和质量性状资料两大类。

一、数量性状资料

数量性状资料是指能够以测量、称量、度量或计数的方法获得的资料。根据记载方式不同，数量性状资料又可分为非连续性变量资料和连续性变量资料。

1. 非连续性变量资料

非连续性变量资料又称间断性变量资料，也称计数资料，是指用计数的方式获得的数据资料。如小穗数、每穗籽粒数、株数、叶片数、病斑数等数据。其特点是各个观测值只能以整数表示，在两个相邻的整数间不得有任何带小数的数值存在。例如，计数一片叶片上的蚜虫的数量时，原始数据都是以整数的形式出现的，不会有 5.7 只、6.78 只等小数出现。这类资料由于在两个相邻的整数值间是不连续的或间断的，因此称为非连续性变量资料。

2. 连续性变量资料

连续性变量资料又称计量资料，是指用度、量、衡等测量工具来测定某项指标而得到的数据资料。如穗长、株高、千粒重、养分含量等数据。其特点是所测得的各个观测值不限于整数，在两个相邻的数值之间可以有微量差异的其他数值存在，即相互之间的变异是连续的。例如测定小麦的每穗粒重时，在 2.5 g 与 3.4 g 之间，可以有 2.678 3 g 等数值存在。表示这种差异的小数点位数，则因测量工具的精度不同而定。这类资料中两个相邻的数值是可以连续的，所以称为连续性变量资料。

二、质量性状资料

质量性状资料又称属性性状资料，是指只能通过观察、分类和文字描述而不能直接测量的性状资料，如花色、性别、病斑有无等。这类性状本身不能直接用数值表示，要获得这类性状的数据资料，必须对观察结果做数量化处理，一般可采用两种方法统计。

1. 分组统计次数法

分组统计次数法简称分组法，就是在一个总体或样本中，将属性性状分成相对性状的两组或多组，统计具有某性状的个体数目及具有相对性状的个体数目，以次数或者相对次数作为质量性状的数据。例如，在 100 粒豌豆种子中，有 30 粒为白色（占 30%）、50 粒为灰褐色（占 50%），20 粒为花色（占 20%），这样就将种子颜色这种属性性状转化成了统计数据，从而对这类资料的信息了解更直观。这种由质量性状数量化得来的资料又称次数资料。

2. 分级统计次数法

分级统计次数法简称分级法。即在一定的总体或样本中，将某种属性性状按其差异程度分成若干级别，每一个级别用一个适当的数值表示，再分别统计各级别出现的次数。例如，鉴定对黄瓜细菌性角斑病的抗性，在田间调查时可按病叶多少，病斑大小分成四个等级，其代表数值依次为 0、1、2、3，即不发病为 0；只有少数叶上有病斑的为 1；部分叶有小斑或中斑，病叶数不超过全株叶片数的 1/2 者为 2；病叶数超过全株叶片数的 1/2 者为 3，这样就把一个质量性状进行了数量化，可以当作一个数量性状来统计了。

任务二 次数分布表

将观测值按大小分组统计次数，编制成表格形式，即为次数分布表。次数分布表因资料的类别不同，整理方法不尽相同。

一、数量性状资料的整理

原始数据包*

（一）非连续性变量资料的整理

1. 单项式分组法

单项式分组法是用样本的自然值进行分组，每个组都用一个观测值来表示。一般应用于观测值数目较多、变异幅度较小的非连续性变量资料。

【例 4-2-1】研究某小麦品种的每穗小穗数，随机抽取 100 个小麦主茎穗，计数每个麦穗的小穗数，所得资料见表 4-2-1，试对数据进行整理。

表 4-2-1　100 个小麦主茎穗每穗小穗数　　个

18	15	17	19	18	15	17	18	19	17
17	16	17	19	16	20	19	17	16	18
17	18	16	16	17	18	20	17	17	18
17	15	15	18	18	17	17	17	19	18
18	19	17	17	18	18	16	20	18	18
18	17	19	16	19	17	18	16	18	17
17	16	18	17	18	17	17	16	17	16
17	19	18	18	17	16	17	15	16	19
15	19	18	17	19	19	18	17	17	16
18	19	16	20	19	17	20	19	19	17

表 4-2-1 的资料是非连续性变量资料，每穗小穗数的变动范围在 15～20 个，把所有的观测值按每穗小穗数多少加以归类，共分 6 组。每一个观测值按其大小归到相应的组内，用“f”表示数值出现的次数。这样就可得到表 4-2-2 形式的次数分布表。

表 4-2-2　100 个小麦主茎穗每穗小穗数的次数分布表

每穗小穗数/个	次数（f）	每组频率/%	累积频率/%
15	6	6	6
16	15	15	21
17	32	32	53
18	25	25	78
19	17	17	95
20	5	5	100

从表 4-2-2 中看出，原本杂乱无章的数据，经初步整理后，就可以看出资料集中与变异的大概情况，如每穗小穗数以 17 个的为最多，以 20 个的为最少。经过整理的资料有利于进一步分析。

单项式分组法分组可采用人工整理的方法，但随着科学的不断进步，应

非连续性变量资料
单项式分组法
Excel 操作视频

* 注：该数据包包含本书全部操作视频中的原始数据，读者可自行下载并进行同步跟练。

用计算机能够更快、更准确地完成相应资料的分组。其中 Microsoft Excel 电子表格具有强大的统计分析功能,可以根据用户的要求对数据清单的行或列数据进行排序,从而使研究对象的规律性更加简洁地表现出来。

继续以表 4-2-1 中数据为例,对数据进行整理。

(1)输入原始数据和各组的数值　将数据输入到 Excel 表中,列出 6 个组的数值于单元格中(图 4-2-1)。

	A	B	C	D	E	F	G	H	I	J	K	L
1	100个小麦主茎穗每穗小穗数											
2	18	15	17	19	18	15	17	18	19	17		每穗小穗数
3	17	16	17	19	16	20	19	17	16	18		15
4	17	18	16	16	17	18	20	17	17	18		16
5	17	15	15	18	18	17	17	17	19	18		17
6	18	19	17	17	18	18	16	20	18	18		18
7	18	17	19	16	19	17	18	16	18	17		19
8	17	16	18	17	18	17	17	16	17	16		20
9	17	19	18	18	17	16	17	15	16	19		合计
10	15	19	18	17	19	19	18	17	17	16		
11	18	19	16	20	19	17	20	19	19	17		
12												

图 4-2-1　原始数据及各组观测值录入表

(2)输入公式与合计　在 M3 单元格中输入公式"=COUNTIF($A$2:$J$11,L3)",再将公式粘贴到 M4～M8 单元格中,即可得到各组观测值出现的次数。在单元格 M9 中输入公式=SUM(M3:M8)得到合计次数,完成分组整理(图 4-2-2)。

	A	B	C	D	E	F	G	H	I	J	K	L	M
1	100个小麦主茎穗每穗小穗数												
2	18	15	17	19	18	15	17	18	19	17		每穗小穗数	次数
3	17	16	17	19	16	20	19	17	16	18		15	6
4	17	18	16	16	17	18	20	17	17	18		16	15
5	17	15	15	18	18	17	17	17	19	18		17	32
6	18	19	17	17	18	18	16	20	18	18		18	25
7	18	17	19	16	19	17	18	16	18	17		19	17
8	17	16	18	17	18	17	17	16	17	16		20	5
9	17	19	18	18	17	16	17	15	16	19		合计	100
10	15	19	18	17	19	19	18	17	17	16			
11	18	19	16	20	19	17	20	19	19	17			

图 4-2-2　单项式分组法的公式输入及分组结果

2. 组距式分组法

组距式分组法是指将全部变量划分为若干组,每组包含若干个观测值,有一个范围。一般应用于观测值数目较多,变异幅度较大的非连续性变量资料。

【例 4-2-2】试将某早稻 200 个稻穗的每穗粒数(表 4-2-3)整理成次数分布表。

表 4-2-3　某早稻 200 个稻穗的每穗粒数　　粒

51	58	64	43	52	31	34	63
76	49	52	51	53	53	56	68
72	56	65	73	48	63	45	61
63	51	55	56	60	55	45	56
40	53	61	53	53	49	61	45
50	56	41	67	71	65	37	49
54	54	56	37	60	83	50	78

续表 4-2-3

51	52	49	50	48	57	42	56
60	66	50	70	38	49	50	54
64	70	49	56	50	43	54	55
64	46	50	58	55	51	56	49
72	54	64	67	48	71	40	57
59	55	48	59	46	43	52	69
50	53	45	62	49	55	37	46
62	49	63	60	58	53	62	55
57	50	66	46	45	39	56	47
27	47	44	51	55	46	65	75
68	49	67	45	74	55	36	55
69	60	61	43	45	53	80	42
67	54	58	53	59	58	61	59
71	61	57	45	53	67	57	36
81	43	33	54	58	52	61	66
56	55	63	42	48	41	48	68
56	53	43	55	57	61	58	45
37	57	57	57	64	62	59	66

从表 4-2-3 中可以看出，每穗粒数变异幅度为 27～83 粒，相差 56 粒，如果以每一观测值为一组，则组数太多(57 组)，其规律性仍不容易被看出。如每组包含一定变化幅度，如以 5 粒为一组，则可以使组数适当减少。表 4-2-4 为样本容量与分组数多少的参考表，在处理类似分组问题时可参照此表进行。

表 4-2-4 不同样本容量适宜的分组数

样本容量(n)	分组数
40～60	6～8
60～100	7～9
100～200	8～12
200～500	12～17
500 以上	17～20

对某早稻品种 200 个稻穗每穗粒数资料，因样本容量 $n=200$，参考表 4-2-4 不同样本容量适宜的分组数，分为 12 组。经过整理，资料的规律性变得比较明显（表 4-2-5）。

表 4-2-5　200 个稻穗每穗粒数的次数分布表

每穗粒数/粒	次数(f)	每组频率/%	累积频率/%
26～30	1	0.5	0.5
31～35	3	1.5	2.0
36～40	10	5.0	7.0
41～45	21	10.5	17.5
46～50	32	16.0	33.5
51～55	41	20.5	54.0
56～60	38	19.0	73.0
61～65	25	12.5	85.5
66～70	16	8.0	93.5
71～75	8	4.0	97.5
76～80	3	1.5	99.0
81～85	2	1.0	100.0

从表 4-2-5 看到，约半数稻穗的每穗粒数在 46～60 粒，大部分稻穗的每穗粒数在 41～70 粒，但也有个别稻穗每穗粒数极少，在 26～30 粒，个别稻穗每穗粒数极多，在 81～85 粒。

（二）连续性变量资料的整理

连续性变量资料一般采用组距式分组。其步骤是：计算极差、确定组数和组距、确定组限和组中值，然后按大小归组制表。

【例 4-2-3】调查 100 行（行长 2 m）大豆的产量，所得资料见表 4-2-6，说明其整理方法。

表 4-2-6　100 行大豆的产量　　g

70	72	135	148	40	147	84	185	95	93
109	64	58	34	68	118	108	175	99	132
154	105	77	156	45	160	109	87	101	95
94	94	107	55	61	73	77	105	85	132
123	100	62	79	68	84	90	123	135	40
107	79	133	72	66	82	76	25	98	130
62	56	44	50	58	98	104	141	92	142
90	136	97	80	54	98	104	118	30	149
76	152	100	43	22	106	74	116	125	100
115	78	73	81	130	103	117	107	118	101

1. 求极差

极差又称为全距，是资料中最大观测值与最小观测值的差，用 R 表示，即 $R=x_{max}-x_{min}$。其反映整个样本的变异幅度。从表 4-2-6 看出，最大的观测值为 185 g，最小值为 22 g，极差

$R=185-22=163$（g）。

2. 确定组数和组距

组数是指整个资料的分组数目，其多少视样本容量及资料的变动范围大小而定，一般以既简化资料又不影响反映资料的规律性为原则。分组要恰当才能充分揭示其集中和变异的特点。分组过多，组内观测值的差距过小，因而各组的代表值，即组中值仍然很分散，看不出数据分布的特点，也达不到简化计算的目的；分组过少，组内观测值差距过大，则组中值的代表性较差，据此算得的统计数也就不准确。一般样本适宜的分组数可参考表 4-2-4。

本例中，$n=100$，综合考虑分为 11 组。

组距是组与组之间的距离，是指每组最大观测值与最小观测值的差，用 i 表示，$i=R\div$组数。分组时要求各组的组距相等。组距的大小由全距与组数确定，为便于计算，组距最好取整数。

本例中，组距 $i=163\div11=14.8\text{ g}\approx15\text{ g}$，即用 15 g 作为组距。

3. 确定组限和组中值

组限是指各组的最大值与最小值。最小值称为下限（L），最大值称为上限（U），每组应有明确的界限，才能使观测值对号入座。每一组的中间值称为组中值或中点值，它是该组的代表值，用 m 表示。组中值与组限、组距的关系是：

$$m=\frac{L+U}{2}=L+\frac{1}{2}i=U-\frac{1}{2}i$$

组中值最好为整数，或与观测值位数相同，便于计算。由于相邻两组的组中值间的距离等于组距，所以当第一组的组中值确定后，加上组距就是第二组的组中值，第二组的组中值加上组距就是第三组的组中值，依此类推。

组距确定后，首先要选定第一组的组中值。一般第一组组中值应等于或接近于第一个最小观测值，这样可避免第一组观察次数过多，无法正确反映资料的规律。第一组的组中值确定后，该组组限即可确定，其余各组的组中值与组限就可以相继确定。需要注意的是，要保证最末一组的上限大于资料中的最大值，如资料中的最大值无法列入最后一组，应按组距要求再列一组，将资料中的最大值列入此组。

本例中，最小值 22，第一组组中值定为 20，因为组距为 15，所以第一组的下限$=20-(1/2)\times15=12.5$，第一组的上限也就是第二组的下限，为 $12.5+15=27.5$；第二组的组中值即为 $20+15=35$，第二组的上限也就是第三组的下限，为 $35+7.5=42.5$，依此类推，一直到某一组的上限大于资料中的最大值为止。一般组限比原始资料数据多一位小数或每组的上限减去 0.1，目的是使观测值准确归组。

4. 原始资料的归类

按原始资料中各个观测值的次序，逐个将数值归于各组。一般可画“正”字记数。待全部观测值归组后，即可求出各组次数，制成次数分布表，如本例将表 4-2-6 资料整理后制成次数分布表（表 4-2-7）。

表 4-2-7　100 行大豆产量的次数分布表

组限/g	组中值/g	次数（f）	每组频率/%	累积频率/%
12.5～27.5	20	2	2	2
27.5～42.5	35	4	4	6

续表 4-2-7

组限/g	组中值/g	次数(f)	每组频率/%	累积频率/%
42.5～57.5	50	7	7	13
57.5～72.5	65	12	12	25
72.5～87.5	80	17	17	42
87.5～102.5	95	18	18	60
102.5～117.5	110	15	15	75
117.5～132.5	125	10	10	85
132.5～147.5	140	7	7	92
147.5～162.5	155	6	6	98
162.5～177.5	170	1	1	99
177.5～192.5	185	1	1	100

从表 4-2-7 可以看出，大豆每行产量的变异范围为 12.5～192.5 g，大部分为 57.5～132.5 g，占 72%。

在统计学中，分组是一个常见的数据处理方法。实际分组时的组数可能会因多种因素而与最初设定的组数不同。如果第一组下限和资料中的最小值相差较大，或实际组距比计算的组距较小，则实际分组的组数将比原定的组数多；反之则少。在归组时要注意按原始数据的记载顺序进行，不要重复或遗漏，归组后将各组的次数相加，结果应与样本容量相等，如不等，证明归组有误，应予以纠正，不能存在侥幸心理，这种严谨、细致的工作态度，是科学研究中不可或缺的品质。在华中农业大学，师生们常常提到“傅氏六件套”——草帽、挎包、深筒靴、水壶、工作服和笔记本。这 6 件物品象征着傅廷栋院士及其同事们在田间地头不断试验、不断记录的执着精神。正是凭借这种严谨的工作态度，傅廷栋院士带领团队研发出了华杂系列及华双系列等多个油菜杂交新品种。这些新品种在生产上累计推广近亿亩，极大地推动了中国油菜产业的发展，使中国油菜科学研究走在了世界前列。如今，油菜品种的杂种化率已达到 70%，全国平均单产也已超过世界平均水平。由此可见，无论是统计学中的数据分组，还是农业科研中的品种培育，严谨的态度和科学的方法都是取得成功的关键。傅廷栋院士及其团队的实践，为我们树立了榜样，也让我们深刻认识到，只有脚踏实地、一丝不苟地对待每一个环节，才能在各自的领域中取得突破和成就。

思政园地

为了提高工作效率，我们可以应用 Microsoft Excel 对数据进行组距式分组，具体操作方法和步骤如下。

(1)输入原始数据　将【例 4-2-2】中调查 100 行大豆产量的数据(表 4-2-6)输入 Excel 表中(图 4-2-3)。

(2)输入组数值及计算　将确定的组数值输入到 D14 单元格中。应用 Excel 公式(表 4-2-8)或“插入函数”，分别求出最大值、最小值、全距、组距等，将组距简化(图 4-2-3)。

连续性变量资料组距式分组法 Excel 操作视频

	A	B	C	D	E	F	G	H	I	J
1	100行（行长2m）大豆产量（单位：g）									
2	70	72	135	148	40	147	84	185	95	93
3	109	64	58	34	68	118	108	175	99	132
4	154	105	77	156	45	160	109	87	101	95
5	94	94	107	55	61	73	77	105	85	132
6	123	100	62	79	68	84	90	123	135	40
7	107	79	133	72	66	82	76	25	98	130
8	62	56	44	50	58	98	104	141	92	142
9	90	136	97	80	54	98	104	118	30	149
10	76	152	100	43	22	106	74	116	125	100
11	115	78	73	81	130	103	117	107	118	101
12										
13	最大值	最小值	全距	组数	组距	简化后组距				
14	185	22	163	11	14.8181818	15				

图 4-2-3　数据输入及数值的计算结果

表 4-2-8　相关计算公式

公式名称	最大值	最小值	全距	组数	组距
公式所在单元格	A14	B14	C14	D14	E14
公式	＝MAX(A2:J11)	＝MIN(A2:J11)	＝A14－B14	11(人为确定)	＝C14/11

(3)确定组中值和组限　首先确定第一组组中值为 20,将其填入 L2 单元格,然后在 L3 单元格输入公式"＝L2＋＄F＄14",并将公式粘贴到 L4～L13 单元格,即求出各组的组中值;组限:在 M2 单元格内输入公式"＝L2－＄F＄14/2"、在 N2 单元格中输入公式"＝L2＋＄F＄14/2",将这两个公式分别粘贴到其下方的单元格内,即可得到相应的下限和上限(图 4-2-4)。

(4)数据整理　在"数据分析"命令中选直方图,在直方图对话框输入区域输入原始数据"＄A＄2:＄J＄11",在接收区域输入各组上限值"＄N＄2:＄N＄13",在输出选项中选定(输入)输出区域(如"＄P＄1"),单击"确定"按钮,即得到次数分布图(图 4-2-4)。

	K	L	M	N	O	P	Q
1		组中值	下限	上限		接收	频率
2		20	12.5	27.5		27.5	2
3		35	27.5	42.5		42.5	4
4		50	42.5	57.5		57.5	7
5		65	57.5	72.5		72.5	12
6		80	72.5	87.5		87.5	17
7		95	87.5	102.5		102.5	18
8		110	102.5	117.5		117.5	15
9		125	117.5	132.5		132.5	10
10		140	132.5	147.5		147.5	7
11		155	147.5	162.5		162.5	6
12		170	162.5	177.5		177.5	1
13		185	177.5	192.5		192.5	1
14						其他	0

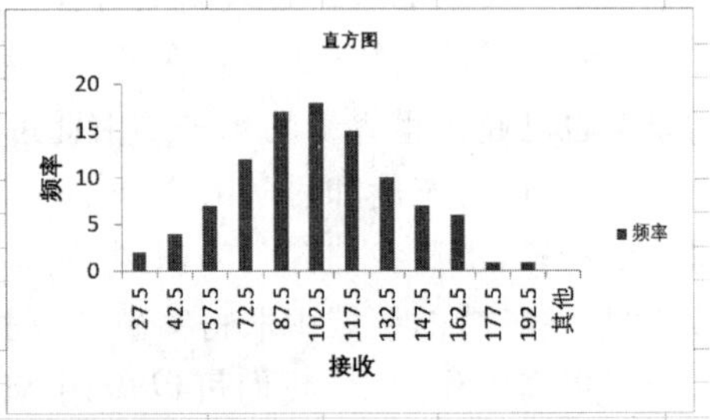

图 4-2-4　组中值、组限及次数分布表、分布图

二、质量性状资料的整理

一般采用单项分组法。把资料按各种质量性状分类。分类数等于组数,然后根据各个体在质量性状上的具体表现分别归入相应的组中,然后分别统计各组的次数,制成次数分布表,即可得到质量性状分布的规律性。

【例 4-2-4】研究富士苹果经着色剂处理后的果实着色情况，按照着色面积大小分为 5 级，随机抽样调查 207 个果实，所得结果整理归纳为表 4-2-9。

表 4-2-9 富士苹果果实着色性状的次数分布表

级别	次数(f)	各组频率/%	累积频率/%
5(果面全红)	14	6.76	6.76
4(2/3 以上果面为红色)	36	17.39	24.15
3(1/3～2/3 果面为红色)	97	46.86	71.01
2(1/3 以下果面为红色)	53	25.61	96.62
1(绿色果)	7	3.38	100.00

从表 4-2-9 可知，经着色剂处理后的富士苹果，着色性状多数为 3 级(1/3～2/3 果面为红色)和 2 级(1/3 以下果面为红色)，分别占 46.86%和 25.61%。

任务三 次数分布图

一、次数分布图概念及类型

用几何图形表示资料的次数分布情况称为次数分布图。次数分布图能更形象、更直观地反映次数分布的特点，常用的次数分布图有柱形图、折线图、条形图和圆形图等。连续性变量资料一般用柱形图或折线图，非连续性变量资料用条形图，而圆形图则适用于百分数资料。但无论哪种图形，绘制时标题要简明扼要，列于图的下方；有纵、横两轴的次数分布图应有刻度，并注明单位；横轴从左至右，用“x”表示，它一般表示组距或组中值；纵轴由下而上，用“y”表示，它一般表示各组的次数；横坐标与纵坐标的比例为 6∶5 或 5∶4。次数分布图既可以手工完成，也可以借助计算机完成；图中需用不同颜色或线条表示不同事物时，应有图例说明。

二、次数分布图绘制方法

1. 柱形图

柱形图也叫直方图、矩形图。对连续性变量资料，可根据次数分布表作出柱形图以表示资料的分布情况。其作法是：在横轴 x 上标记组限，纵轴 y 标记次数(f)，在各组上作出其高等于次数的矩形，即得次数分布柱形图。

柱形图 Excel 操作视频

【例 4-3-1】将表 4-2-7 中的次数分布资料绘制成柱形图(图 4-3-1)。

(1)横轴 x 为各组下限，纵轴 y 为各组次数。

(2)该表有 12 组，在横轴上分 12 个等份，因为第一组的下限不为 0，故第一组应离原点远一些或画折断号，每一等份代表一组，第一组的上限为第二组的下限，依此类推。

(3)在纵轴上标次数，表 4-2-7 中最多一组的次数为 19，故纵坐标分为 20 等份，在图上标注刻度线，用以代表次数。

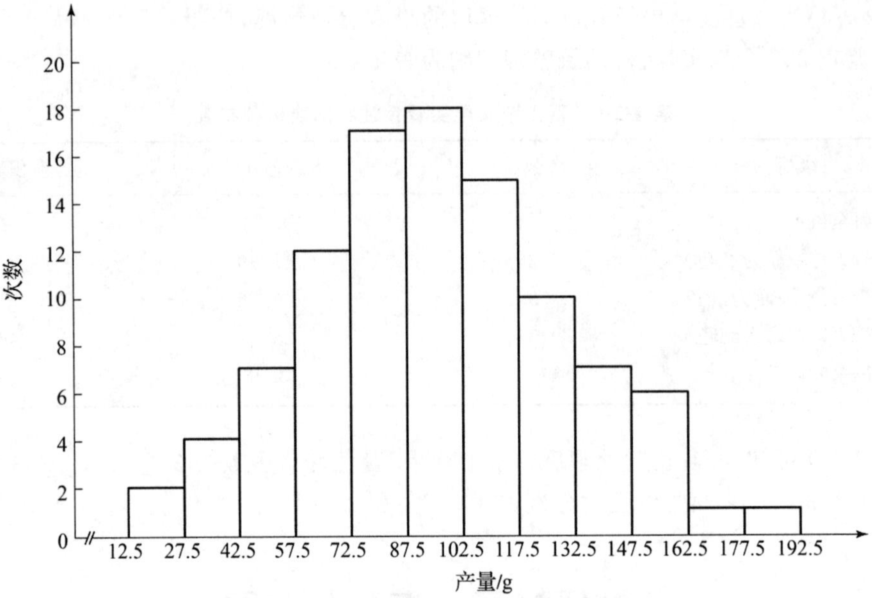

图 4-3-1　100 行大豆产量次数分布柱形图

（4）根据各组的实际次数画出其相应高度的柱形，每一组柱形在横坐标上的两界限即为该组的下限和上限，本例第一组次数为 2，则在两界限处画两条纵线，高度等于 2 个单位，再画一横线连接两纵线顶端，即为第一组的柱形图，其余各组可依次绘制，即可绘制成次数分布柱形图。

2. 折线图

对于连续性变量资料，还可根据次数分布表绘制次数分布折线图。其绘制要点是：在横轴上标记组中值，纵轴上标记次数，以各组组中值为横坐标，次数为纵坐标描点，用线段依次连接各点即可得次数分布折线图。折线图的折线在第一组向左延伸半个组距与横轴相交，最后一组向右延伸半个组距与横轴相交。如图 4-3-2 所示。

次数分布资料
绘制折线图
Excel 操作视频

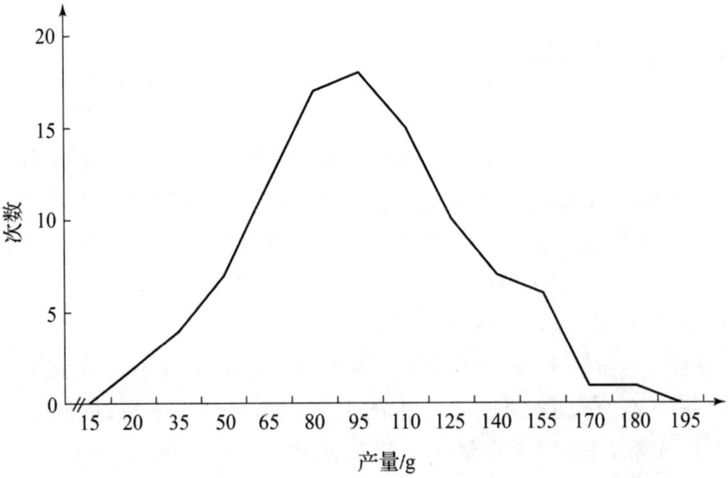

图 4-3-2　100 行大豆产量次数分布折线图

3. 条形图

条形图适用于非连续性变量资料和质量性状资料，其做法是在横轴上标记间断性变量资料的组中值或质量性状资料的分组性状，纵轴上标记次数(f)。

在绘制条形图时，应注意以下几点：

(1)纵轴尺度从“0”开始，间隔相等，标明所表示指标的尺度及单位；

(2)横轴是条形图的共同基线，应标明各条形的内容，分组时不用折断号。条形的宽度要相等，间隔相同。间隔的宽度可与条形的宽度相同或根据情况调整。

(3)在绘制复式条形图时，将同一属性种类、等级的两个指标或两个以上指标的条形绘制在一起，各条形所表示的指标用图例说明，同一属性种类、等级的各条形间不留间隔。

【例 4-3-2】以表 4-2-9 中富士苹果果实着色情况为例，绘制条形图。

在横轴上按等距离分别标定 5 个等级的着色性状，在纵轴上标定次数(f)。查表 4-2-9，第一组为 5 级，其次数为 14 次，在此组标定点向上，相当于 14 处画一垂直于横坐标的狭条形，表示第一组的次数。依此类推，即制成富士苹果果实着色情况的条形图(图 4-3-3)。

次数分布资料
绘制条形图
Excel 操作视频

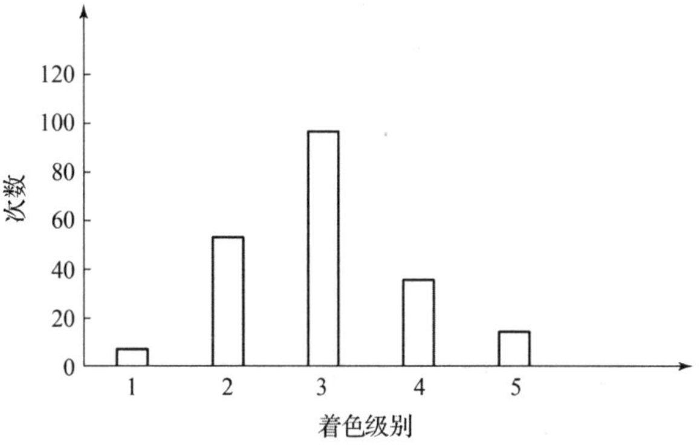

图 4-3-3　苹果果实不同着色级别的次数分布条形图

次数分布图除上述 3 种以外，还有饼图、线图、箱形图、雷达图和散点图等，可自行搜索绘制方法并尝试用前述例题的数据绘图。

任务四　平均数

平均数是反映变量的集中趋势或中心位置的特征数，是一组资料的代表值，表示整个资料的集中趋势，常用来与另一组同类资料相比较，借以明确两者之间的差异。因此，平均数在工农业生产和科学研究中应用非常广泛。

统计上平均数有多种，其中主要有算术平均数、中位数、众数和几何平均数，其中算术平均数应用最为普遍。

一、算术平均数

(一)定义

算术平均数是指一个数量资料中各个观测值的总和除以观测值个数所得的商，有总体平均数和样本平均数之分，总体平均数记作 μ，样本平均数记作 $\bar{x}$。

总体平均数计算公式为：

$$\mu = \frac{x_1 + x_2 + \cdots + x_N}{N} = \frac{\sum_{i=1}^{N} x_i}{N} = \frac{\sum x}{N}$$

式中：x_i——各个观测值；

N——总体所包含的观测值的个数；

μ——总体平均数；

$\sum_{i=1}^{N} x_i$——总体内各个观测值的总和，即从 x_1 累加到 x_N。

样本平均数计算公式为：

$$\bar{x} = \frac{x_1 + x_2 + \cdots + x_n}{n} = \frac{\sum_{i=1}^{n} x_i}{n} = \frac{\sum x}{n}$$

式中：x_i——各个观测值；

n——样本所包含的观测值个数；

$\bar{x}$——样本平均数；

$\sum_{1}^{n} x_i$——样本内各个观测值的总和，即从 x_1 累加到 x_n。

算术平均数取决于资料中所有的观测值，其数值大小与变量中每个变量数值的大小有关，能反映变量中各个变量的变异信息，所以是最为理想的代表数，用它作为资料的代表值，其代表性较全面。因此，算术平均数在统计中应用最广，通常简称平均数或均数。

（二）算术平均数的计算方法

算术平均数可根据样本容量及分组情况采用直接法或加权法计算。一般总体平均数很难计算，常用样本平均数 $\bar{x}$ 作为总体平均数 μ 的估计值。下面以样本平均数的计算为例说明算术平均数的计算方法。

1. 直接法

主要用于资料所含观测值不多，即样本容量 $n<30$，为小样本，且未经分组整理，可直接用样本平均数公式计算。

【例 4-4-1】在水稻品比试验中，稻花香 2 号的 6 个小区产量分别为 22.5、24.5、21.8、20.5、22.4、20.9 kg，求该品种的小区平均产量。

代入公式有：

$$\bar{x} = \frac{\sum x}{n} = \frac{22.5 + 24.5 + 21.8 + 20.5 + 22.4 + 20.9}{6} = 22.1\ (\text{kg})$$

即该水稻品种的 6 个小区的平均产量是 22.1 kg。

2. 加权法

资料的观测值较多时，即样本含量 $n \geqslant 30$，且已分组，采用直接法计算平均数较麻烦并易出现错误，一般将资料先进行分组，再用加权法计算平均数，其公式为：

$$\bar{x}=\frac{f_1x_1+f_2x_2+\cdots+f_kx_k}{f_1+f_2+\cdots+f_k}=\frac{\sum_{i=1}^{k}f_ix_i}{\sum_{i=1}^{k}f_i}=\frac{\sum fx}{\sum f}=\frac{\sum fx}{n}$$

式中：x_i——各组的观测值或组中值；

f_i——各组次数；

k——组数；

n——总次数。

【例 4-4-2】将 100 行大豆产量资料整理成次数分布表（表 4-2-7），试求平均数。

$$\bar{x}=\frac{\sum fx}{n}=\frac{2\times 20+4\times 35+\cdots+1\times 185}{100}=\frac{9\ 545}{100}=95.45\ (\text{g})$$

即 100 行大豆平均每行的产量为 94.45 g。

计算若干个来自同一总体的样本平均数的平均数时，如果样本容量不等，也应采用加权法计算。

【例 4-4-3】某试验地有两块相同处理的玉米地，其中一个小区有 45 株玉米，平均每株收获玉米籽实 0.125 kg，另一个小区有 50 株玉米，平均每株收获玉米籽实 0.105 kg。如果将这两个小区的玉米混合统计，其混合后的平均每株籽实产量为多少？

此例中两个小区包含的玉米的株数不同，要计算两个小区混合后的平均每株籽实产量，应以两个小区玉米的株数为权，求两个小区平均每株籽实产量的加权平均数。

$$\bar{x}=\frac{\sum fx}{n}=\frac{45\times 0.125+50\times 0.105}{45+50}=0.114(\text{kg})$$

（三）算术平均数的性质

1. 离均差总和等于零

即各个观测值与平均数的差的总和等于零。

$$\sum_{i=1}^{n}(x_i-\bar{x})=\sum(x_i-\bar{x})=0$$

2. 离均差的平方总和为最小

即离均差的平方总和小于各观测值与任意常数（a）的差的平方总和。

$$\sum(x-a)^2>\sum(x-\bar{x})^2\quad(a\neq\bar{x})$$

总体平均数也具有样本平均数的特征。

（四）应用 Excel 计算算术平均数

AVERAGE 函数是应用比较广泛的一种平均数函数，它能够计算一组数据的算术平均数。

其语法结构为：AVERAGE（number1，number2，…）。其中，number1、number2 等为要计算平均数的 1～30 个参数。如一组数据 2，3，4，5，6 的算术平均数计算。在单元格中键入"＝AVERAGE（2，3，4，5，6）"，得 4，或通过"插入函数"进行计算。如果这 5 个数据分别存放于 A1 到 A5 的单元格中，则键入"＝AVERAGE（A1：A5）"，得 4。

算术平均数的计算 Excel 操作视频

二、几何平均数

（一）定义

几何平均数是指 n 个观测值相乘之积开 n 次方所得的根，记作 G。当变量资料数据呈倍数关系或不对称分布时，如表示增长率或生长率、动态发展速度、药物的效价等，用几何平均数比用算术平均数更能代表其平均水平。

（二）几何平均数的计算方法

其计算公式为：

$$G=\sqrt[n]{x_1 \cdot x_2 \cdot x_3 \cdot \cdots \cdot x_n}$$

为了计算方便，可将各观测值取对数后相加再除以 n，得 $\lg G$，再求 $\lg G$ 的反函数，即得 G 值，即

$$G=\lg^{-1}\left[\frac{1}{n}(\lg x_1+\lg x_2+\cdots+\lg x_n)\right]$$

【例 4-4-4】某种子生产试验田 2019—2022 年各年度的种子产量如表 4-4-1 所示，试求其年平均增长率。

表 4-4-1　某种子生产试验田各年度种子产量与增长率

年份	种子产量/kg	增长率(x)	$\lg x$
2019	140	—	—
2020	200	0.429	−0.368
2021	280	0.400	−0.398
2022	350	0.250	−0.602
合计			−1.368

利用计算公式，求年平均增长率：

$$\begin{aligned}G&=\lg^{-1}\left[\frac{1}{n}(\lg x_1+\lg x_2+\cdots+\lg x_n)\right]\\&=\lg^{-1}\left[\frac{1}{3}(-0.368-0.398-0.602)\right]\\&=\lg^{-1}(-0.456)=0.350\ 1\end{aligned}$$

即年平均增长率为 0.350 1 或 35.01%。

（三）应用 Excel 计算几何平均数

GEOMEAN 函数用来计算正数数组或区域的几何平均值，即计算几何平均数。

其语法结构为：GEOMEAN(number1，number2，…)。其中，number1、number2 等为要计算几何平均数的 1～30 个参数。

例如，计算 6，15，35，105，260 的几何平均数可在单元格中键入"=GEOMEAN(6,15,35,105,260)"或单击"公式"，通过"插入函数"进行计算，结果为 38.63。

几何平均数的计算 Excel 操作视频

三、中位数

(一)定义

将资料中的观测值由小到大依次排列,居于中间位置的观测值称为中位数,简称中数,记作 M_d。如果观测值的次数为偶数,则以中间两个观测值的算术平均数作为中位数。当观测值的个数是奇数时,则以中间的那个观测值作为中位数。当所获得的数据资料呈偏态分布时,中位数的代表性优于算术平均数。中位数的计算方法因资料是否分组而有所不同。

(二)中位数的计算方法

1. 未分组资料中位数的计算

对于未分组资料,先将各观测值由小到大依次排列。当观测值个数 n 为奇数时,$(n+1)/2$ 位置的观测值,即 $x_{(n+1)/2}$ 为中位数;当观测值个数为偶数时,$n/2$ 和$(n/2)+1$ 位置的两个观测值之和的平均数为中位数,即:

$$M_d=\frac{x_{n/2}+x_{(n/2)+1}}{2}$$

【例 4-4-5】变量内有 10、11、13、14、15、16、17、17、19 九个变量,求其中位数。

此例中 $n=9$,为奇数,且已由小到大依次排列,则:

$$M_d=x_{(n+1)/2}=x_{(9+1)/2}=x_5=15$$

其变量的中位数为由小到大依次排列的九个变量中的第五个变量的数值 15。

【例 4-4-6】现有 7、8、8、9、11、12、12、13、14、14 十个观测值,求其中位数。

此例中 $n=10$,为偶数,且已由小到大依次排列,则:

$$M_d=\frac{x_{n/2}+x_{(n/2)+1}}{2}=\frac{x_{10/2}+x_{(10/2)+1}}{2}=\frac{x_5+x_6}{2}=\frac{11+12}{2}=11.5$$

其变量的中位数为由小到大依次排列的 10 个变量中的第五、第六个变量的数值 11、12 的平均数,为 11.5。

2. 已分组资料中位数的计算方法

若资料已分组,编制成次数分布表,则可利用次数分布表来计算中位数,其计算公式为:

$$M_d=L+\frac{i}{f}\left(\frac{n}{2}-c\right)$$

式中:L——中位数所在组的下限;

i——组距;

f——中位数所在组的次数;

n——总次数;

c——小于中位数所在组的累加次数。

【例 4-4-7】200 个稻穗每穗粒数资料已整理成次数分布表(表 4-4-2),求其中位数。

表 4-4-2 200 个稻穗每穗粒数的次数分布表

每穗粒数/粒	次数(f)	累加次数
26～30	1	1

续表 4-4-2

每穗粒数/粒	次数(f)	累加次数
31～35	3	4
36～40	10	14
41～45	21	35
46～50	32	67
51～55	41	108
56～60	38	146
61～65	25	171
66～70	16	187
71～75	8	195
76～80	3	198
81～85	2	200

由表 4-4-2 可知，$i=5$，$n=200$，因而中位数只能出现在累加穗数为 108 所对应的"51～55"这一组，于是可以确定 $L=51$，$f=41$，$c=67$，则：

$$M_d=L+\frac{i}{f}\left(\frac{n}{2}-c\right)=51+\frac{5}{41}\left(\frac{200}{2}-67\right)=55(\text{粒})$$

即稻穗每穗粒数的中位数为 55 粒。

3. 中位数的特点

(1)数值大小只与处于中间位置的变量的数值有关，所以代表性一般较差。只有当变量的差异范围小时，才有较好的代表性。

(2)当所获得的数据资料呈偏态分布时，中位数的代表性优于算术平均数。

(三)应用 Excel 计算中位数

MEDIAN 函数用于描述居于数据分布中心位置的数值，即中位数。

其语法结构为：MEDIAN（number1，number2，…）。其中，number1、number2 等是需要找出中位数的 1～30 个数字参数。

如果观测值次数是偶数，则取中间两个观测值的算术平均数作为中位数。用 MEDIAN 函数可以计算中位数。如在单元格中输入"＝MEDIAN(2,3,4,7,8)"，得 4；在单元格中输入"＝MEDIAN(2,3,4,7)"，得 3.5。也可单击"公式"，通过"插入函数"进行计算。

中位数的计算
Excel 操作视频

四、众数的概念及计算

资料中出现次数最多的观测值，或者是次数最多的一组的组中（中点）值称为众数。常用 M_0 表示。以表 4-2-7 中数据为例，87.5～102.5 这一组次数最多，其组中值为 95 g，则该资料的众数为 95 g。

任务五　变异程度

平均数作为数量资料的代表值，只是说明了观测值分布的集中趋势，其代表性如何，取决于观测值的变异程度。如果各观测值变异小，则平均数对样本的代表性强；如果各观测值变异大，则平均数代表性弱。表示变异程度的特征数较多，常用的有极差、方差、标准差和变异系数等。

一、极差

极差是资料中最大观测值与最小观测值的差，也称全距，用 R 表示。公式为：

$$R = x_{\max} - x_{\min}$$

【例 4-5-1】调查甲、乙两个玉米品种的果穗长度，每品种随机观测 10 个果穗，结果整理后如表 4-5-1 所示。

表 4-5-1　两个玉米品种的果穗长度　cm

品种	果穗长度										总和	平均数
甲	15	15	16	17	20	20	21	21	23	24	192	19.2
乙	17	17	18	19	19	20	20	20	21	21	192	19.2

表 4-5-1 中，甲、乙两个玉米品种果穗的平均长度相同，均为 19.2 cm，但是甲品种的极差 $R=24-15=9$(cm)，乙品种的极差 $R=21-17=4$(cm)，结果表明，甲品种的果穗长度极差大，其变异范围大，果穗不整齐，其平均数的代表性较差；乙品种的果穗长度极差小，变异范围小，其平均数的代表性较好。

极差也可以利用计算机，采用函数求得。如【例 4-5-1】，可利用 MAX 函数求得最大值，用 MIN 函数求得最小值，也可通过“插入函数”求得最大值和最小值，再求两者的差就是极差。

$$R = \text{MAX}(\text{number1}, \text{number2}, \cdots) - \text{MIN}(\text{number1}, \text{number2}, \cdots)$$

极差的计算
Excel 操作视频

极差虽然对资料的变异有所说明，但是它只是由两个极端观测值决定的，没有充分利用资料的全部信息，易受到资料中不正常的极端值影响。所以用极差只能粗略地估计变量的离散程度，而用来反映整个样本的变异程度是有缺陷的，但是在样本容量 $n<10$ 或者要迅速对资料的变异程度做出判断时，仍可采用极差法。要准确说明变量的离散度，应该用方差和标准差这样的特征数。

二、方差

为了正确反映资料的变异程度，比较合理的方法是根据全部观测值来度量资料的变异程度。这就要求选出一个数值作为共同的比较标准。平均数是样本的代表值，用它作为标准比较合理。

1. 离均差

离均差，也称偏差或离差，是指变量资料中各个观测值与其平均数的差值，即$(x-\bar{x})$。

含有n个观测值的样本，其各个观测值为x_1、x_2、x_3、…、x_n，每个值与$\bar{x}$相减，即可得到一组离均差。当观测值距离平均数较近时，离均差就较小，反之，离均差就较大，因此，离均差的大小能反映资料的变异程度。但是离均差的总和等于零，即$\sum(x-\bar{x})=0$，因而不能用离均差之和$\sum(x-\bar{x})$来表示资料中所有观测值的总体偏离程度。

2. 平均绝对偏差

平均绝对偏差是指离均差绝对值之和除以观测值个数所得的值，即$\sum|x-\bar{x}|/n$。

为了解决离均差有正、有负，离均差之和为零的问题，可先求离均差的绝对值，并将各离均差绝对值之和除以观测值个数n求得平均绝对偏差。虽然平均绝对偏差可以表示资料中各观测值的变异程度，但由于平均绝对偏差包含绝对值符号，使用很不方便，在统计学中没有被采用。

3. 离差平方和

离差平方和是指各个离均差的平方相加后得到的数值，简称平方和。

先将各个离均差平方，得$(x-\bar{x})^2$，再求离均差平方和，即$\sum(x-\bar{x})^2$，用SS表示，公式为：

$$\text{样本}\quad SS=\sum(x-\bar{x})^2$$

$$\text{总体}\quad SS=\sum(x-\mu)^2$$

式中：x为观测值，$\bar{x}$为样本平均数，μ为总体平均数。

SS大，表示数据资料变异程度大。因此，离差平方和可以度量资料的变异程度，但也有缺点，其会受到观测值的个数的影响。如在比较两组观测值数量不同的资料时，观测值的个数越多，平方和越大，反之则越小，两组相比时，观测值的个数将影响离差平方和，使其不能正确反映二者变异程度的差异。

4. 方差

方差是指离差平方和的平均数，即平均平方和，又称为均方。

由于离差平方和常随样本容量大小而改变，为了消除样本容量的影响，用平方和除以样本大小，即$\sum(x-\bar{x})^2/n$，求出离差平方和的平均数；为了使所得的统计量是相应总体参数的无偏估计，统计学证明，在求离均差时，分母不用样本含量n，而用自由度$(n-1)$，于是，采用统计量$\sum(x-\bar{x})^2/(n-1)$表示资料的变异程度，称为均方，又称样本方差。记为S^2，即

$$S^2=\frac{SS}{n-1}=\frac{\sum_{1}^{n}(x-\bar{x})^2}{n-1}$$

相应的总体参数称为总体方差，记作σ^2。对于有限总体而言，σ^2的公式为：

$$\sigma^2=\frac{SS}{N}=\frac{\sum(x-\mu)^2}{N}$$

均方和方差这两个名称常常通用，但习惯上样本方差S^2称为均方，总体方差σ^2称为方差。

方差计算量比较大，可以应用计算机，利用 Excel 工作表中的函数进行计算。其中 VARP 函数可以求总体方差，其语法结构为：VARP(number1，number2，…)。其中，number1、number2 等为对应于样本总体的 1～30 个参数。如在单元格中输入"＝VARP(1，2，3，4，5)"，得 2。

方差的计算
Excel 操作视频

VAR 函数可以求样本方差。其语法结构为：VAR(number1，number2，…)。其中，number1、number2 等为对应于总体样本的 1～30 个参数。如在单元格中输入"＝VAR(1，2，3，4，5)"，得 2.5。也可单击"公式"，通过"插入函数"进行计算。

5. 自由度

自由度是指能够独立自由变化的观测值的数目，用 DF 表示，具体的数值用 df 或 ν 表示。样本标准差不以样本容量 n 作为除数，而以 $(n-1)$ 作为除数，研究时是用样本去估计总体，但是 $\mu \neq \bar{x}$，根据算术平均数的性质 $\sum(x-\bar{x})^2$ 最小，所以 $\sum(x-\bar{x})^2 < \sum(x-\mu)^2$。如果用样本的标准差估计总体的标准差，则数据偏低。若以 $(n-1)$ 为除数，则数值变大，纠正了偏差。

从自由度的定义看，对于一个有 n 个观测值的样本，在每一个 x 与 $\bar{x}$ 比较时，受 $\sum(x-\bar{x})=0$ 的限制，其样本观测值只能有 $(n-1)$ 个是自由的。例如，有 5 个观测值，样本平均数 $\bar{x}$ 为 5，假定 4 个数值为 6、4、3、7，那么第五个值只能是 5，若 4 个数值为 2、8、1、5，那么第五个值只能是 9，这样才符合样本平均数 $\bar{x}$ 为 5 这一个条件。因此，$\nu=n-1=5-1=4$。如果样本资料所含变量有 n 个，受 k 个条件限制，其自由度应为 $\nu=n-k$。总之，自由度的数值等于样本资料内变量个数减去制约其自由取值统计数(如平均数等)的个数。

三、标准差

(一)定义

由于样本方差是带有原观测单位的平方单位，在表示一个资料中各观测值的变异程度而不作其他分析时，常需要与平均数配合使用，这时应将平方单位还原，即求出样本方差的平方根。统计学中把样本方差 S^2 的平方根称为样本标准差，记作 S，即：

$$S=\sqrt{\frac{\sum(x-\bar{x})^2}{n-1}}$$

由于

$$\begin{aligned}\sum(x-\bar{x})^2 &= \sum(x^2-2x\bar{x}+\bar{x}^2)\\ &= \sum x^2-2\bar{x}\sum x+n\bar{x}^2\\ &= \sum x^2-2\frac{\left(\sum x\right)^2}{n}+n\left(\frac{\sum x}{n}\right)^2\\ &= \sum x^2-\frac{\left(\sum x\right)^2}{n}\end{aligned}$$

因此

$$S=\sqrt{\frac{\sum x^2-\frac{\left(\sum x\right)^2}{n}}{n-1}}$$

式中：$\frac{\left(\sum x\right)^2}{n}$ 为矫正数，记作 C。故标准差的计算公式可写作：

$$S=\sqrt{\frac{\sum x^2-C}{n-1}}$$

相应的总体参数称为总体标准差，记作 σ。对于有限总体而言，其计算公式为：

$$\sigma=\frac{\sqrt{\sum(x-\mu)^2}}{N}$$

在统计时，常用样本标准差 S 估计总体标准差 σ。

(二)标准差的计算

标准差的计算方法可根据资料是否分组分为直接法和加权法两种。

1. 直接法

可以根据样本标准差的公式直接计算，适用于小样本($n<30$)、未分组的简单资料。

【例 4-5-2】玉米品种金皇后的 10 个果穗长度为 16、21、24、15、26、18、20、19、22、19 cm，求样本标准差(表 4-5-2)。

表 4-5-2　标准差计算表

x	$x-\bar{x}$	$(x-\bar{x})^2$	x^2
16	−4	16	256
21	1	1	441
24	4	16	576
15	−5	25	225
26	6	36	676
18	−2	4	324
20	0	0	400
19	−1	1	361
22	2	4	484
19	−1	1	361
$\bar{x}=20$	0	$\sum(x-\bar{x})^2=104$	$\sum x^2=4104$

此例 $n=10$，经计算得 $\sum x=200$，$\sum x^2=4104$，代入公式得：

$$S=\sqrt{\frac{\sum(x-\bar{x})^2}{n-1}}=\sqrt{\frac{104}{10-1}}=3.399\ (\text{cm})$$

直接法计算标准差步骤多，计算烦琐，而且当平均数为循环小数时，会因小数位数的取舍而增大计算误差，为了简便计算，可用简化后的公式得：

$$S=\sqrt{\frac{\sum x^2-\frac{\left(\sum x\right)^2}{n}}{n-1}}=\sqrt{\frac{4104-\frac{40000}{10}}{10-1}}=3.399\ (\text{cm})$$

即玉米品种金皇后的 10 个果穗长度的标准差为 3.399 cm。

2. 加权法

即在次数分布表的基础上，利用各组组中值和各组次数计算标准差。适用于大样本($n\geqslant$30)、已分组的资料，计算公式为：

$$S=\sqrt{\frac{\sum f\,(x-\bar{x})^2}{n-1}}$$

式中：x 为次数分布表中每组的组中值，$\bar{x}$ 为样本平均数，f 为每组的次数；n 为总次数。计算时一般转化为矫正数法计算，其公式为：

$$S=\sqrt{\frac{\sum fx^2-\frac{\left(\sum fx\right)^2}{n}}{n-1}}$$

【例 4-5-3】以 100 行(行长 2 m)大豆产量的次数分布表为例(表 4-5-3)，计算其样本标准差。

表 4-5-3　100 行(行长 2 m)大豆产量资料次数分布的标准差计算表

组限	组中值	次数(f)	fx	fx^2
12.5～27.5	20	2	40	800
27.5～42.5	35	4	140	4 900
42.5～57.5	50	7	350	17 500
57.5～72.5	65	12	780	50 700
72.5～87.5	80	17	1 360	108 800
87.5～102.5	95	18	1 710	162 450
102.5～117.5	110	15	1 650	181 500
117.5～132.5	125	10	1 250	156 250
132.5～147.5	140	7	980	137 200
147.5～162.5	155	6	930	144 150
162.5～177.5	170	1	170	28 900
177.5～192.5	185	1	185	34 225
合计		$n=100$	$\sum fx=9\,545$	$\sum fx^2=1\,027\,375$

由表 4-5-3 计算得：$n=100$，$\sum fx^2=1\,027\,375$，$\sum fx=9\,545$，代入公式得：

$$S=\sqrt{\frac{1\,027\,375-\frac{9\,545^2}{100}}{100-1}}=34.3\ (\mathrm{g})$$

即 100 行(行长 2m)大豆产量的标准差为 34.3 g。

3. 应用 Excel 工作表中的函数进行计算

STDEVP 函数可以计算总体标准差，其语法结构为：STDEVP(number1，number2，…)。其中，number1、number2 等为对应于样本总体的 1～30 个参数。如在单元格中输入“=STDEVP(1,2,3,4,5)”，得 1.414 214。

STDEV 函数则可以计算样本标准差，其语法结构为：STDEV(number1，number2，…)其中，number1、number2 等为对应于总体样本的 1～30 个参数。如在单元格中输入“=STDEV(1,2,3,4,5)”，得 1.581 139。

标准差的计算
Excel 操作视频

两者也可通过单击“公式”，然后“插入函数”进行计算。

4. 标准差的性状

(1)标准差的大小受资料中每个观测值的影响，如观测值间变异程度大，求得的标准差也大，反之则小。

(2)在计算标准差时，各观测值加上或减去一个常数，所得的标准差数值不变。

(3)当每个观测值乘以或除以一个常数 a，则所得的标准差是原来标准差的 a 倍或 $1/a$。

(4)在资料服从正态分布的条件下，资料中约有 68.26％的观测值在平均数左右一倍标准差($\bar{x}\pm S$)范围内；约有 95.43％的观测值在平均数左右两倍标准差($\bar{x}\pm 2S$)范围内；约有 99.73％的观测值在平均数左右三倍标准差($\bar{x}\pm 3S$)范围内。也就是说全距近似于 6 倍标准差，可用(全距/6)来粗略估计标准差。

四、变异系数

(一)定义

标准差是一个带有单位的数值，并且受平均数大小的影响。因此，只能用来度量一个样本的变异程度或用来比较单位相同、平均数相近的两个样本的变异程度。若两个样本的单位不同或平均数相距甚远，就不能采用标准差来比较。如比较小麦穗长与株高的变异程度，二者虽然单位相同，但平均数相差很大，再如比较小麦穗长与穗重的变异程度，穗长单位以 cm 表示，而穗重以 g 表示，也不能用标准差的大小来比较二者的变异程度。

为了比较单位不同或平均数相距很大的样本间变异程度，就需要一个既能表示变异程度又不带单位的特征数。变异系数是指样本标准差占样本平均数的百分数，它是一个相对的特征数，不带单位，记为 CV，其计算公式为：

$$CV=\frac{S}{\bar{x}}\times 100\%$$

由于变异系数是一个不带单位的纯数，可用变异系数比较两个事物的样本变异程度。

(二)变异系数的计算

【例 4-5-4】某小麦品种的株高、穗长、每穗粒数 3 个性状的平均数、标准差如表 4-5-4 所示，试比较哪一个性状的变异程度大。

表 4-5-4　某小麦品种的 3 个性状的平均数、标准差和变异系数

性状	平均数 $\bar{x}$	标准差 S	变异系数 CV/％
株高/cm	70.25	8.54	12.16
穗长/cm	5.97	1.09	18.26
每穗粒数/(粒/穗)	27.40	7.63	27.85

此例中，所比较的性状不同、单位不同，故不能直接用标准差，而只能用变异系数来比较其变异程度的大小。计算可得小麦株高的变异系数 $CV=12.16$，小麦穗长的变异系数 $CV=18.26$，小麦每穗粒数的变异系数 $CV=27.85$，因此，小麦每穗粒数的变异程度最大。

也可以应用 Excel 进行变异系数的计算，但 Excel 本身没有提供函数来计算变异系数，我们可以通过 STDEV 计算样本标准差，用 AVERAGE 计算平均数，两者相除即得变异系数。

$$CV = \text{STDEV}(\text{number1}, \text{number2}, \cdots) \div \text{AVERAGE}(\text{number1}, \text{number2}, \cdots)$$

变异系数操作视频

变异系数计算完成后，我们要进行分析。在表 4-5-4 中，只从标准差看，株高的变异程度最大，每穗粒数的变异程度居中，穗长的变异程度最小；但进一步看，株高与穗长，单位虽然相同，但本身相差太大，二者与每穗粒数单位不同，因此这 3 个性状不能用标准差直接进行比较，需用变异系数做比较，结果是每穗粒数的变异系数为 27.85%，穗长的变异系数为 18.26%，株高的变异系数为 12.16%，可以看出，该小麦 3 个性状的变异程度为：每穗粒数＞穗长＞株高。一个性状的变异系数越小，说明该性状有较好的稳定性和一致性，反之，说明其是不稳定的，是多变的。

需要注意的是，变异系数的大小，同时受平均数和标准差两个统计数的影响。因此，利用变异系数表示资料的变异程度时，最好将平均数和标准差也列出。

技能训练 4-1　Excel 软件中函数的应用

一、目的

了解 Excel 的常用统计分析功能，掌握 Excel 的基本操作、数据分析工具的加载与数据分析库所提供的统计分析方法；熟练掌握 Excel 在试验统计中的应用方法。

二、用具

笔、纸、计算机、输出设备及必要的参考资料。

三、实施步骤

教师现场讲解与操作，学生在做中学。

(一)分析工具库加载

在默认情况下，Excel 并没有安装“分析工具库”，只有在安装后才能使用。因此，要先检查“数据”菜单中是否有“数据分析”命令。如果没有发现“数据分析”命令，就表示未加载“分析工具库”。可按下列步骤来加载“分析工具库”。

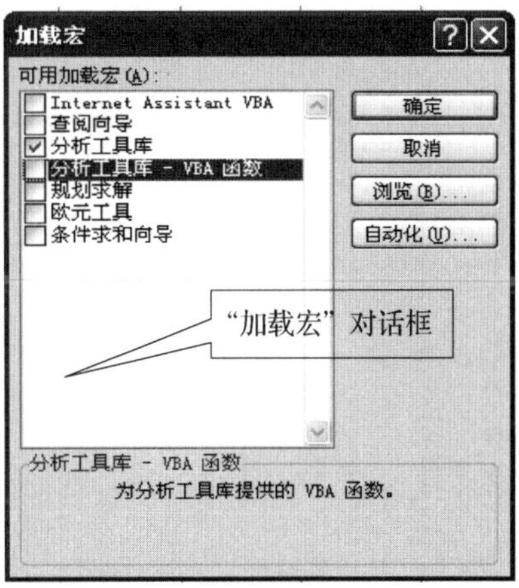

(1)执行“加载宏”命令　在“开发工具”菜单栏中单击“加载宏”命令，弹出“加载宏”对话框。

(2)加载“分析工具库”　如图所示，在“分析工具库”复选框前打对钩，再单击“确定”按钮，按提示完成加载过程。此时单击“数据”，即可发现“数据分析”命令，表示安装完成，单击“数据”菜单中“数据分析”命令，显示“数据分析”对话框，即可进行相关的统计分析。

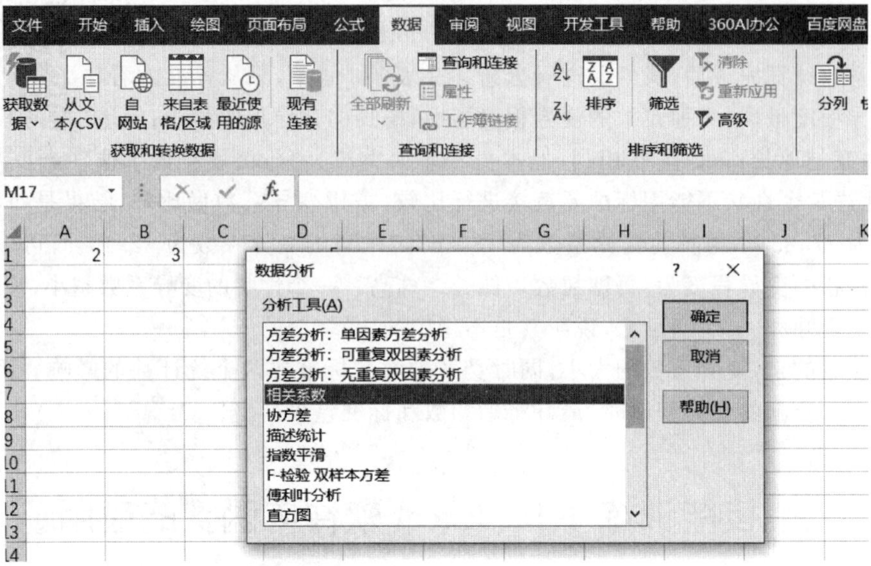

(二)Excel 函数的应用

1. 常用函数

函数是 Excel 预定义的内置公式。Excel 提供的函数种类很多，如财务函数、数据库函数、日期与时间函数、文本函数、数学和三角函数、逻辑函数、统计函数、信息函数、查找与引用函数、工程函数等。进行公式计算时，我们可以直接输入函数名称进行相关计算，也可以单击菜单栏中的“公式”，通过“插入函数”进行计算。

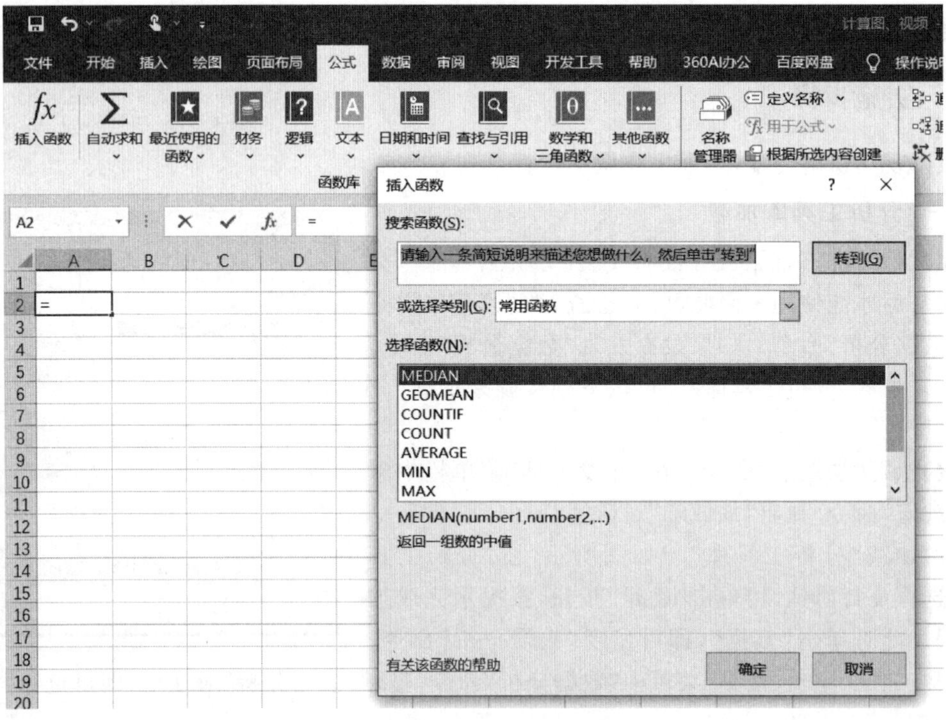

Excel 提供的统计分析函数及其功能如下表所列。

函数	功能	函数	功能
AVERAGE	计算算术平均值	MIN	计算最小值
BINOMDIST	计算二项式分布的概率值	MODE	计算一组数据的众数
CHIDIST	计算特定 χ^2 分布的单尾概率值	NORMDIST	计算正态分布的累积函数
CHIINV	计算一定单尾概率值时的 χ^2 临界值	NORMINV	计算正态分布累积函数的逆函数
CHITEST	计算独立性检验的 χ^2 值	NORMSDIST	计算标准正态分布的累积函数
CONFIDENCE	计算总体平均值的置信区间	NORMSINV	计算标准正态分布累积函数的逆函数
CORREL	计算两组数据的相关系数	POISSON	计算泊松分布的概率
COVAR	计算两组数据的协方差	SLOPE	计算给定数据的直线回归系数
FDIST	计算特定 F 分布的单尾概率值	STDEV	计算样本标准差
FINV	计算一定概率时的临界 F 值	STDEVP	计算样本总体的标准差
FTEST	计算二个样本方差之比 F 值的概率	TDIST	计算学生氏-t 分布的概率值
GEOMEAN	计算几何平均数	TINV	计算特定概率时学生氏-t 分布的临界 t 值
HARMEAN	计算调和平均数	TTEST	计算 t 检验时的学生氏-t 检验相关的概率
INTERCEPT	计算直线回归的截距	VAR	计算样本的方差
MAX	计算最大值	VARP	计算样本总体的方差
MEDIAN	计算一组给定数字的中位数	ZTEST	计算 Z 检验的双尾概率值

2. 公式计算

在 Excel 中，所有的计算都是在某单元格中输入自编公式或调用函数进行的，无论是输入公式还是调用函数，公式前必须加上“＝”才可以计算。如计算 10 个数据的平均值时输入“＝AVERAGE(A1:A10)”。

四、作业

熟悉 Excel 表中的各种函数，熟记常用函数的拼写和功能。

五、考核内容与评分标准

序号	考核内容	评分标准	分值	得分
1	工作态度	学习积极主动、严谨细致、实事求是	10	
2	知识储备	熟悉 Excel 界面和数据分析库的功能	10	
3	Excel 基本操作	能够正确启动 Excel 软件	10	
		能够熟练使用 Excel 软件	10	
4	“分析工具库”的加载	会正确执行“加载宏”命令、加载“分析工具库”	10	
		熟悉 Excel 中的各种函数，熟记常用函数	20	
		能够应用 Excel 中的函数完成相应的计算	20	
5	增值性评价	坚守公平公正的信念，能严格按照公平公正的原则行事；能讲好老一辈科学家的感人故事，传承和弘扬老一辈科学家的奉献精神	10	

技能训练 4-2 试验数据整理

一、目的要求

了解资料搜集整理的意义，掌握次数分布表、次数分布图的制作方法，并能用 Excel 进行数据整理与图表制作。

二、场所、用具

1. 场所 微机室、多媒体教室。
2. 用具 绘图纸、尺、铅笔、装有 Excel 软件的计算机及输出设备或计算器。

三、资料

【资料 1】测定某种小麦品种的每穗小穗数，数据资料如下，利用人工和 Excel 分别对非连续性变量资料进行整理。

100 个小麦主茎穗每穗小穗数 个

18	15	17	19	18	15	17	18	19	17
17	16	17	19	16	20	19	17	16	18
17	18	16	16	17	18	20	17	17	18
17	15	15	18	18	17	17	17	19	18
18	19	17	17	18	18	16	20	18	18
18	17	19	16	19	17	18	16	18	17
17	16	18	17	18	17	17	16	17	16
17	19	18	18	17	16	17	15	16	19
15	19	18	17	19	19	18	17	17	16
18	19	16	20	19	17	20	19	19	17

【资料 2】从果园随机抽取金冠苹果盛果期 100 个枝条测定生长量(cm)，数据资料如下，利用人工和 Excel 分别对连续性变量资料进行整理。

金冠苹果盛果期 100 个枝条生长量 cm

60	62	64	44	21	50	45	39	36	49
57	21	21	46	25	53	48	36	39	46
24	25	46	46	30	23	50	34	40	42
29	22	49	40	34	28	54	31	42	40
32	32	51	37	37	31	54	28	45	39
35	35	46	35	39	34	51	23	49	36

续表

36	37	51	33	40	36	46	23	51	34
39	39	49	29	41	39	45	29	54	32
40	40	55	25	44	40	42	32	58	29
43	44	49	21	48	42	41	34	55	25

四、实施步骤

1. 教师布置任务，分组，每 6～8 名学生一组；每组学生根据所给资料按照具体的方法、步骤以及数据容量大小、特点等选择适宜的方法进行资料的整理，形成次数分布表；并将其绘制成次数分布图，组内同学可分为两个小组分别采用人工和 Excel 进行资料的整理。

2. 教师提供数据资料，学生以组为单位进行整理，形成次数分布表，并绘制成次数分布图。

五、作业

1. 根据上述资料，编制次数分布表。
2. 根据次数分布表绘制柱形图和多边形图。

六、考核内容与评分标准

序号	考核内容	评分标准	分值	得分
1	工作态度	学习积极主动、严谨细致、实事求是	10	
2	知识储备	熟悉数据的类型和整理的方法，资料整理步骤正确	10	
3	次数分布表制作	非连续性变量资料的整理准确无误	10	
		应用 Excel 完成非连续性变量资料整理且准确无误	15	
		连续性变量资料的整理准确无误	10	
		应用 Excel 完成连续性变量资料整理且准确无误	15	
4	次数分布图制作	应用 Excel 完成次数分布图的制作；次数分布图结果正确、比例适当	20	
5	增值性评价	坚守公平公正的信念，能严格按照公平公正的原则行事；能讲好老一辈科学家的感人故事，传承和弘扬老一辈科学家的奉献精神	10	

技能训练 4-3　平均数和变异系数计算

一、目的要求

掌握各种特征数的计算方法,学会利用 Excel 进行相关特征数的计算。

二、场所、用具

1. 场所　微机室、实验实训室、多媒体教室等。
2. 用具　练习纸、A4 打印纸、铅笔、装有 Excel 软件的计算机及输出设备或计算器。

三、资料

【资料 1】水稻品种黄壳早与老来青的单株分蘖数的未分组资料如下,利用 Excel 进行平均数、平方和、方差、标准差、变异系数等特征数的计算。

水稻单株分蘖数　　个

黄壳早	3	3	3	4	4	4	4	5	5	5
老来青	2	2	3	3	4	4	4	5	6	7

【资料 2】从果园随机抽取金冠苹果盛果期 100 个枝条测定生长量(cm),利用人工和 Excel 分别进行平均数、平方和、方差、标准差、变异系数等特征数的计算。

金冠苹果盛果期 100 个枝条生长量　　cm

60	62	64	44	21	50	45	39	36	49
57	21	21	46	25	53	48	36	39	46
24	25	46	46	30	23	50	34	40	42
29	22	49	40	34	28	54	31	42	40
32	32	51	37	37	31	54	28	45	39
35	35	46	35	39	34	51	23	49	36
36	37	51	33	40	36	46	23	51	34
39	39	49	29	41	39	45	29	54	32
40	40	55	25	44	40	42	32	58	29
43	44	49	21	48	42	41	34	55	25

四、方法步骤

1. 教师布置任务,分组,每 6~8 名学生为一组;每组学生根据所给资料选择适宜的方法进行计算，并对结果进行分析。

2. 教师提供数据资料，学生以组为单位进行计算。

五、作业

1. 计算反映上述资料集中和变异情况的特征数。
2. 讨论【资料 1】的哪个水稻品种的变异系数更大？说明什么问题？

六、考核内容与评分标准

序号	考核内容	评分标准	分值	得分
1	工作态度	学习积极主动、严谨细致、实事求是	10	
2	知识储备	熟悉计算过程	20	
3	平均数和变异系数	平均数计算正确	20	
		变异系数计算正确	20	
4	结果分析	结果分析到位	20	
5	增值性评价	坚守公平公正的信念，能严格按照公平公正的原则行事；能讲好老一辈科学家的感人故事，传承和弘扬老一辈科学家的奉献精神	10	

自测练习

一、单选题

1. 农业科学试验中应用最多的平均数是(　　)。
   A. 算术平均数　B. 几何平均数　C. 中位数　D. 众数
2. 描述玉米穗长的分布特征时，常采用的统计图为(　　)。
   A. 柱形图　B. 多边形图　C. 饼形图　D. 条形图
3. 比较两个黄芩品种根长的分布特征时，适宜采用的统计图为(　　)。
   A. 多边形图　B. 柱形图　C. 条形图　D. 饼形图
4. 下列几组数据中属于计数资料的是(　　)。
   A. 产品合格数　B. 产品合格率　C. 产品次品率　D. 产品生产能力指数
5. 对统计图和统计表标题的要求是(　　)。
   A. 两者标题都在上方　B. 统计图标题在上方，统计表标题在下方
   C. 两者标题都在下方　D. 统计图标题下方，统计表标题在上方
6. 对非连续性变量资料进行整理，宜用下列哪种图？(　　)
   A. 直方图　B. 条形图　C. 折线图　D. 多边形图
7. 平均数是反映资料(　　)的代表值。

A. 变异性　B. 差异性　C. 集中性　D. 分散性

8. 下列属于相对离散性指标的是(　　)。

A. 离均差　B. 标准差　C. 方差　D. 变异系数

9. 下列属于参数的是(　　)。

A. 样本平均数　B. 样本标准差　C. 总体平均数　D. 自变量

10. 统计量一致性程度的指标是(　　)。

A. 离均差　B. 标准差　C. 平均数　D. 变异系数

11. 比较身高和体重两组数据变异程度大小宜采用(　　)。

A. 极差　B. 标准差　C. 方差　D. 变异系数

12. 观测值 $x_1, x_2, \cdots, x_n$ 分别乘以 10 后再计算算术平均数与标准差，则(　　)

A. 算术平均数不变，标准差改变　B. 算术平均数改变，标准差不变

C. 算术平均数与标准差都改变　D. 算术平均数与标准差都不变

13. 若样本方差为 9，平均数为 3，则变异系数为(　　)。

A. 300%　B. 100%　C. 33.3%　D. 0.33

14. 若甲组观测资料为(1,2,3,4,5)，乙组观测资料为(10,20,30,40,50)，则(　　)。

A. 甲组观测资料的标准差大　B. 乙组观测资料的标准差大

C. 两组观测资料的标准差相同　C. 两组观测资料的全距相同

15. 比较产量和株高两个样本的变异程度大小时应采用(　　)。

A. 极差　B. 方差　C. 标准差　D. 变异系数

二、多选题

1. 适合连续性变量资料的次数分布图形式有(　　)。

A. 多边形图　B. 柱形图　C. 条形图　D. 散点图

2. 常用的平均数有(　　)等。

A. 算术平均数　B. 中位数　C. 众数　D. 几何平均数

3. 常用的变异数有(　　)等。

A. 极差　B. 方差　C. 标准差　D. 变异系数

4. 若甲组观测资料为(1,2,3,4,5)，乙组观测资料为(11,12,13,14,15)，则乙组资料与甲组资料(　　)。

A. 极差相同　B. 方差相同　C. 标准差相同　D. 平均数相同

5. 若甲组观测资料为(1,2,3,4,5)，乙组观测资料为(10,20,30,40,50)，则乙组资料比甲组资料(　　)。

A. 极差大　B. 方差大　C. 标准差大　D. 平均数大

三、判断题

1. 株高、千粒重和产量是非连续性变量资料。(　　)

2. 食品的合格率是连续性变量资料。(　　)

3. 叶形、叶色、花色和穗形等是质量性状资料。(　　)

4. 条形图适用于表示连续性变量资料的分布；柱形图和多边形图则适于表示非连续性变量资料和质量性状资料的次数分布。(　　)

5. 非连续性变量资料，无论变异程度如何，均采用单项式分组法进行整理。(　　)

6. 总体平均数是统计数。(　　)

7. 样本标准差是统计数。(　　)

8. 用极差来反映整个样本的变异程度是不全面的。(　　)

9. 常用极差、方差、标准差和变异系数等特征数描述资料的集中情况。(　　)

10. 总体平均数和标准差都是表示总体的特征数,也叫参数。(　　)

11. 在一组观测资料中,众数只能有一个。(　　)

12. 各观测值与平均数之差的总和等于 0。(　　)

13. 计算算术平均数时,各观测值加上或减去一个常数,其结果不变。(　　)

14. 计算算术平均数时,各观测值乘以或除以一个常数,其结果不变。(　　)

15. 标准差越小,表明观测值越趋于平均数,说明资料变幅越小,整齐度越高。(　　)

四、简答题

1. 简述连续性变量资料的次数分布表整理步骤。

2. 什么是次数分布图?常用的次数分布图有哪几类?绘制次数分布图应注意哪些事项?

3. 算术平均数的性状有哪些?

4. 如何比较两个资料变异程度的大小?

五、计算题

1. 若某一样本观测值为 1、2、3、4、5,试计算 $\bar{x}$、S^2、S、CV(要求写出公式、计算过程及结果)。

2. 测定某大豆的小区产量分别为 8.9、6.3、8.7、8.8、9.1、6.2、8.6、7.8、9.2、8.9 kg,试计算平均数和标准差?($\bar{x}=8.25$ kg,$S=1.12$ kg)

3. 测定 A、B 两个玉米品种的果穗重(g),每品种随机抽取 9 个果穗,A 品种的果穗重分别是 150、151、160、162、162、168、170、170、171 g;B 品种的果穗重分别是 141、149、150、158、160、161、170、171、178 g。试分别计算 A、B 两品种果穗重的平均数、标准差及变异系数,并解释所得结果。

项目四　自测练习答案

项目五
统计推断

知识目标:

- 了解统计推断的基本概念;
- 熟知二项分布、正态分布、抽样分布及其计算方法;
- 明确统计假设检验的步骤及检验方法;
- 掌握 u 检验、t 检验的计算方法;

能力目标:

- 能够根据试验设计选择正确的检验方法;
- 能够根据相应的检验方法进行检验计算及分析;
- 能够使用计算机完成相应的检验计算及分析。

素质目标:

- 具备良好的职业道德和严谨工作态度;
- 具有敬业精神和岗位责任意识;
- 树立求真务实的科学精神。

任务一　抽样与理论分布

一、抽样

抽样是指从总体中根据特定原则和方法选取部分个体作为样本,通过对样本的分析和研究来估计和推断总体特征的统计过程。抽样的基本要求是确保所选取的样本能够充分代表总体。抽样的基本原则包括以下四点:①抽样必须具有明确的目的性,即根据研究目的进行合理的抽样设计;②抽样必须具有可度量性,即样本值能够用于有效估计总体特征;③抽样应具有可行性，即在实际操作中能够按照预定设计顺利完成任务；④抽样应具有经济性，即以最低的成本实现研究目标。在统计学中，抽样是获取数据和信息的基本方法，特别是在全面调查不可行或成本过高的情况下，抽样为研究提供了有效的手段。

抽样的目标是通过对样本的分析推测总体的性质。因此，所选样本必须具备代表性，能够反映总体的主要特征。在植物生产试验中，抽样通常用于从作物群体中选取一定数量的植株或小区进行观察和测定，从而推断整个试验地块的作物生长状况或产量水平。

在进行随机抽样时，根据抽样后是否将选取的个体返回总体，可以分为有放回抽样和无放回抽样两种方式。有放回抽样是指每次从总体中选取一个个体后，将其放回总体，再进行下一次抽样。而无放回抽样是指每次从总体中选取一个个体后，该个体不再返回总体。无放回抽样确保样本中的每个个体都是独立且不重复的，因此在实际研究和调查中更为适用，例如在田间试验中从地块中选取植株样本进行分析，以避免重复测量同一植株。

二、事件与概率

(一)事件

1. 必然现象与随机现象

在自然界与生产实践和科学试验中，人们会观察到各种各样的现象，大体上可分为两类：必然现象与随机现象。必然现象是指在一定条件下，其发生或结果具有确定性和不可避免性，不受偶然因素影响的现象，其结果总是确定的，必然发生（或必然不发生）。例如，在标准大气压下，水加热到 100 ℃时会沸腾，这是一个必然现象，因为只要条件（标准大气压和水温达到 100 ℃）满足，结果（水沸腾）就一定会发生，不受其他随机因素的干扰。

随机现象的发生或结果是不确定的，它受到多种因素的影响，其中一些因素可能是偶然的或不可预测的，即在保持条件不变的情况下，重复进行试验，其结果未必相同。例如，在田间种植同一品种的玉米，尽管管理措施相同，但各个植株的生长高度、产量等仍会有所不同，这就是随机现象；同样，在苹果园中，不同果树的开花时间和果实大小也会有差异，这些差异是随机的。在农业试验中，作物产量的波动、病虫害的发生等都是随机现象，这些现象的发生概率及其影响因素是试验统计分析的重要内容。

人们通过长期观察和实践并深入研究之后，发现随机现象或不确定性现象有如下特点：在一定的条件实现时，有多种可能的结果发生，事前人们不能预言将出现哪种结果；对一次或少数几次观察或试验而言，其结果呈现偶然性、不确定性；但在相同条件下进行大量重复试验时，其试验结果却呈现出某种固有的特定的规律性——频率的稳定性，通常称其为随机现象的统计规律性。例如，大量重复掷硬币于地面，会发现正面或反面向上的可能性各占一半。概率论与数理统计就是研究和揭示随机现象的统计规律的一门科学。

2. 随机试验与随机事件

(1)随机试验　通常我们把根据某一研究目的，在一定条件下对自然现象所进行的观察或试验统称为试验。而一个试验如果满足下述 3 个特性，则称其为一个随机试验，简称试验：

①可重复性　在相同的条件下，试验可以多次进行。

②不确定性　每次试验的具体结果是不确定的，即不能预知。

③明确的结果集　尽管每次试验的结果不确定，但所有可能的结果都是可以明确列举的，即每次试验的结果恰好出现这些可能结果中的一个。

如掷一枚均匀的六面骰子，每次掷骰子都可以看作是一次独立的重复试验，结果具有不确定性（因为不知道会出现哪个数字），但所有可能的结果（1，2，3，4，5，6）都是明确且有限的。

(2)随机事件　随机试验的每一种可能结果，在一定条件下可能发生，也可能不发生，称为随机事件，简称事件，通常用 A、B、C 等来表示。事件之间往往存在一定的联系。

①基本事件　不能再分的事件称为基本事件，也称为样本点。例如，从编号为 1～10 的十个球中随机抽取一个，共有十种可能结果："取得编号为 1 的球""取得编号为 2 的球"……"取得编号为 10 的球"。这些事件都是不可再分的，因此，它们都是基本事件。由若干个基本事件组合而成的事件称为复合事件。如"取得一个编号为 2 的倍数的球"是一个复合事件，它由"取得编号为 2 的球""取得编号为 4 的球""取得编号为 6 的球""取得编号为 8 的球"和"取得编号为 10 的球"5 个基本事件组合而成。

②必然事件　我们把在一定条件下必然会发生的事件称为必然事件，用 Ω 表示。例如，在标准大气压下，水加热到 100 ℃必然会沸腾；纯种糯稻自交的后代必然是糯稻，就是必然事件。

③不可能事件　我们把在一定条件下必然不会发生的事件称为不可能事件，用 $\varnothing$ 表示。如在标准大气压下，水的温度低于 100 ℃不可能沸腾；种子没有水分不可能发芽，就是不可能事件。

必然事件与不可能事件实际上是确定性现象，即它们不是随机事件，但是为了方便起见，把它们看作两类特殊的随机事件。

(二)概率

1. 概率的统计定义

研究随机试验，仅知道可能发生哪些随机事件是不够的，还需了解各种随机事件发生的可能性大小，以揭示这些事件的内在的统计规律性，从而指导实践。这就要求有一个能够刻画事件发生可能性大小的数量指标，该指标应该是事件本身所固有的，且不随人的主观意志而改变，称为概率。

【例 5-1-1】考察一批小麦种子的发芽情况时，分别抽取 5 粒、10 粒、50 粒、100 粒、300 粒、600 粒、1 000 粒种子，在相同的条件下做发芽试验，得到表 5-1-1 的统计结果。

表 5-1-1　小麦种子发芽情况调查表

种子总粒数(n)	5	10	50	100	300	600	1 000
种子发芽数(a)	5	8	44	91	272	547	909
种子发芽频率(a/n)	1.000	0.800	0.880	0.910	0.907	0.912	0.909

由表 5-1-1 可见，尽管在每次调查中种子发芽情况是随机变动的，但随着调查种子总数(n)的增大，种子发芽频率(a/n)却稳定地接近于一个定值 0.91。因此，调查种子总数较多时的稳定频率才能较好地代表种子发芽的可能性。然而，正如此试验中出现的情况，尽管在 n 较大时的频率比较稳定，但仍有微小的数值波动，说明观察的频率只是对种子发芽这个事件的概率的估计。在统计学上，通过大量实验估计出的概率称为实验概率或统计概率 $P(A)$，其定义为：在相同条件下重复进行同一个试验，如果随机事件 A 发生的频率为 a/n，随着试验总次数

n 逐渐增大，愈来愈稳定地接近一个定值 p，定值 p 就是事件 A 的概率。记为：

$$P(A)=p\approx a/n$$

2. 概率的古典定义

对于某些随机事件，不需要通过多次重复试验来确定其概率，而可以根据该随机事件本身的特性直接计算其概率。

有很多随机试验具有以下特征：

(1)试验的所有可能结果为有限个，即基本事件为有限个；

(2)各个试验结果出现的可能性相等，即所有基本事件发生的概率是均等的；

(3)试验的所有可能结果互斥，即它们互不相容。

其所对应的概率类型，称为古典概型。对于古典概型，概率的定义如下：

设样本空间由 n 个等可能的基本事件构成，其中事件 A 包含 m 个基本事件，则事件 A 的概率为 m/n，即

$$P(A)=m/n$$

这样定义的概率称为古典概率。

【例 5-1-2】在编号为 1、2、3、…、10 的 10 个球中随机抽取 1 个，求下列随机事件的概率。

(1)A=“抽得一个编号$\leqslant 4$”的球；

(2)B=“抽得一个编号是 2 的倍数的球”。

因为该试验样本空间是由 10 个等可能的基本事件构成的，即 $n=10$，而事件 A 所包含的基本事件有 4 个，既抽得编号为 1，2，3，4 的球中的任何一个，事件 A 便发生，即 $m_A=4$，所以

$$P(A)=m_A/n=4/10=0.4$$

同理，事件 B 所包含的基本事件数 $m_B=5$，即抽得编号为 2，4，6，8，10 的球中的任何一个，事件 B 便发生，故 $P(B)=m_B/n=5/10=0.5$。

3. 概率的性质

根据概率的定义，概率有如下基本性质：

(1)对于任何事件 A，有 $0\leqslant P(A)\leqslant 1$；

(2)必然事件的概率为 1，即 $P(\Omega)=1$；

(3)不可能事件的概率为 0，即 $P(\varnothing)=0$。

4. 概率的基本运算

在实际问题中，不只研究一个随机事件，而要研究多个随机事件，这些事件之间往往存在着一定的联系，如种子发芽试验中，显然“发芽”和“不发芽”之间有一定联系。

(1)事件间的相互关系

①和事件　事件 A 和事件 B 至少发生其一而构成的新事件，称为事件 A 与事件 B 的和事件，记作 $A+B$，读作“或 A 发生，或 B 发生”。例如，一个三化螟虫蛹羽化出蛾，“是雌蛾或是雄蛾”这一事件是“羽化出雌蛾”与“羽化出雄蛾”这两个事件的和事件。

这一定义还可推广到 n 个事件 A_1、A_2、…、A_n，其和事件记作 $A_1+A_2+\cdots+A_n$。

②积事件　事件 A 和事件 B 同时发生所构成的新事件，称为事件 A 和事件 B 的积事件，记作 AB，读作“A 和 B 同时发生”。例如，某小麦品种“同时发生锈病和赤霉病”这一事件，是“发生锈病”和“发生赤霉病”这两个事件的积事件。

这一定义也可推广到 n 个事件 A_1、A_2、…、A_n，其积事件记作 $A_1A_2\cdots A_n$。

③互斥事件　事件 A 和事件 B 不可能同时发生，即 AB 为不可能事件，则称事件 A 与事件 B 为互斥事件或不相容事件。例如，有一袋种子，按种皮分为黄色和白色。任取一个可能是黄色，也可能是白色，而不可能既是黄色又是白色，“取到黄色”与“取到白色”这两个事件为互斥事件，不可能同时发生。这一定义也可推广到 n 个事件。

④对立事件　事件 A 和事件 B 不可能同时发生，但必发生其一，即 $A+B$ 为必然事件，AB 为不可能事件，则事件 A 与事件 B 互为对立事件，并记 B 为 $\bar{A}$。例如，在上例中，任取一种子不可能既是黄色又是白色，但不是黄色就是白色，“取到黄色”与“取到白色”这两个事件互为对立事件。再如，一粒种子播种后，要么发芽，要么不发芽，种子“发芽”与“不发芽”这两个事件互为对立事件。

⑤完全事件系　若 A_1、A_2、…、A_n 两两互斥，且每次试验结果必发生其一，则称 A_1、A_2、…、A_n 为完全事件系。例如，一粒种子播种后，种子“发芽”与“不发芽”这两种事件构成完全事件系。再如，把从 0、1、2、3、4、5、6、7、8、9 这 10 个数字中每次抽取一个数字作为一个事件，就可能有 10 种不同的事件，而这 10 种不同事件不可能同时出现，但必发生其一，这 10 种事件构成完全事件系。

⑥独立事件　若事件 A 的发生与否不影响事件 B 发生的可能性，事件 B 的发生与否也不影响事件 A 发生的可能性，则事件 A 与事件 B 互为独立事件。例如，在上例 10 个数字中进行复置抽样，抽取两个数字，第一次抽取数字与第二次抽取数字互不影响，彼此独立。再如，两粒种子播种后，一粒种子发芽与否并不影响另一粒种子的发芽情况，彼此是独立的。

（2）概率计算的基本法则

①对立事件的概率　若事件 A 的概率为 $P(A)$，那么其对立事件的概率为：

$$P(\bar{A})=1-P(A)$$

【例 5-1-3】一批种子发芽的概率为 0.95，不发芽的概率应为 0.05。

②互斥事件的概率加法　若事件 A 与事件 B 为互斥事件，则其和事件的概率等于事件 A 与事件 B 的概率之和，即：

$$P(A+B)=P(A)+P(B)$$

【例 5-1-4】某农场对一批杂交水稻种子进行品质分级，其中一级种子占 15%，二级种子占 30%，其余为三级种子。计算二级及二级以上种子的概率。

设一级种子为事件 A，二级种子为事件 B，那么，二级及二级以上种子的概率为：

$$P(A+B)=P(A)+P(B)=15/100+30/100=45\%$$

同理，多个互斥事件 A_1、A_2、…、A_n 的和事件的概率，等于各事件概率之和，即：

$$P(A_1+A_2+\cdots+A_n)=P(A_1)+P(A_2)+\cdots+P(A_n)$$

若 A_1、A_2、…、A_n 为完全事件系，那么，完全事件系的和事件的概率为 1，即：

$$P(A_1+A_2+\cdots+A_n)=P(A_1)+P(A_2)+\cdots+P(A_n)=1$$

【例 5-1-5】从 0、1、2、3、4、5、6、7、8、9 这 10 个数字中每次抽得任一个数字，其和事件的概率为

$$P(0+1+2+\cdots+9)=P(0)+P(1)+P(2)+\cdots+P(9)=\frac{1}{10}+\frac{1}{10}+\frac{1}{10}+\cdots+\frac{1}{10}=1$$

③独立事件的概率乘法　若事件 A 与事件 B 互为独立事件，事件 A 与事件 B 同时发生（积事件）的概率等于事件 A 与事件 B 的概率的乘积，即

$$P(AB)=P(A)\times P(B)$$

【例 5-1-6】两次掷硬币于地面,计算两次都是有币值的一面向上的概率。

设有币值的一面为正面,另一面为反面,那么:

$$P(\text{正正})=P(\text{正})\times P(\text{正})=1/2\times 1/2=1/4$$

同理,多个独立事件 A_1、A_2、…、A_n 同时发生(积事件)的概率,等于各事件概率的乘积,即:

$$P(A_1A_2\cdots A_n)=P(A_1)\times P(A_2)\times\cdots\times P(A_n)$$

(三)小概率事件实际不可能性原理

若某一事件发生的概率很小,则称这一事件为小概率事件。实践表明,小概率事件在一次试验中出现的可能性是极小的,以至于实际上被认为是不可能事件。把小概率事件在一次试验中看作是实际不可能出现的事件,称为小概率事件实际不可能性原理,简称"小概率原理",该原理是进行统计假设检验的基本原理。

小概率在不同的实际问题中有不同的标准,在农业生产及科学研究中,一般采用概率小于 0.05 和 0.01 这两个标准。

三、二项分布

(一)二项总体和二项分布的概念

试验或调查中有这样一类常见的变量,其总体中的全部个体可以根据某种性状的出现与否分为两类。如一粒种子可能发芽或不发芽,一枚种蛋孵出小鸡可能是公鸡或母鸡,一件产品可能合格或不合格等。这类变量属非连续性随机变量,其总体包括非此即彼的两项对立事件,这样的总体称为二项总体。如果将"此"事件的概率用 p 表示,"彼"事件的概率用 q 表示,则有:

$$p+q=1 \text{ 或 } q=1-p$$

如果从二项总体中随机抽取 n 个个体,可能得到属于"此"的个体 x 个,而得到属于"彼"的个体$(n-x)$个。在每一次抽样中,随机变量 x 的取值可能有 0、1、2、…、n 等$(n+1)$种,而这$(n+1)$种取值各有其概率,这种二项总体的概率分布称为二项分布。

(二)二项分布概率计算

假定二项总体中两种对立事件为 A 与 $\bar{A}$,并设 $P(A)=p$、$P(\bar{A})=q$,$p+q=1$,且 $0<P(A)<1$,那么,事件 A 在 n 次试验中出现 x 次的概率函数为:

$$f(x)=C_n^x p^x q^{n-x} \quad (x=0、1、2、\cdots、n)$$

式中:$f(x)$——n 次试验中事件 A 出现的概率;

x——随机变量的取值;

p——一次试验中事件 A 的概率;

q——一次试验中事件 $\bar{A}$ 的概率;

C_n^x——组合公式,是概率计算的一个系数。即

$$C_n^x=\frac{n!}{x!\ (n-x)!}$$

上述公式实际上是二项式$(p+q)^n$ 展开式中的第$(x+1)$项,因此称为二项式分布或二项分布。二项式展开式为:

$$(p+q)^n=q^n+C_n^1pq^{n-1}+C_n^2p^2q^{n-2}+\cdots+p^n$$

【例 5-1-7】掷 8 枚硬币于地面，分别计算出现不同正面次数（x=0、1、2、3、4、5、6、7、8）的概率，结果列于表 5-1-2。

表 5-1-2　掷 8 枚硬币不同正面次数向上的概率函数分布表

不同正面次数的概率函数	$C_n^x p^x q^{n-x}$	$f(x)$
$f(0)$	$C_8^0p^0q^8=1\times(1/2)^0\times(1/2)^8$	0.004
$f(1)$	$C_8^1p^1q^7=8\times(1/2)^1\times(1/2)^7$	0.031
$f(2)$	$C_8^2p^2q^6=28\times(1/2)^2\times(1/2)^6$	0.109
$f(3)$	$C_8^3p^3q^5=56\times(1/2)^3\times(1/2)^5$	0.219
$f(4)$	$C_8^4p^4q^4=70\times(1/2)^4\times(1/2)^4$	0.274
$f(5)$	$C_8^5p^5q^3=56\times(1/2)^5\times(1/2)^3$	0.219
$f(6)$	$C_8^6p^6q^2=28\times(1/2)^6\times(1/2)^2$	0.109
$f(7)$	$C_8^7p^7q^1=8\times(1/2)^7\times(1/2)^1$	0.031
$f(8)$	$C_8^8p^8q^0=1\times(1/2)^8\times(1/2)^0$	0.004
总和		1.000

【例 5-1-8】已知一批玉米种子的发芽率为 70%，现每穴播 6 粒种子，计算每穴不同种子发芽数（x=0、1、2、3、4、5、6）的概率，结果列于表 5-1-3。

表 5-1-3　每穴种子发芽数的概率

每穴种子发芽的概率函数	$C_n^x p^x q^{n-x}$	$f(x)$
$f(0)$	$C_6^0p^0q^6=1\times(0.7)^0\times(0.3)^6$	0.000 729
$f(1)$	$C_6^1p^1q^5=6\times(0.7)^1\times(0.3)^5$	0.010 206
$f(2)$	$C_6^2p^2q^4=15\times(0.7)^2\times(0.3)^4$	0.059 535
$f(3)$	$C_6^3p^3q^3=20\times(0.7)^3\times(0.3)^3$	0.185 220
$f(4)$	$C_6^4p^4q^2=15\times(0.7)^4\times(0.3)^2$	0.324 135
$f(5)$	$C_6^5p^5q^1=6\times(0.7)^5\times(0.3)^1$	0.302 526
$f(6)$	$C_6^6p^6q^0=1\times(0.7)^6\times(0.3)^0$	0.117 649
总和		1.000 000

（三）二项分布的形状与参数

1. 二项分布的形状

将表 5-1-2 和表 5-1-3 中数据绘制成概率分布图（图 5-1-1、图 5-1-2）。

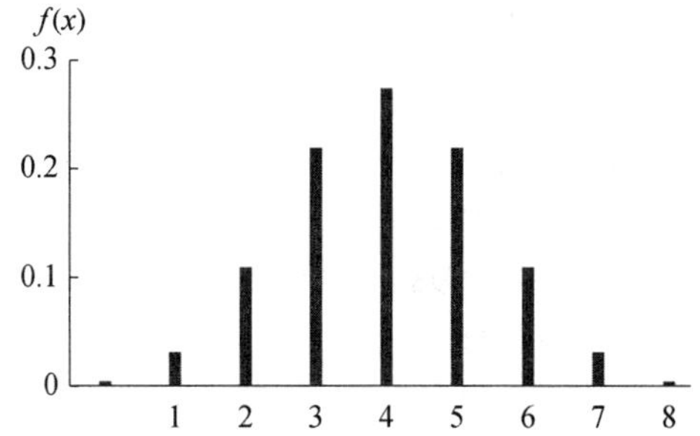

图 5-1-1 掷 8 枚硬币不同正面次数的概率分布图

($p=0.5,n=8$)

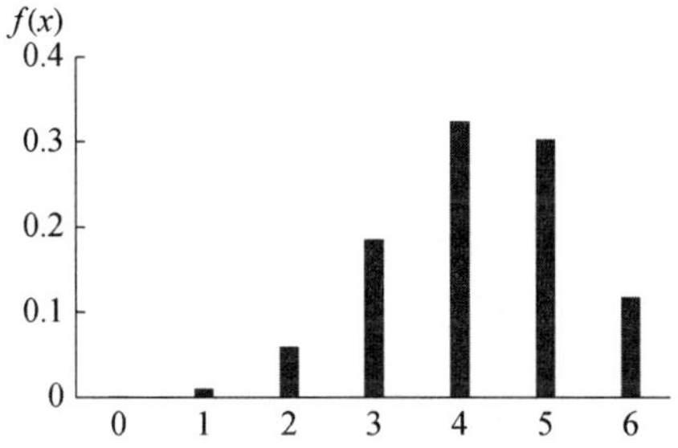

图 5-1-2 每穴种子发芽数的概率分布图

($p=0.7,n=6$)

由图 5-1-1 和图 5-1-2 可见，二项分布的形状取决于 n 与 p，有如下情况：

(1)当 $p=q$ 时，二项分布呈对称形状；当 $p\neq q$ 时，若 n 较小，分布呈偏斜形状；当 n 增大时，分布趋于对称。

(2)当 n 增加到足够大，如 $n>30$，且 p 值不是很小，np 及 nq 均不小于 5 时，二项分布趋于正态分布。

2. 二项分布的参数

凡描述一个总体分布，其总体平均数和方差(或标准差)是两个最重要的参数。若变量 X 属二项分布，则：

$$\text{平均数 } \mu=p$$

$$\text{方差 } \sigma^2=p(1-p)=pq$$

$$\text{标准差 } \sigma=\sqrt{pq}$$

(四)利用 Excel 进行二项分布的概率计算

1. 说明

在 Excel 中想要计算二项分布的概率分布、累积概率，需要利用 Excel 的工作表函数 BINOM. DIST。

二项分布的概率计算 Excel 操作视频

2. 语法

其语法结构为 BINOM. DIST(Number_s，Trials，Probability_s，Cumulative)。其中，Number_s 为实验成功的次数；Trials 为实验的总次数；Probability_s 为每次实验中成功的概率，是否计算累积概率；Cumulative 为逻辑值，如果为 TRUE，函数 BINOM. DIST 返回累积分布函数，如果为 FALSE，返回概率密度函数。

【例 5-1-9】已知一批玉米种子的发芽率为 70%，现每穴 6 粒种子，计算每穴不同种子发芽数（x=0、1、2、3、4、5、6）的概率。

如上所述，已知玉米种子的发芽率为 70%，函数 BINOM. DIST 可以计算每穴 6 粒种子中不同种子发芽数（x=0、1、2、3、4、5、6）的概率。

具体方法是：在工作表中单击要输出这一计算结果的单元格，在“公式”中单击按钮“fx（插入函数）”，在“或选择类别”下拉列表框中选择“统计”，在其下方的“选择函数”列表中选择 BINOM. DIST 函数，单击“确定”按钮，弹出对话框（图 5-1-3），在对话框中的“Number_s”框中输入 1，表示有 1 粒种子发芽，在“Trials”框中输入 6，表示有 6 粒种子，在“Probability_s”框中输入 0. 7，表示发芽率为 70%，在“Cumulative”框中输入 false，用于计算单一概率，按“确定”按钮，在选定的单元格中就显示所需要的结果。依此类推，可以计算出发芽数为 0、2、3、4、5、6 的概率。

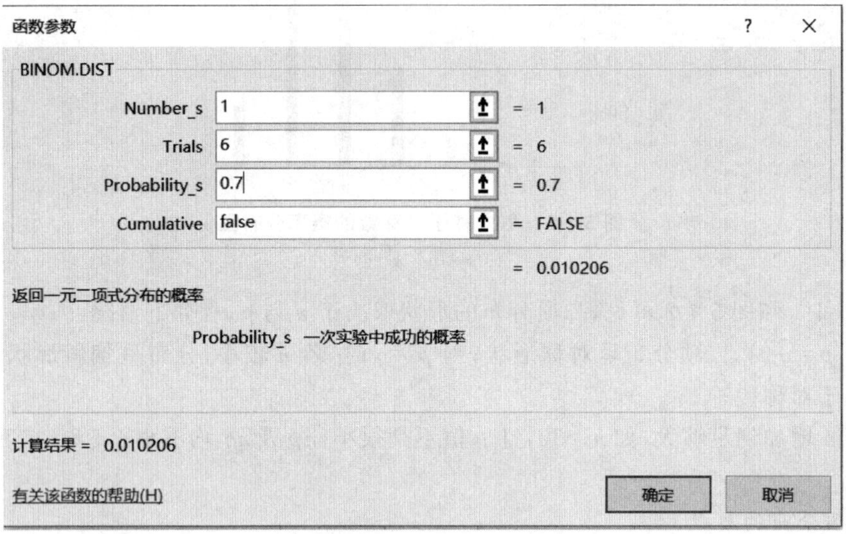

图 5-1-3 正态分布函数对话框

四、正态分布

（一）正态分布的概念

正态分布是连续性变量的一种理论分布，又称高斯分布，是一种在自然界、社会科学及工程技术等领域广泛存在的连续概率分布。正态分布在研究理论和实践问题上都具有非常重要的意义。首先，客观世界中确有许多事物的连续性变量是服从正态分布规律的。例如，一般作物的产量和许多经济性状的观察数据均表现为服从正态分布。其次，在适当的条件下正态分布可用作二项分布及其他非连续性变量或连续性变量分布的近似分布。因而，可用正态分布代替其他分布以方便地计算概率和进行统计假设检验。最后，虽然有些总体并不呈正态分布，但从总体中随机抽取的样本平均数及其他一些统计数的分布，在样本容量足够大时，仍然趋近于正态分布。因而，也可用正态分布来研究这些统计数的抽样分布。

1. 正态分布方程

若连续型随机变量 x 的概率密度函数为：

$$f_N(x)=\frac{1}{\sigma\sqrt{2\pi}}e^{-\frac{1}{2}\left(\frac{x-\mu}{\sigma}\right)^2}$$

则称随机变量 x 服从正态分布，记作 $x\sim N(\mu,\sigma^2)$。上式称为正态分布方程，式中：x 为所研究的变量；$f_N(x)$ 为某一定值 x 出现的函数值，称为概率密度函数，相当于曲线上 x 值相应的纵轴的高度；π 为常数，其值等于 3.141 59……；e 为常数；μ 为总体平均数，不同正态分布可以有不同的 μ，但在某一给定总体中 μ 是一常数；σ 为总体标准差，不同正态分布可以有不同的 σ，但在某一定总体中 σ 是一常数，且 $\sigma>0$。

正态分布概率密度函数的图像称作正态分布曲线，其形状见图 5-1-4。

2. 正态分布曲线的特性

(1)正态分布曲线是以平均数 μ 为中心，向左右两侧对称分布的对称曲线。从原点 $x=\mu$ 所竖立的纵轴 $f_N(x)$ 是最大值，所以，正态分布曲线的算术平均数、中数、众数是相等的，三者合一均位于 μ 点上。

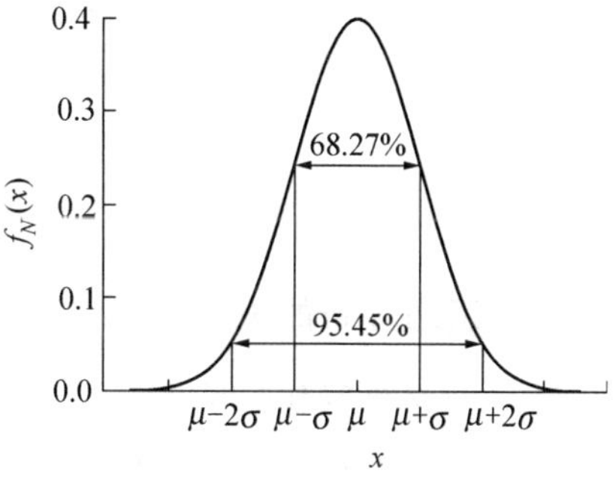

图 5-1-4　正态分布曲线图
(平均数为 μ，标准差为 σ)

(2)正态分布曲线的位置和形状由参数 μ 和 σ 来确定。μ 决定曲线在横轴上的位置，σ 决定曲线的形状，任何一条特定的正态曲线只有在其 μ 和 σ 确定以后才能确定，如图 5-1-5、图 5-1-6 所示。正态分布曲线因参数 μ 和 σ 的不同而表现为一系列曲线，所以，它是一个曲线系统。

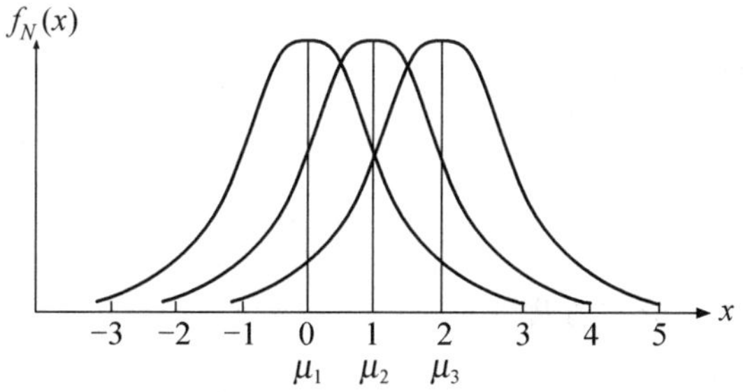

图 5-1-5　标准差相同($\sigma=1$)而平均数不同
($\mu_1=0,\mu_2=1,\mu_3=2$)的三个正态分布曲线

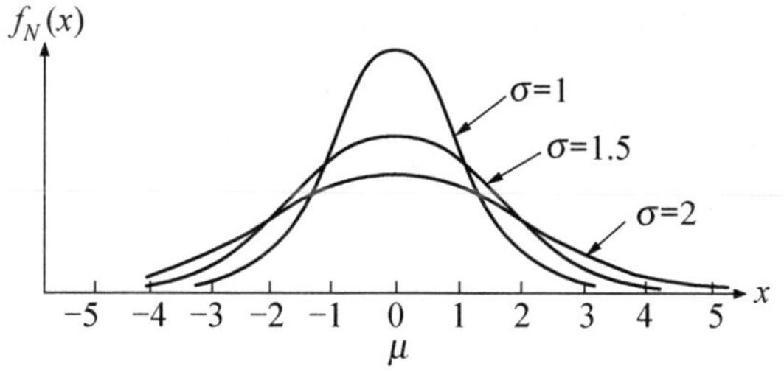

图 5-1-6　平均数相同($\mu=0$)的三个
正态分布曲线

(3)正态分布资料的次数分布表现为多数次数集中于算术平均数 μ 附近，离平均数越远，其相应的次数越少；且在 μ 左右相等，$|x-\mu|$ 范围内具有相等次数；在 $|x-\mu|\geqslant 3\sigma$ 以上的次数极少。

(4)正态曲线在，$|x-\mu|=1\sigma$ 处有“拐点”，曲线双尾向左右伸展，但 $f_N(x)$ 不会等于 0，曲线不会接触 x 轴。所以，当 $x\to\pm\infty$，正态曲线以 x 轴为渐近线，曲线全距从 $-\infty$ 到 $+\infty$。

(5)正态曲线与 x 轴之间的总面积(概率)等于 1。所以，曲线下 x 轴的任何两个定值，例如 $x=x_1$ 到 $x=x_2$ 之间的面积，等于介于这两个定值间面积占总面积的百分比，或者说等于 x 落于这个区间内的概率。下面列出正态分布中最常见的几个区间与其相对应面积或概率值：

区间	面积或概率
$\mu\pm1\sigma$	0.682 7
$\mu\pm2\sigma$	0.954 5
$\mu\pm3\sigma$	0.997 3
$\mu\pm1.96\sigma$	0.950 0
$\mu\pm2.58\sigma$	0.990 0

(二)正态分布的概率计算

1. 正态分布的标准化

由于正态分布是一系列曲线，这对研究各具体的正态总体极不方便。为了克服这种麻烦，可将任意的正态分布转换成标准正态分布来研究，即正态分布的标准化。正态分布的标准化即是把正态曲线原点 0 移到 μ 的位置，将 x 值离其平均数的差数 $x-\mu$ 以标准差 σ 为单位进行度量，转换为 u 变量，即：

$$u=\frac{x-\mu}{\sigma}$$

u 称为标准正态变量或标准正态离差。由此，可将正态分布的概率密度函数公式标准化为：

$$f_N(x)=\frac{1}{\sqrt{2\pi}}e^{-\frac{1}{2}u^2}$$

该公式称为标准化正态分布方程或称 u 分布方程。

2. 正态分布的概率计算

关于正态分布的概率计算，我们先从标准正态分布入手。一方面，标准正态分布在正态分布中形式最简单，而且任意正态分布都可以转化为标准正态分布来计算；另一方面，人们已经根据标准正态分布的分布函数编制成正态分布表以供直接查用。

【例 5-1-10】假定随机变量(x)具有正态分布，平均数 $\mu=30$，标准差 $\sigma=5$，试计算其小于 26 的概率、小于 40 的概率、介于 26 和 40 之间的概率以及大于 40 的概率。

计算 $P(x\leqslant26)$需先将 x 转换为 u 值：

$$u=\frac{x-\mu}{\sigma}=\frac{26-30}{5}=-0.8$$

查附表 2，当 $u=-0.8$，$F_N(u)=0.211\,9$，则：

$$P(x\leqslant26)=F_N(-0.8)=0.211\,9$$

其表示在这一分布中从 $-\infty$ 到 26 范围内的观测值占全部观测值的 21.19%，或者说 $x\leqslant 26$ 的概率为 0.211 9。

同样计算 $P(x\leqslant40)$，先将 x 转换为 u 值：

$$u=\frac{x-\mu}{\sigma}=\frac{40-30}{5}=2$$

查附表 2，则有：

$$P(x\leqslant 40)=0.977\ 3$$

并且：

$$P(26<x\leqslant 40)=P(x\leqslant 40)-P(x\leqslant 26)=0.977\ 3-0.211\ 9=0.765\ 4$$

$$P(x>40)=1-P(x\leqslant 40)=1-0.977\ 3=0.022\ 7$$

【例 5-1-11】计算正态分布曲线的中间概率为 0.95 或 0.99 时，其临界 x 或 u 值应等于多少？

由于正态分布曲线是左右对称的，当中间概率为 0.95 时，双尾概率之和应为 0.05，故在曲线从 $-\infty$ 到 $-u$ 的左尾概率以及从 $+u$ 到 $+\infty$ 的右尾概率都应等于 0.05/2=0.025，查附表 2，当 $u=-1.96$ 时，$F_N(u)=0.025$。即是说，当 $u=\pm 1.96$ 或 $x=\mu\pm 1.96\sigma$ 时，在其范围内包括 95% 的观测值，仅有 5% 的观测值在此范围之外。上述结果可记作：

$$P(|x-\mu|\geqslant 1.96\sigma)=P(|u|\geqslant 1.96)=0.05$$

或

$$P(|x-\mu|\leqslant 1.96\sigma)=P(|u|\leqslant 1.96)=0.95$$

同理亦可求得

$$P(|x-\mu|\geqslant 2.58\sigma)=P(|u|\geqslant 2.58)=0.01$$

或

$$P(|x-\mu|\leqslant 2.58\sigma)=P(|u|\leqslant 2.58)=0.99$$

(三)利用 Excel 进行正态分布的概率计算

1. 说明

正态分布在模拟现实世界过程和描述随机样本平均值的不确定度时有广泛的用途。Excel 正态分布函数 NORM. DIST 能返回给定平均值和标准偏差的正态分布的累积函数，可以利用 NORM. DIST 建立正态分布密度函数图。

正态分布的概率计算 Excel 操作视频

2. 语法

其语法结构为 NORM. DIST(X, Mean, Standard_dev, Cumulative)：X 为需要计算其分布的数值；Mean 为分布的算术平均值；Standard_dev 为分布的标准偏差；Cumulative 为一逻辑值，指明函数的形式。如果 Cumulative 为 TRUE，函数 NORM. DIST 返回累积分布函数；如果为 FALSE，返回概率密度函数。

【例 5-1-10】假定随机变量 x 具有正态分布，平均数为 30，标准差为 5，计算其小于 26、小于 40 的概率，并绘制该正态分布曲线。

具体方法：在工作表中单击要输出这一计算结果的单元格，然后单击“公式”，再点击“fx(插入函数)”，在“或选择类别”下拉列表框中选择“统计”，在其下方的“选择函数”列表中选择 NORM. DIST 函数，单击“确定”按钮，弹出对话框，在对话框中的“X”框中输入 26，在“Mean”框中输入 30，在“Standard_dev”框中输入 5，在“Cumulative”框中输入 1，按“确定”按钮，在选定的单元格中就显示所需要的结果 0.211 855 399。依此类推，可以计算出小于 40 的概率为 0.977 249 868(图 5-1-7)。

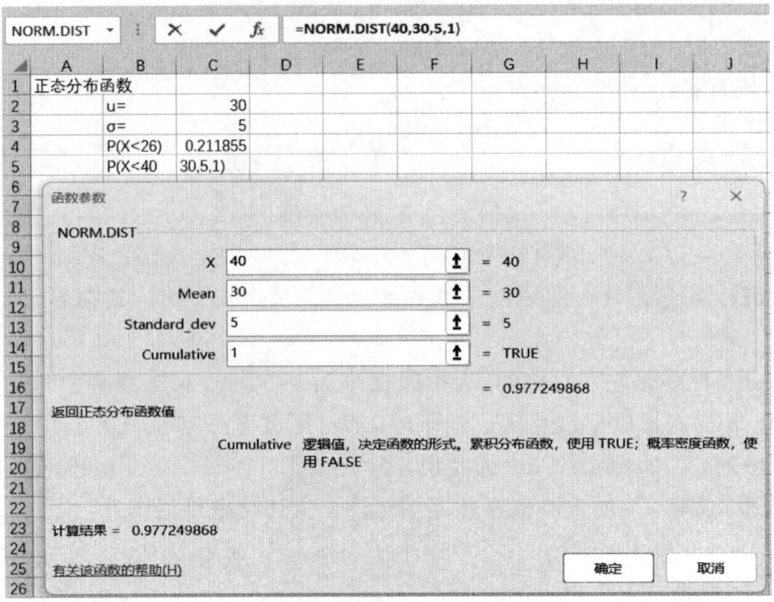

图 5-1-7　正态分布函数

选择另一张工作表，输入表头“正态分布曲线”，在单元格 C2 输入“数列”，在 C3 单元格中输入“10”，单击“开始”，在“编辑”中点击“填充”下拉框，选择“序列”，选择“列”，步长值为“1”，终止值“50”，单击“确定”，得一列 10～50 的数据(图 5-1-8)。然后单击 D2 单元格，输入“概率密度函数值”，单击 D3 单元格，然后单击“公式”按钮中的“fx(插入函数)”，在“或选择类别”右侧下拉列表框中选择“统计”，在其下方的“选择函数”列表中选择 NORM. DIST 函数，单击“确定”按钮，弹出“函数参数”对话框，在对话框中的“X”框中单击选择 C3 单元格，在“Mean”框中输入 30，在“Standard_dev”框中输入 5，在“Cumulative”框中输入 0，按“确定”按钮，接着双击 D3 单元格右下角，填充序列至 D43。

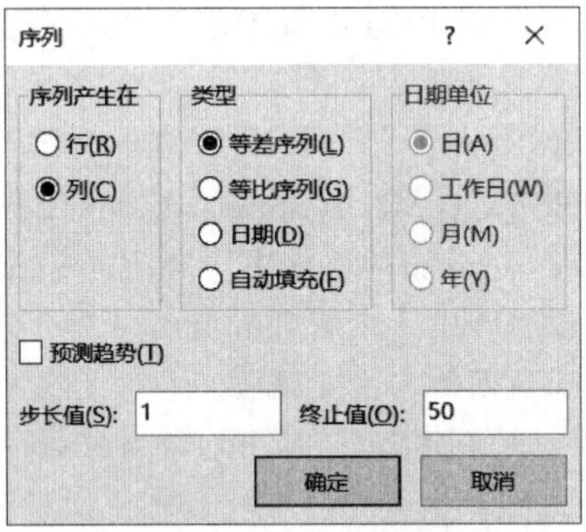

图 5-1-8　序列对话框参数

在表格中选中(C3:D43)区域，单击“插入”，选择“图表”，单击右下角箭头显示“推荐的插入图表”，单击“所有图表”，在“所有图表”下单击“折线图”，选择其中的曲线图，点击“确定”，曲线图生成后，在“图表标题”后输入：“总体平均数为 $\mu=30$，总体标准差为 $\sigma=5$ 的正态分布曲线”，即得正态分布曲线图(图 5-1-9)。

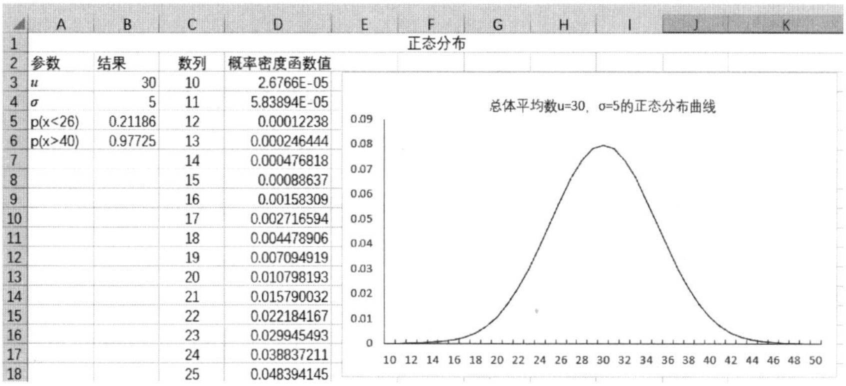

图 5-1-9 用 Excel 制作正态分布曲线

五、抽样分布

统计学的核心问题之一是研究总体与样本的关系。总体与样本的关系可以从两个方向来研究：一个方向是从总体到样本，主要研究从总体中抽出的随机样本统计数的概率分布及其与原总体的关系，即抽样分布问题；另一个方向是从样本到总体，主要研究从一个样本或一系列样本所得的统计数去推断其总体的参数，即统计推断问题，而抽样分布是统计推断的基础。李振声院士在研究小麦新品种“小偃 6 号”的过程中，通过对不同试验田中样本均值的抽样分布分析，验证了该品种在抗倒伏性上的优势。他利用样本均值的抽样分布，确定了“小偃 6 号”在多个试验点的抗倒伏性均高于对照品种，从而增强了该品种的推广价值，并最终使其成为我国小麦主推品种之一。李振声院士毕生奉献于小麦远缘杂交遗传与育种研究，为中国粮食安全、农业科技进步和农业可持续发展做出了杰出的贡献，培养了一大批学术带头人和科技骨干，他的事迹不仅是对科学的追求，更是对国家和人民的责任担当。他的努力和奉献，激励着一代又一代的农业工作者为实现农业现代化而不懈奋斗。

思政园地

（一）单个样本平均数抽样分布

当从总体平均数为 μ，总体方差为 σ^2 的总体中随机抽样时，这个获得样本的总体称为原总体（或称为母总体）。如果原总体是无限总体，则从中可以抽取无限多个样本容量相同的样本；如果原总体是有限总体，采用复置抽样，也可以抽取“无限”多个样本。理论上讲，从一个具有 N 个个体的原总体中，以样本容量等于 n 进行重置抽样，可以抽出 N^n 个可能的样本，由这些样本平均数所组成的总体称为衍生总体。

假定有一总体，其总体平均数为 μ，总体标准差为 σ。从这一总体中以相同的样本容量 n 无数次抽样，可得到无数个样本，分别计算出各样本的平均数 $\bar{x}_1$、$\bar{x}_2$、$\bar{x}_3$、…。由于存在抽样误差，样本平均数是随机变量，各样本平均数将表现出不同程度的差异，无数个样本平均数又构成一个总体，称为样本平均数总体，其分布称为样本平均数的抽样分布。

统计理论和实例证明，样本平均数的分布具有以下特性：

（1）样本平均数的总体平均数与原总体平均数相等，即

$$\mu_{\bar{x}}=\mu$$

（2）样本平均数的总体方差可以表示为原总体方差除以样本容量，即

$$\sigma_{\bar{x}}^2=\frac{\sigma^2}{n}$$

同理，样本平均数的总体标准差可以表示为原总体标准差除以样本容量的平方根。即

$$\sigma_{\bar{x}}=\frac{\sigma}{\sqrt{n}}$$

(3)若从正态总体中随机抽取样本，无论样本容量大小，其样本平均数的分布服从正态分布，即 $N(\mu_{\bar{x}},\sigma_{\bar{x}}^2)$。若从非正态分布总体中随机抽取样本，只要样本容量较大($n\geqslant30$)，其样本平均数也服从正态分布，称为中心极限定理。

(4)由于总体标准差一般是不易求得的，而以样本标准差估计总体标准差进行计算，即有

$$S_{\bar{x}}=\frac{S}{\sqrt{n}}$$

式中：$S_{\bar{x}}$ 为样本平均数的样本标准差，一般简称为平均数的标准误。

知道了平均数的抽样分布及其参数，那么，要计算任何一个从样本所得的平均数 x 出现的概率，只需将 x 先进行标准化转换，即：

$$\mu=\frac{\bar{x}-\mu_{\bar{x}}}{\sigma_{\bar{x}}}=\frac{\bar{x}-\mu}{\sigma/\sqrt{n}}$$

若平均数服从正态分布 $N(\mu_{\bar{x}},\sigma_{\bar{x}}^2)$，那么，随机变量 u 服从 $N(0,1)$，查附表 2 即可得到概率。

【例 5-1-12】在北方某一地区调查果园桃小食心虫冬茧情况，以 1 m^2 为单位，调查 2 000 m^2，得 $\mu=4.5$(头)，$\sigma=2.4$(头)。现随机抽取该地区一块果园并调查 36 m^2，问平均每平方米桃小食心虫少于 4.2 头的概率是多少？

尽管总体分布不明确，但 $n\geqslant30$，便可视其服从正态分布，则：

$$\mu=\frac{\bar{x}-\mu_{\bar{x}}}{\sigma_{\bar{x}}}=\frac{\bar{x}-\mu}{\sigma/\sqrt{n}}=\frac{4.2-4.5}{2.4/\sqrt{36}}=-0.75$$

查附表 2，得 $F_N(-0.75)=0.226\ 6$，即 $P(\bar{x}\leqslant4.2)=0.226\ 6$，也就是说，随机抽取该地区一块果园并调查 36 m^2，平均每平方米桃小食心虫少于 4.2 头的概率是 0.226 6(即 22.66%)。

(二)两个样本平均数的抽样分布

假定有两个总体，各自的平均数和标准差为 μ_1、σ_1 和 μ_2、σ_2。现在以样本容量 n_1 从第一个总体中抽得一系列样本，并计算出各样本平均数，记为 $\bar{x}_{11}$、$\bar{x}_{12}$、$\bar{x}_{13}$、…；再以样本容量 n_2 从第二个总体中抽得一系列样本，并计算出各样本平均数，记为 $\bar{x}_{21}$、$\bar{x}_{22}$、$\bar{x}_{23}$、…。其中，n_1 与 n_2 可以相等，也可以不等。再将来自第一个总体的样本平均数和来自第二个总体的样本平均数相减，可得到许多样本平均数差数，即 $\bar{x}_1-\bar{x}_2$。由于存在抽样误差，样本平均数差数也是随机变量，各样本平均数差数也将表现出不同程度的差异，无数个样本平均数差数又构成一个总体，称为样本平均数差数总体，样本平均数差数的分布称为样本平均数差数的抽样分布。在对比“小偃 6 号”与传统品种的产量时，李振声院士使用了两个样本均值差异的抽样分布来评估新旧品种之间的差异，分析结果表明，“小偃 6 号”在不同环境下的平均产量显著高于传统品种，并且抗病性更强。这一科学分析为“小偃 6 号”的全国推广奠定了坚实的基础。

根据统计理论和实例证明，样本平均数差数的分布具有以下特性：

(1)样本平均数差数的总体平均数等于两总体平均数之差。即：

$$\mu_{\bar{x}_1-\bar{x}_2}=\mu_1-\mu_2$$

(2)样本平均数差数的总体方差等于两总体的样本平均数的总体方差之和。即：

$$\sigma^2_{\bar{x}_1-\bar{x}_2}=\sigma^2_{\bar{x}_1}+\sigma^2_{\bar{x}_2}=\frac{\sigma_1^2}{n_1}+\frac{\sigma_2^2}{n_2}$$

同理，样本平均数差数的总体标准差等于两总体的样本平均数的总体方差之和的平方根。即：

$$\sigma_{\bar{x}_1-\bar{x}_2}=\sqrt{\frac{\sigma_1^2}{n_1}+\frac{\sigma_2^2}{n_2}}$$

(3)若两个总体各呈正态分布，则其样本平均数的差数分布也呈正态分布，记作 $N(\mu_{\bar{x}_1-\bar{x}_2},\sigma^2_{\bar{x}_1-\bar{x}_2})$。

(4)由于总体方差是难以求得的，用样本方差来估计总体方差进行计算，则有：

$$S_{\bar{x}_1-\bar{x}_2}=\sqrt{\frac{S_1^2}{n_1}+\frac{S_2^2}{n_2}}$$

上式中 $S_{\bar{x}_1-\bar{x}_2}$ 称为样本平均数差数的样本标准差，一般简称为平均数差数的标准误。

如果平均数差数服从正态分布，那么若要计算任何一个平均数差数出现的概率，可通过标准化转换，即：

$$u=\frac{(\bar{x}_1-\bar{x}_2)-\mu_{\bar{x}_1-\bar{x}_2}}{\sigma_{\bar{x}_1-\bar{x}_2}}=\frac{(\bar{x}_1-\bar{x}_2)-(\mu_1-\mu_2)}{\sqrt{\frac{\sigma_1^2}{n_1}+\frac{\sigma_2^2}{n_2}}}$$

得到 u 值后，查附表 2 就可求出概率。

(三)t 分布

1. t 分布的定义和特点

从一个平均数为 μ、方差为 σ^2 的正态总体中抽样，或者在一个非正态总体里抽样只要样本容量有足够大，则所得一系列样本平均数 $\bar{x}$ 的分布必趋向正态分布，具有 $N(\mu,\sigma^2_{\bar{x}})$，并且 $u=\frac{\bar{x}-\mu}{\sigma_{\bar{x}}}$ 遵循标准化正态分布 $N(0,1)$。当样本容量不太大($n<30$)而 σ^2 为未知时，如以样本均方 S^2 估计 σ^2，则其标准化离差 $\frac{(\bar{x}-\mu)}{S_{\bar{x}}}$ 的分布不呈正态分布，而呈 t 分布，具有自由度 $df=n-1$。

$$t=\frac{\bar{x}-\mu}{S_{\bar{x}}}$$

$$S_{\bar{x}}=\frac{S}{\sqrt{n}}$$

$S_{\bar{x}}$ 为样本平均数的标准误，它是 $\sigma_{\bar{x}}$ 的估计值，其中 S 为样本标准差，n 为样本容量。

t 分布是 1908 年 W. S. Gosset 首先提出的，又称学生氏分布(Student's t-distribution)。它是一组对称密度函数曲线，具有一个单独参数 df 以确定某一特定分布。df 是自由度，在理论上，当 df 增大时，t 分布趋向于正态分布。

t 分布的密度函数为：

$$f(t)=\frac{1}{\sqrt{\pi df}}\frac{\Gamma\left[\frac{df+1}{2}\right]}{\Gamma\left(\frac{df}{2}\right)}\left(1+\frac{t^2}{df}\right)^{-\frac{df+1}{2}}$$

式中：t 的取值范围是$(-\infty,+\infty)$；$df=n-1$，为自由度。

t 分布的平均数和标准差为：

$$\mu_t=0(df>1),\sigma_t=\sqrt{df/(df-2)}(df>2)$$

t 分布密度曲线如图 5-1-10 所示，其特点是：

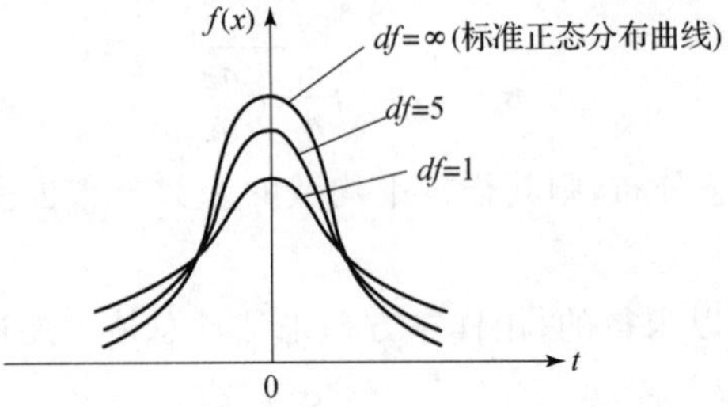

图 5-1-10　不同自由度的 t 分布密度曲线

（1）t 分布受自由度的制约，每一个自由度都有一条 t 分布密度曲线。

（2）t 分布密度曲线以纵轴为对称轴，左右对称，且在 $t=0$ 时，分布密度函数取得最大值。

（3）与标准正态分布曲线相比，t 分布曲线顶部略低，双尾部稍高而平。df 越小这种趋势越明显。df 越大，t 分布越趋近于标准正态分布。当 $n\geqslant30$ 时，t 分布与标准正态分布的区别很小；$n>100$ 时，t 分布基本与标准正态分布相同；$n\to\infty$时，t 分布与标准正态分布完全一致。

对于不同自由度下 t 分布的双尾概率及其对应的临界 t 值已编制成附表 4，即 t 分布表。该表第一列为自由度 df，表头为双尾概率值，表中数字即为临界 t 值。

例如，当 $df=15$ 时，查附表 4 得双尾概率等于 0.05 的临界 t 值为 $t_{0.05}(15)=2.131$，其意义是 $P(-\infty<t<-2.131)=P(2.131<t<+\infty)=0.025$；$P(-\infty<t<-2.131)+P(2.131<t<+\infty)=0.05$。

由附表 4 可知，当 df 一定时，概率 P 越大，临界 t 值越小；概率 P 越小，临界 t 值越大。当概率 P 一定时，随着 df 的增加，临界 t 值在减小，当 $df=0$ 时，临界 t 值与标准正态分布的临界 μ 值相等。

2. 利用 Excel 进行 t 分布值计算

（1）函数　T. DIST 可以返回 t 分布值。t 分布用于小样本数据集合的假设检验。使用此函数可以代替 t 分布的临界值表。

（2）语法　结构为 TDIST(X, Degrees_freedom, Cumulative)：X 为用来计算 t 分布的数值；Degrees_freedom 为表示自由度的整数；Cumulative 为一逻辑值，指明函数的形式，如果 Cumulative 为 TRUE，为累积分布函数，如果为 FALSE，为概率密度函数。

【例 5-1-13】已知某小样本的统计量服从 t 分布，对应样本容量为 10，试确定 t 值为 2 对应的概率值，以及 0.95 概率下的 t 值。

具体方法：在工作表中单击要输出这一计算结果的单元格，然后单击按钮"fx(插入函数)"，在"或选择类别"右侧下拉列表框中选择"统计"，在其下方的"或选择函数"列表中选择 T. DIST. 2T 函数，单击"确定"按钮，弹出对话框，在对话框中的"X"框中输入 2，在"Deg_freedom"框中输入 9，按"确定"按钮，在选定的单元格中就显示所需要的 T. DIST. 2T(2,9)＝0.076 552 824（图 5-1-11）。

t 分布值计算
Excel 操作视频

图 5-1-11 $t=2$ 时的概率值

同理，计算 0.95 概率下的 t 值，需用到 T.INV.2T 函数。将数据带入 T.INV.2T 可得 T.INV.2T(0.95,9)=0.064 476 79(图 5-1-12)。

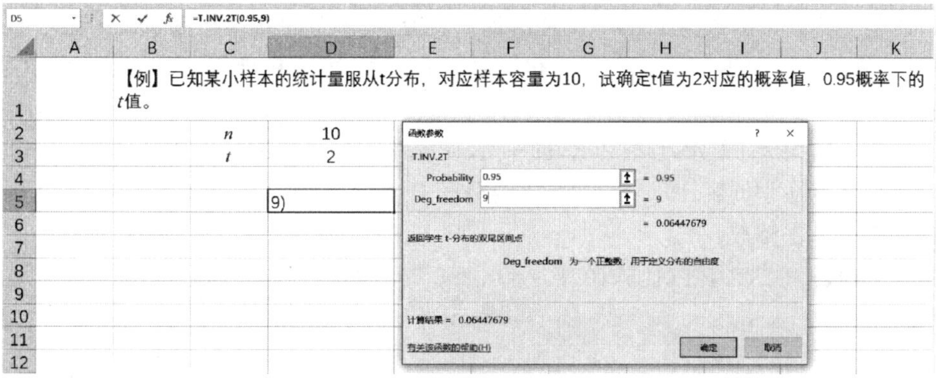

图 5-1-12 0.95 概率下的 t 值

(四)F 分布

1. F 分布的定义

在一个总体平均数为 μ、方差为 σ^2 的正态分布总体中随机抽取两个独立样本，分别计算它们的方差 S_1^2 和 S_2^2，将它们的比值定义为 F 值。即：

$$F=\frac{S_1^2}{S_2^2}$$

此 F 值具有 S_1^2 的自由度 ν_1 和 S_2^2 的自由度 ν_2，通常 $S_1^2>S_2^2$，所以习惯上称 ν_1 为大方差的自由度，ν_2 为小方差的自由度。如果在给定 ν_1 和 ν_2 的情况下，进行一系列的随机的独立抽样，就可得到一系列的 F 值而形成一个 F 分布，并制作成 F 分布曲线，如图 5-1-12 所示。

F 分布是由 ν_1 和 ν_2 所决定的一系列曲线。在 $\nu_1\leqslant 2$ 时，曲线严重倾斜，呈反向“J”形，当 $\nu_1\geqslant 3$ 时，曲线转为偏态。F 分布的取值范围是$(0,+\infty)$，其平均值 $\mu_F=1$。

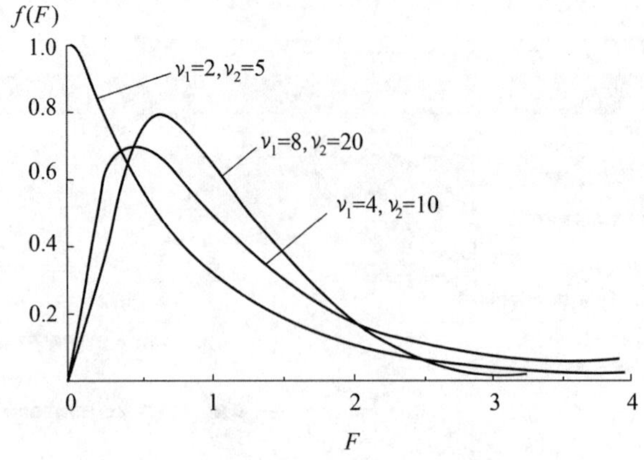

图 5-1-13　不同自由度下的 *F* 分布曲线

F 分布下一定区间的概率可从已制定的统计表查出，如附表 5 所示，F 值表列出的是不同 ν_1 和 ν_2 下，$P(F \geqslant F_\alpha)=0.05$ 和 $P(F \geqslant F_\alpha)=0.01$ 时的 F 值，即右尾概率 $\alpha=0.05$ 和 $\alpha=0.01$ 时的临界 F 值，一般记作 $F_{0.05}$，$F_{0.01}$。如查 F 值表，当 $\nu_1=3$，$\nu_2=18$ 时，$F_{0.05}=3.16$，$F_{0.01}=5.09$，表示如以 $\nu_1=3$，$\nu_2=18$ 在同一正态总体中连续抽样，则所得 F 值大于 3.16 的仅为 5%，而大于 5.09 的仅为 1%。

2. 利用 Excel 进行 *F* 分布值计算

(1)说明　F 分布函数为 F. DIST. RT，返回的是 F 分布的右尾概率，即 x 值大于或等于指定值时的累积概率。返回值是介于 0 和 1 之间的数值，表示在指定 x 和自由度下右尾的累积概率。

(2)语法　结构为 F. DIST. RT(X, Deg_freedom1, Deg_freedom2)：X 为参数值，用于计算 F 的分布值，必须是非负数；Deg_freedom1 为分子自由度，必须是正整数；Deg_freedom2 为分母自由度，必须是正整数。

【例 5-1-14】F. DIST. RT(1.5, 10, 10)＝0.266 568，如图 5-1-14 所示。

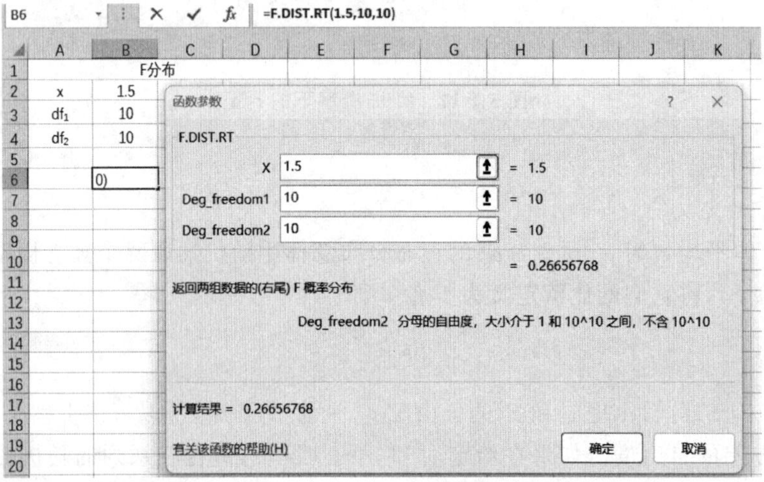

图 5-1-14　*F* 分布概率值[*]

[*] 注：由于软件版本和显示的设置差异等，文中数字、符号格式等可能与图片中略有出入，后同。

(五)卡方(χ^2)分布

在农业科学研究获取的资料中,质量性状难以用数量来表示,一般用各属性类别出现的次数多少表示,这种用出现次数表示的资料也称次数资料或计数资料。计数资料表现为不连续,对不连续的计数资料各属性类别间的显著性检验多用卡方(χ^2)检验。卡方(χ^2)检验主要判断计数资料在某种假设下,其实际观察所得的次数与理论次数间的差异是由于误差造成的还是由其本质原因造成的。例如,判断某植物两对相对性状的遗传是否为独立遗传,就可以运用卡方(χ^2)适合性检验来进行判断。

χ^2 值的基本计算公式为

$$\chi^2 = \sum_{i=1}^{k} \frac{(Q_i - E_i)^2}{E_i}$$

式中:Q_i 为实际次数,E_i 为理论次数,k 为组数。

如果理论次数与实际次数完全符合,则 $\chi^2=0$,但也可能因实际调查过程中可能存在的取样误差导致理论次数与实际次数之间的差异,影响对真实结果的判断。如果理论次数与实际次数差异纯属误差造成的,则差异小,χ^2 值也小,差异一般应在误差允许范围内;如果存在本质差异,理论次数与实际次数差异较大,χ^2 值也大,并且有可能达到无限,χ^2 值大到什么程度才能判断差异显著,需要了解 χ^2 分布并进行差异显著性分析。

理论研究证明,χ^2 分布为正偏态分布,其分布特点如下:

(1)χ^2 分布没有负值,均在 $0\sim+\infty$,即在 $\chi^2=0$ 的右边,为正偏态分布。

(2)χ^2 分布为连续性分布,而不是间断性的。

(3)χ^2 分布曲线是一组曲线。每一个不同的自由度都有一条相应的 χ^2 分布曲线。

(4)χ^2 分布的偏斜度随自由度 df 不同而变化。当 $df=1$ 时偏斜最厉害,df 增大则曲线逐渐趋向对称而接近正态分布曲线,当 $df\to+\infty$时,则为正态分布。图 5-1-15 为几个不同自由度的 χ^2 分布曲线。

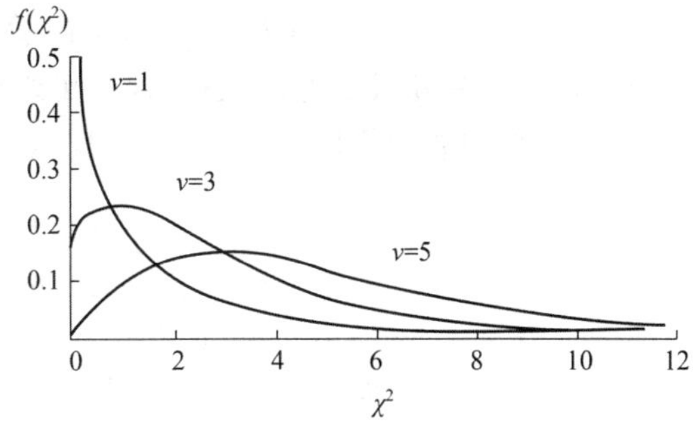

图 5-1-15　不同自由度的 χ^2 分布曲线

附表 8 列出了不同自由度时 χ^2 的单尾(右尾)概率,可供次数资料的 χ^2 检验之用。

任务二　统计假设检验

一、统计假设检验的意义

由一个样本或一系列样本所得的结果去推断总体,即统计推断。统计推断包括参数估计和假设检验两个方面。参数估计是由样本结果对总体参数做出的点估计和区间估计。点估计是以统计数估计相应的参数，例如以 $\bar{x}$ 估计 μ；区间估计是以一定的概率作保证估计总体参数位于某两个数值之间。但是试验工作更关心的是有关估计值的利用，即利用估计值去作统计假设检验。此法首先根据试验目的对试验总体提出两种彼此对立的假设，然后由样本的实际结果，经过一定的计算，做出在概率意义上应接受哪种假设的推断。此种检验法首先对总体提出假设，所以称为统计假设检验。

二、统计假设检验基本步骤

(一)提出假设

统计假设检验首先要对研究总体提出假设。假设一般有两种，一种是原假设，记作 H_0；另一种是备择假设，记作 H_A。原假设是假设处理效应为零，试验结果所得的差异乃随机误差所致。备择假设是和原假设相反的一种假设，即认为试验结果所得的差异是由于真实处理效应所引起的。

(1)单个平均数的假设　假设一个样本平均数 $\bar{x}$ 是从一个已知总体(总体平均数为 μ_0)中随机抽出的，记作 $H_0:\mu=\mu_0$，对 $H_A:\mu\neq\mu_0$。

【例 5-2-1】有一个小麦品种产量总体是正态分布的，总体平均亩产量 μ_0 为 360 kg，标准差 σ 为 40 kg。但此品种经多年种植后出现退化，必须对其进行改良，改良的品种种植 16 个小区，得其平均亩产量为 380 kg。试问这个改良品种在产量性状上是否和原品种相同。

这是单个平均数的假设检验，是要检验改良品种的总体平均亩产量 μ 是否还是 360 kg。记为 $H_0:\mu=\mu_0=360$ kg，对 $H_A:\mu\neq\mu_0$。

(2)两个平均数相比较的假设　假设两个样本平均数 $\bar{x}_1$ 和 $\bar{x}_2$ 是从两个具有平均数相等的总体中随机抽出的，记为 $H_0:\mu_1=\mu_2$，对 $H_A:\mu_1\neq\mu_2$。

例如，要检验两个小麦品种的总体平均产量是否相等，两种农药的杀虫效果是否一样等。这些原假设认为它们是相同的，两个样本的平均数差 $\bar{x}_1-\bar{x}_2$ 是由随机误差引起的；备择假设则认为两个总体平均数不相同，$\bar{x}_1-\bar{x}_2$ 除随机误差外，还包含真实差异。

此外，百分数、变异数以及多个平均数的假设检验，也应根据试验目的提出原假设和备择假设，这里不再一一列举。

(二)规定显著水平

接受或否定 H_0 的概率标准称为显著水平，记作 α。α 是人为规定的小概率的数量界限，在生物研究中常取 $\alpha=0.05$ 和 $\alpha=0.01$ 两个等级。这两个等级是专门为推断 H_0 正确与否而设立的。

(三)计算概率

在原假设正确的前提下，计算差异由误差造成的概率。

在上述例中，$H_0:\mu=\mu_0$ 的假设下，就有了一个具有平均数 $\mu=\mu_0=360$ kg，标准误 $\sigma_{\bar{x}}=\frac{\sigma}{\sqrt{n}}=\frac{40}{\sqrt{16}}=10$ kg 的正态分布总体，而样本平均数 $\bar{x}=380$ kg 则是此分布总体中的一个随机变量。据此，就可以根据正态分布求概率的方法算出在平均数 $\mu_0=360$ kg 的总体中，抽到一个样本平均数 $\bar{x}$ 和 μ_0 的相差≥20 kg 的概率。

$$u=\frac{\bar{x}-\mu_0}{\sigma_{\bar{x}}}=\frac{380-360}{10}=2$$

查附表 2，$P(|\mu|>2)=P(|\bar{x}-c|>20)=2\times0.0228=0.0456$。

(四)统计推断

依据“小概率原理”做出接受或否定 H_0 的结论。假设检验中若计算的概率小于 0.05 或 0.01，就可以认为是概率很小的事件，在正常情况下一次试验实际上不会发生，而现在依然发生了，这就使我们对原来作的假设产生怀疑，认为这个假设是不可信的，应该否定。反之，如果计算的概率大于 0.05 或 0.01，则认为不是小概率事件，在一次试验中很容易发生，H_0 的假设可能是正确的，应该接受。

上例中，计算出在 $\mu_0=360$ kg 这样一个总体中，得到一个样本平均数 $\bar{x}$ 和 μ 相差超过 20 kg 的概率是 0.0456，小于显著水平 $\alpha=0.05$，可以推断改良后的品种在产量性状上已不同于原品种，否定 $H_0:\mu=\mu_0=360$ kg 的假设。

在实际检验时，计算概率可以简化，因为在标准正态 u 分布下 $P(|\mu|=1.96)=0.05$，$P(|\mu|=2.58)=0.01$，因此，在用 u 分布做检验时，实际算得的 $|\mu|>1.96$，表明概率 $P<0.05$，可在 0.05 水平上否定 H_0；实际算得的 $|\mu|>2.58$，表明概率 $P<0.01$，可在 0.01 水平上否定 H_0。反之，若实际算得的 $|\mu|<1.96$，表示 $P>0.05$，可接受 H_0，不必再计算实际的概率。

值得注意的是，利用“小概率原理”进行推断，并不是百分之百地肯定不发生错误，一般而论，假设检验可能会出现两类错误：如果假设是正确的，但通过试验结果的检验后却否定了它，这就造成所谓第一类错误，即 α 错误；反之，如果假设是错误的，而通过试验结果的检验后却接受了它，这就造成所谓第二类错误，即 β 错误。

综上所述：假设检验可分为四个步骤：

(1)对样本所属总体提出原假设和备择假设。

(2)规定检验的显著水平 α 值。

(3)在原假设正确的前提下，根据统计数的分布规律，算出实得差异由误差造成的概率。

(4)根据误差造成的概率大小来推断差异是否显著。

三、双尾检验和单尾检验

1. 接受区间和否定区间

假设检验这种方法从本质上说是把统计数的分布划分为接受区间和否定区间。所谓接受区间就是接受 H_0 的区间，统计数落到这个区间就接受 H_0；否定区间则为否定 H_0 的区间，统计数落到这个区间就否定 H_0。对于平均数 $\bar{x}$ 的分布，当取 α 为 0.05 时，可划出接受区间 $(\mu-1.96\sigma_{\bar{x}},\mu+1.96\sigma_{\bar{x}})$，$\bar{x}$ 落入这个区间的概率是 95%。而 $(-\infty,\mu-1.96\sigma_{\bar{x}})$ 和 $(\mu+1.96\sigma_{x},+\infty)$ 为两个对称的否定区间，$\bar{x}$ 落入此区间的概率为 5%(图 5-2-1)。同理，当取 $\alpha=0.01$ 时，可划出否定区间为 $(-\infty,\mu-2.58\sigma_{\bar{x}})$ 和 $(\mu+2.58\sigma_{\bar{x}},+\infty)$，$\bar{x}$ 落入此区间的概率为 1%。一般将接受区间和否定区间的两个临界值写成 $\mu\pm u_{\alpha}\sigma_{\bar{x}}$。以上述小麦改良品种为例，在 $H_0:\mu_{\bar{x}}=360$ kg 的假设下，以 $n=16$ 抽样，样本平均数 $\bar{x}$ 是一个具有 $\mu_{\bar{x}}=360$ kg，$\sigma_{\bar{x}}=10$ kg 的均数正态分布。当 $\alpha=0.05$ 为显著水平时，接受区间下限为 $360-1.96\times10=340.4$ kg，上

限为 360＋1.96×10＝379.6 kg，它的两个否定区间为 $\bar{x}<340$ kg 和 $\bar{x}>376$ kg。在这个例子中，实际得到的 $\bar{x}=380$ kg 已落入否定区间。所以，可以冒 5%的风险否定 H_0。

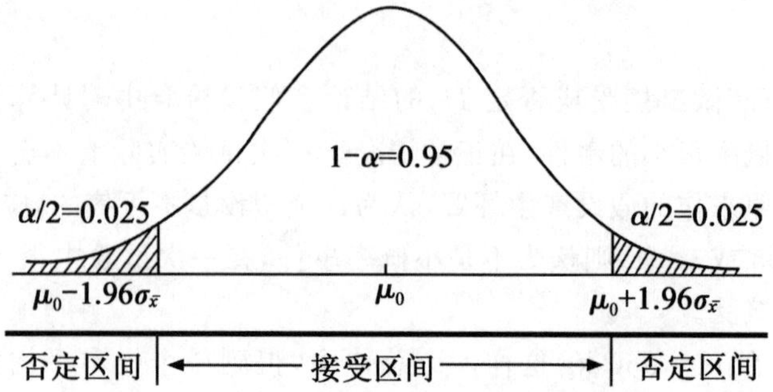

图 5-2-1　0.05 显著水平接受区间和否定区间

2. 双尾检验和单尾检验

假设检验时考虑的概率标准为左右双尾之和，称双尾检验，具有左尾和右尾两个否定区间。这类检验考虑的问题是 μ 可能大于 μ_0，也可能小于 μ_0，检验的关键是 μ 和 μ_0 是否相等，假设的形式是 $H_0:\mu=\mu_0$，对 $H_A:\mu\neq\mu_0$。在 μ 不等于 μ_0 的情况下，μ 可小于 μ_0，样本平均数 $\bar{x}$ 就落入左尾否定区；μ 可大于 μ_0，$\bar{x}$ 就落入右尾否定区，这两种情况都属于($\mu\neq\mu_0$)的情况。在假设中考虑的概率标准为左尾或右尾的概率称为单尾检验，它具有一个否定区。一般其 H_0 假设形式为 $H_0:\mu>\mu_0$ 或 $H_0:\mu<\mu_0$，对 $H_A:\mu<\mu_0$ 或 $H_A:\mu>\mu_0$。在生产和科研工作中，有些情况下双尾检验不一定符合实际需要，应当采用单尾检验。

单尾检验与双尾检验的推理方法是相同的，只是在具体检验时，单尾检验的显著水平 α 取 0.05 时，其临界 $u(t)$ 值就是双尾检验 α 取 0.1 所对应的临界 $u(t)$ 值。因此，单尾检验比双尾检验更容易否定 H_0。如当 $\alpha=0.05$ 时，双尾检验临界 u 值的 $|\mu|=1.96$，而单尾检验 $|\mu|=1.645$。所以，在利用单尾检验时，应有足够的依据。

任务三　u 检验

一、总体平均数 u 检验

(一)总体方差 σ^2 已知情况下

【例 5-3-1】有一玉米杂交种每 667 m^2 产量总体为正态分布，其总体平均产量 $\mu_0=430$ kg，标准差 $\sigma=30$ kg，为提高制种产量进行反交制种，对反交种进行 9 个小区试验，平均每 667 m^2 产量 $\bar{x}=415$ kg，问反交种在产量上是否和正交种有显著差异？

1. 分析及计算过程

本例总体方差已知，可进行 u 检验。另外，反交种的产量既可能高于正交种，也可能低于正交种，故用双尾检验。

(1)假设 $H_0:\mu=\mu_0$，即反交杂交种的总体平均产量和正交种相同。对 $H_A:\mu\neq\mu_0$。

(2)规定显著水平 $\alpha=0.05$。

(3)检验计算

$$\sigma_{\bar{x}}=\frac{\sigma}{\sqrt{n}}=\frac{30}{\sqrt{9}}=10(\text{kg})$$

$$u=\frac{\bar{x}-\mu}{\sigma_{\bar{x}}}=\frac{415-430}{10}=-1.5$$

(4)推断，u 分布中，双尾概率 $\alpha=0.05$ 时，临界 u 值为 1.96，而实得 $|\mu|=1.5$，小于 $u_{0.05}$(1.96)，$P>0.05$。故接受 H_0，认为此玉米杂交种正反交产量差异不显著。

2. Excel 中的应用

以【例 5-3-1】为例：

(1)新建一工作表，输入表头，“方差已知条件下总体平均数 u 检验”(图 5-3-1)。

方差已知条件下总体平均数 u 检验 Excel 操作视频

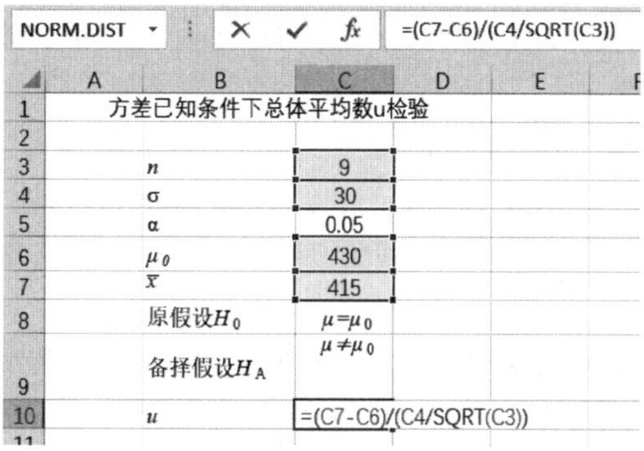

图 5-3-1 方差已知条件下总体平均数 u 检验

(2)输入已知参数，$n=9$，$\sigma=30$，$\alpha=0.05$，$\mu_0=430$，在 B3、B4、B5、B6 单元格分别输入“n”“σ”“α”“μ_0”，在 C3、C4、C5、C6 单元格分别输入“9”“30”“0.05”“430”。

(3)输入样本平均数，在 B7 单元格输入“$\bar{x}$”，在 C7 单元格输入“415”。

(4)输入原假设和备择假设，在 B8 单元格输入“原假设 H_0”，在 C8 单元格输入“$\mu=\mu_0$”，在 B9 单元格输入“备择假设 H_A”，在 C9 单元格输入“$\mu\neq\mu_0$”。

(5)计算 u 的值，在 B10 单元格输入“u”，单击 C10 单元格，在编辑栏中输入“(C7－C6)/(C4/SQRT(C3))”，按回车键，所得 u 值为－1.5，其绝对值小于 1.96。

(6)得出结论，接受 H_0。

(二)总体方差 σ^2 未知且为大样本情况下

【例 5-3-2】某一棉花品种的纤维长度平均为 29.8 mm，现从一棉花新品系中以 $n=100$ 抽样，测得其纤维平均长度 $\bar{x}=30.1$ mm，标准差 $\sigma=1.5$ mm，问是否认为这一新品系的纤维长度不同于原棉花品种？

1. 计算过程

可采用 u 检验。新品系纤维长度可能大于原品种，也可能小于原品种，故可用双尾检验。

(1)假设 $H_0:\mu=29.8$ mm，即新品系棉花纤维长度和原指定品种相同。对 $H_A:\mu\neq 29.8$ mm。

(2)规定显著水平 $\alpha=0.05$。

(3)检验计算

$$S_{\bar{x}}=\frac{S}{\sqrt{n}}=\frac{1.5}{\sqrt{100}}=0.15$$

$$u=\frac{\bar{x}-\mu}{S_{\bar{x}}}=\frac{30.1-29.8}{0.15}=2$$

(4)推断，u 分布中，当 $\alpha=0.05$ 时，$u_{0.05}=1.96$。实得 $|\mu|>1.96$，故可在 0.05 的水平上否定 H_0，接受 H_A，认为新品系平均纤维长度和原指定品种有显著差异。

2. Excel 中的应用

以【例 5-3-2】为例：

(1)新建一工作表，输入表头"方差未知且为大样本条件下总体平均数 u 检验"，

(2)输入已知参数，$n=100$，$S=1.5$，$\mu_0=29.8$，$\alpha=0.05$，在 B3、B4 单元格分别输入"n""μ_0"，在 C3、C4 单元格分别输入"100""29.8"，在 D3、D4 单元格分别输入"S""α"，在 E3、E4 单元格分别输入"1.5""0.05"，

(3)输入样本平均数，在 B5 单元格输入"$\bar{x}$"，在 C5 单元格输入"30.1"。

(4)输入原假设和备择假设，在 B6 单元格输入"原假设 H_0"，在 C6 单元格输入"$\mu=\mu_0$"，在 B7 单元格输入"备择假设 H_A"，在 C7 单元格输入"$\mu\neq\mu_0$"。

(5)计算 u 的值，在 B8 单元格输入"u"，单击 C8 单元格，在编辑栏中输入"=(C5-C4)/(E3/SQRT(C3))"，按回车键，所得 u 值为 2，大于 1.96。

(6)得出结论，单击 B9 单元格，输入"检验结论：拒绝 H_0"。

方差未知且为大样本条件下总体平均数 u 检验 Excel 操作视频

二、总体平均数之差 u 检验

在两个样本总体方差 σ_1^2 和 σ_2^2 已知，或方差未知但两个样本都是大样本($n_1\geqslant30$，$n_2\geqslant30$)时，用 u 检验。一般情况下，两个总体的方差 σ_1^2 和 σ_2^2 未知，因此这里着重讨论两个大样本的比较。

由抽样分布公式可知

$$S_{\bar{x}_1-\bar{x}_2}=\sqrt{\frac{S_1^2}{n_1}+\frac{S_2^2}{n_2}}$$

故而

$$u=\frac{(\bar{x}_1-\bar{x}_2)-(\mu_1-\mu_2)}{S_{\bar{x}_1-\bar{x}_2}}$$

由于假设 $H_0:\mu_1=\mu_2$

故

$$u=\frac{\bar{x}_1-\bar{x}_2}{S_{\bar{x}_1-\bar{x}_2}}$$

如果实得 $|\mu|\geqslant u_\alpha$，$P\leqslant0.05$，否定 H_0，接受 H_A。当 $|\mu|<u_\alpha$ 时，接受 H_0。

【例 5-3-3】表 5-3-1 是水稻不同插秧期的每穗结实数，试检验两个插秧期对水稻每穗结实数有无影响。

表 5-3-1 水稻不同插秧期的每穗结实数

插秧期	每穗结实数									
6月4日	31	84	71	38	46	46	54	44	88	24
	81	62	45	57	62	39	37	69	21	53
	44	53	61	45	72	35	62	70	42	88
	37	74	42	87	47	46	65	54	28	58
	63	54	62	59	30	53	29	62	78	53
6月17日	31	44	65	32	40	53	54	60	34	49
	46	48	49	31	23	69	58	42	44	24
	51	32	43	33	25	49	47	66	36	36
	34	33	41	62	38	38	40	66	47	71
	24	53	20	25	31	41	60	32	56	38

1. 计算过程

(1)假设 $H_0:\mu_1=\mu_2$,对 $H_A:\mu_1\neq\mu_2$。

(2)规定显著水平 $\alpha=0.01$。

(3)检验计算

$$\bar{x}_1=\frac{1}{50}(31+84+\cdots+53)=54.10$$

$$S_1^2=\frac{31^2+84^2+\cdots+53^2-\dfrac{(31+84+\cdots 53)^2}{50}}{50-1}=294.5$$

$$\bar{x}_2=\frac{1}{50}(31+44+\cdots+38)=43.28$$

$$S_2^2=\frac{31^2+44^2+\cdots+38^2-\dfrac{(31+44+\cdots 38)^2}{50}}{50-1}=174.45$$

$$S_{\bar{x}_1-\bar{x}_2}=\sqrt{\frac{S_1^2}{n_1}+\frac{S_2^2}{n_2}}=\sqrt{\frac{294.5}{50}+\frac{174.45}{50}}=3.063$$

$$u=\frac{\bar{x}_1-\bar{x}_2}{s_{\bar{x}_1-\bar{x}_2}}=\frac{54.10-43.28}{3.063}=3.533$$

(4)推断,实得 $|\mu|>u_{0.01}=2.58$,所以否定 H_0,接受 H_A,即两个插秧期的每穗结实数有极显著差异。

2. Excel 中的应用

以【例 5-3-3】为例:

(1)新建一工作表,输入表头:"方差未知且为大样本条件下总体平均数之差 u 检验"(图 5-3-2)。

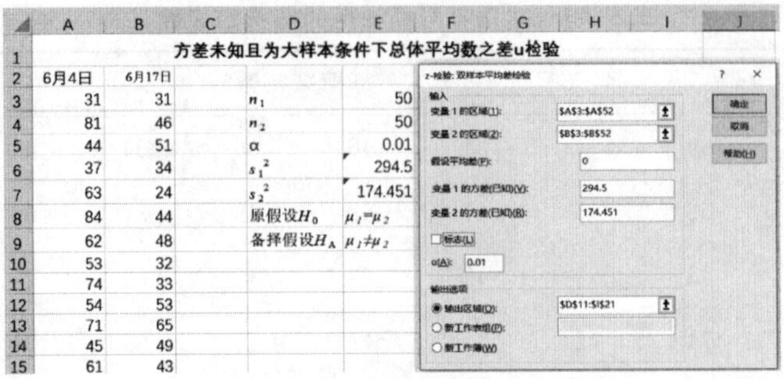

方差未知且为大样本条件下总体平均数之差 *u* 检验 Excel 操作视频

图 5-3-2　方差未知且为大样本条件下总体平均数之差 *u* 检验对话框

（2）输入原始数据：在（A3：A52）单元格区域中输入表中插秧期为 6 月 4 日的每穗结实数，在（B3：B52）单元格区域中输入表中插秧期为 6 月 17 日的每穗结实数。

（3）输入已知参数：$n_1=50$，$n_2=50$，$\alpha=0.05$，在 D3、D4、D5 单元格分别输入“n_1”“n_2”“α”，在 E3、E4、E5 单元格分别输入“50”“50”“0.01”。

（4）计算样本方差，在 D6、D7 单元格分别输入“S_1^2”“S_2^2”，单击 E6 单元格，在编辑栏中输入“＝VAR（A3：A52）”，按回车键；单击 E7 单元格，在编辑栏中输入“＝VAR（B3：B52）”，按回车键。

（5）输入原假设和备择假设，在 D8 单元格输入“原假设 H_0”，在 E8 单元格输入“$\mu_1=\mu_2$”，在 D9 单元格输入“备择假设 H_A”，在 E9 单元格输入“$\mu_1\neq\mu_2$”。

（6）进行假设检验，单击“数据”中的“数据分析”，弹出“数据分析”对话框，选择“*z* 检验：双样本平均差检验”（*u* 检验也称 *z* 检验，Excel 中为 *z* 检验）选项，单击“确定”，在弹出的“*z* 检验：双样本平均差检验”对话框中，单击“输入”选项组中“变量 1 的区域”后的折叠按钮，选择（A3：A52）单元格区域，单击“输入”选项组中“变量 2 的区域”后的折叠按钮，选择（B3：B52）单元格区域，在“假设平均差”文本框中输入“0”，在“变量 1 的方差”文本框中输入“294.5”（求出的 S_1^2 的值），在“变量 2 的方差”文本框中输入“174.451”（求出 S_2^2 的值），在“α”文本框中输入“0.01”；“输出区域”可根据需要进行选择，如图 5-3-2 所示。

单击“确定”按钮，输入“检验结论：拒绝 H_0”，最终结果如图 5-3-3 所示。

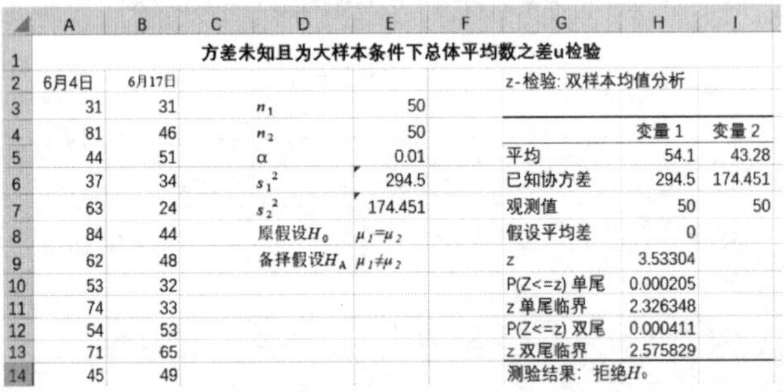

	A	B	C	D	E	F	G	H	I
1	方差未知且为大样本条件下总体平均数之差u检验								
2	6月4日	6月17日					z-检验: 双样本均值分析		
3	31	31		n_1	50				
4	81	46		n_2	50			变量 1	变量 2
5	44	51		α	0.01		平均	54.1	43.28
6	37	34		s_1^2	294.5		已知协方差	294.5	174.451
7	63	24		s_2^2	174.451		观测值	50	50
8	84	44		原假设H_0	$\mu_1=\mu_2$		假设平均差	0	
9	62	48		备择假设H_A	$\mu_1\neq\mu_2$		z	3.53304	
10	53	32					P(Z<=z) 单尾	0.000205	
11	74	33					z 单尾临界	2.326348	
12	54	53					P(Z<=z) 双尾	0.000411	
13	71	65					z 双尾临界	2.575829	
14	45	49					测验结果：拒绝H_0		

图 5-3-3　方差未知且为大样本条件下总体平均数之差 *u* 检验结果

任务四　*t* 检验

一、总体平均数 *t* 检验

单个平均数的假设检验是检验所属的总体平均数是否和某一指定的总体平均数相同。如

果总体方差 σ^2 未知，又是小样本（即 $n<30$），用 t 检验。

【例 5-4-1】已知某大豆品种的百粒重为 16 g，现对该品种进行滴灌试验，17 个小区的百粒重分别为：19.0、17.3、18.2、19.5、20.0、18.8、17.7、16.9、18.2、17.5、18.7、18.0、17.9、19.0、17.6、16.8、16.4 g。试问滴灌是否对大豆的百粒重有明显的影响？

本例总体方差未知，又是小样本，所以要用 t 检验。又因为滴灌对百粒重的影响可能是提高，也可能是降低，目的是检验滴灌对百粒重是否有影响，故采用双尾检验。

（1）假设 $H_0:\mu=\mu_0$，对 $H_A:\mu\neq\mu_0$。

（2）规定显著水平 $\alpha=0.05$。

（3）检验计算

$$\bar{x}=\frac{\sum x_i}{n}=\frac{1}{17}\times(19.0+17.3+18.2+\cdots+16.4)=\frac{1}{17}\times 307.5=18.09\ (\mathrm{g})$$

$$S=\sqrt{\frac{\sum x^2-\frac{(\sum x)^2}{n}}{n-1}}=\sqrt{\frac{19.0^2+17.3^2+\cdots+16.4^2-\frac{307.5^2}{17}}{17-1}}=0.99$$

$$S_{\bar{x}}=\frac{S}{\sqrt{n}}=\frac{0.99}{\sqrt{17}}=0.24$$

$$t=\frac{\bar{x}-\mu}{S_{\bar{x}}}=\frac{18.09-16}{0.24}=8.71$$

（4）推断，查附表 4，当 $df=17-1=16$ 时，双尾概率 α 为 0.05 的临界值 $t_{0.05}=2.12$，实得 $t=8.71$，故实得 $|t|>t_{0.05}$，$P<0.05$，否定 H_0，接受 H_A。因此，推断滴灌对大豆的百粒重有显著影响。

如果【例 5-4-1】的问题是滴灌对大豆的百粒重是否有明显的提高作用，则可采用单尾检验。因为从试验结果可以推测，滴灌对百粒重只有提高，而没有降低的可能。且试验者所关心的是滴灌是否有显著的提高作用，降低和相等的情况都是试验者所不希望的。检验的步骤基本同上。

（1）假设 $H_0:\mu\leqslant 16$ g，对 $H_0:\mu>16$ g。

（2）规定显著水平 $\alpha=0.05$。

（3）检验计算

$$\bar{x}=18.09\ \mathrm{g}\quad S=0.99\ \mathrm{g}\quad S_{\bar{x}}=0.24\ \mathrm{g}\quad t=8.71$$

查附表 4，当 $df=17-1=16$ 时，单尾概率 $\alpha=0.05$ 时，$t_{0.05}$（双尾 $t_{0.1}$）$=1.746$，结果实得 $|t|>t_{0.05}$，$P<0.05$，否定 H_0，接受 H_A。

（4）推断，滴灌对百粒重有显著的提高作用。

二、总体平均数之差 t 检验

两个样本平均数的假设检验是检验两个样本平均数 $\bar{x}_1$ 和 $\bar{x}_2$ 所属的总体平均数 μ_1 和 μ_2 是否相等。它经常应用于比较不同处理效应的差异显著性。例如，两个品种的生产能力，两种施肥方法对产量的效应，两种饲料配方对动物生长发育的作用等。这些试验必须从所涉及的两个总体中取得样本，利用样本平均数之间的差异来推断总体平均数之间的差异。两个样本平均数的区间估计，实际是在一定置信概率保证下估计两个总体平均数差数 $\mu_1-\mu_2$ 的区间范围。具体检验和估计的方法可由资料的来源不同，分为成组数据的比较和成对数据的比较。

(一)成组数据比较假设检验

成组数据资料的特点是指两个样本的各个观测值是从各自总体中抽取的，样本间的观测值没有任何关联，即两个样本是彼此独立的。这种情况下，无论是两样本的容量是否相同，所得数据皆称为成组数据。它是以组平均数作为相互比较的标准检验差异显著性。

在两个样本总体方差 σ_1^2 和 σ_2^2 未知，又是小样本，可假定 $\sigma_1^2=\sigma_2^2$，用 t 检验。

$$t=\frac{(\bar{x}_1-\bar{x}_2)-(\mu_1-\mu_2)}{S_{\bar{x}_1-\bar{x}_2}}$$

由于 $\mu_1=\mu_2$，故上式为：

$$t=\frac{\bar{x}_1-\bar{x}_2}{S_{\bar{x}_1-\bar{x}_2}}$$

由于假定 $\sigma_1^2=\sigma_2^2=\sigma^2$，而 S_1^2 和 S_2^2 都是用来作为 σ^2 的无偏估计值的。所以，用两个方差 S_1^2 和 S_2^2 的加权来估计 σ^2。

$$S_e^2=\frac{S_1^2(n_1-1)+S_2^2(n_2-1)}{(n_1-1)+(n_2-1)}=\frac{\sum(x_1-\bar{x})^2+\sum(x_2-\bar{x}_2)^2}{(n_1-1)+(n_2-1)}$$

式中：S_e^2 为合并均方，$\sum(x_1-\bar{x}_1)^2$ 与 $\sum(x_2-\bar{x}_2)^2$ 分别为两个样本的平方和，求得 S_e^2 后其两个样本平均数的标准误为：

$$S_{\bar{x}_1-\bar{x}_2}=\sqrt{S_e^2\left(\frac{1}{n_1}+\frac{1}{n_2}\right)}=\sqrt{\frac{\sum(x_1-\bar{x}_1)^2+\sum(x_2-\bar{x}_2)^2}{n_1+n_2-2}\left(\frac{1}{n_1}+\frac{1}{n_2}\right)}$$

$$df=n_1+n_2-2$$

当 $n_1=n_2=n$ 时

$$S_{\bar{x}_1-\bar{x}_2}=\sqrt{\frac{2S_e^2}{n}}$$

【例 5-4-2】为比较水稻田两种氮肥浅施的效果，用完全随机排列进行试验，产量结果列于表 5-4-1。试检验两种氮肥对水稻产量的影响的差异显著性。

表 5-4-1　硝酸铵和氯化铵浅施水稻的产量　　kg/667 m²

x_1(浅施硝酸铵)	x_2(浅施氯化铵)
239.50	248.15
240.60	255.85
247.50	261.20
232.50	257.40
237.50	255.40

1. 分析及计算过程

(1)假设 $H_0:\mu_1=\mu_2$，对 $H_A:\mu_1\neq\mu_2$

(2)规定显著水平 $\alpha=0.01$，双尾检验。

(3)检验计算

$$\bar{x}_1=\frac{1}{5}(239.5+240.6+\cdots+237.5)=239.5\ (\text{kg})$$

$$\bar{x}_2=\frac{1}{5}(248.15+255.85+\cdots+255.4)=255.6\ (\mathrm{kg})$$

$$\sum(x_1-\bar{x}_1)^2=(239.5^2+240.6^2+\cdots+237.5^2)-\frac{(239.5+240.6+\cdots+237.5)^2}{5}=118.21$$

$$\sum(x_2-\bar{x}_2)^2=(248.15^2+255.85^2+\cdots+255.4^2)-\frac{(248.15+255.85+\cdots+255.4)^2}{5}=90.205$$

$$S_e^2=\frac{S_1^2(n_1-1)+S_2^2(n_2-1)}{(n_1-1)+(n_2-1)}=\frac{\sum(x_1-\bar{x})^2+\sum(x_2-\bar{x}_2)^2}{(n_1-1)+(n_2-1)}=\frac{118.2+90.205}{(5-1)+(5-1)}=26.052$$

$$S_{\bar{x}_1-\bar{x}_2}=\sqrt{\frac{2S_e^2}{n}}=\sqrt{\frac{2\times 20.052}{5}}=3.23\ (\mathrm{kg})$$

$$t=\frac{\bar{x}_1-\bar{x}_2}{S_{\bar{x}_1-\bar{x}_2}}=\frac{239.5-255.6}{3.23}=-4.98$$

查附表 4，当 $df=5+5-2=8$ 时，$t_{0.05}=2.306$。

(4)推断，实得 $|t|=-4.98$，所以 $|t|>t_{0.05}$，否定 H_0。即水田浅施氯化铵与浅施硝酸铵产量有显著差异。

2. Excel 中的应用

以【例 5-4-2】为例：

(1)新建一个工作表，输入表头“成组数据比较：两个样本总体方差未知，小样本”。

(2)单击 A2 单元格，输入“x_1(浅施硝酸铵)”，在 A3～A7 单元格输入原始数据；单击 B2 单元格，输入“x_2(浅施氯化铵)”，在 B3～B7 单元格输入原始数据。

(3)单击 A9 单元格，输入“α”，单击 B9 单元格，输入“0.01”，单击 A10 单元格，输入“原假设 H_0”，单击 B10 单元格，输入“$\mu_1=\mu_2$”，单击 A11 单元格，输入“备择假设 H_A”，单击 B11 单元格，输入“$\mu_1\neq\mu_2$”。

(4)进行假设检验，单击“数据”中的“数据分析”，选择“t 检验：双样本等方差假设”选项，单击“确定”按钮，在弹出的“t 检验：双样本等方差假设”对话框中，单击“输入”选项组中“变量 1 的区域”后的折叠按钮，选择(A3:A7)单元格区域；单击“输入”选项组中“变量 2 的区域”后的折叠按钮，选择(B3:B7)单元格区域，在“假设平均差”文本框中输入“0”，在“α”文本框中输入“0.01”，单击选中“输出选项”中的“输出区域”后的折叠按钮，选择输出区域，如图 5-4-1 所示。

成组数据比较的 t 检验 Excel

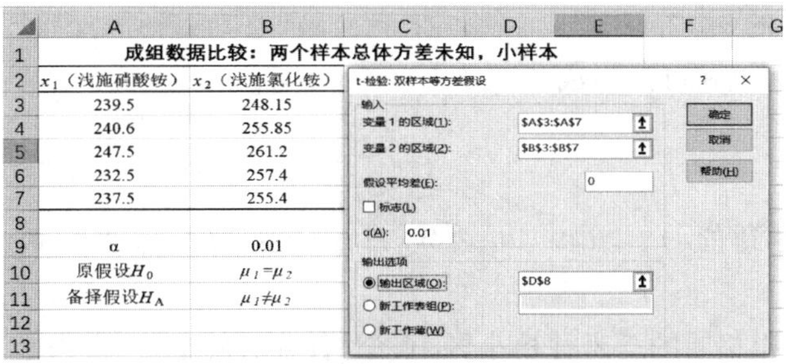

图 5-4-1 成组数据比较的 t 检验对话框

完成后单击“确定”按钮,即得到图 5-4-2 所示的结果。

	A	B	C	D	E	F
1	成组数据比较：两个样本总体方差未知，小样本					
2	x_1（浅施硝酸铵）	x_2（浅施氯化铵）		t-检验: 双样本等方差假设		
3	239.5	248.15				
4	240.6	255.85			变量 1	变量 2
5	247.5	261.2		平均	239.52	255.6
6	232.5	257.4		方差	29.552	22.5512
7	237.5	255.4		观测值	5	5
8				合并方差	26.0516	
9	α	0.01		假设平均差	0	
10	原假设H_0	$\mu_1=\mu_2$		df	8	
11	备择假设H_A	$\mu_1\neq\mu_2$		t Stat	-4.9813	
12				P(T<=t) 单尾	0.00054	
13				t 单尾临界	2.89646	
14				P(T<=t) 双尾	0.00108	
15				t 双尾临界	3.35539	
16				测验结果：拒绝H_0		

图 5-4-2 成组数据比较的 *t* 检验结果

(二)成对数据比较假设检验

成对数据资料要求两个样本各个体间配偶成对,并设有多个配对,每对个体除处理不同外,其余条件(如环境、管理等)应一致或基本一致,对与对之间的条件容许有差异。例如,在条件最为近似的两个小区或盆钵进行两种不同处理,在同一植株的对称部位上进行两种不同处理,照此方法获得的数据都是成对数据。

在成对数据中,由于同一配对内两个供试单位的试验条件很接近,而不同配对间的条件差异又可通过各个配对差数予以消除,因而可以控制试验误差,具有较高的精确度。

设两个样本的观测值分别为 $\bar{x}_1$ 和 $\bar{x}_2$,共配成 n 对,各对的差数为 $d=x_1-x_2$,差数的平均数为 $\bar{d}=\bar{x}_1-\bar{x}_2$,差数标准差为:

$$S_d=\sqrt{\frac{\sum(d-\bar{d})^2}{n-1}}=\sqrt{\frac{\sum d^2-\frac{\left(\sum d\right)^2}{n}}{n-1}}$$

差数平均数的标准误差为:

$$S_{\bar{d}}=\frac{S_d}{\sqrt{n}}=\sqrt{\frac{\sum(d-\bar{d})^2}{n(n-1)}}=\sqrt{\frac{\sum d^2-\frac{\left(\sum d\right)^2}{n}}{n(n-1)}}$$

因而

$$t=\frac{\bar{d}-\mu_d}{S_{\bar{d}}}$$

服从 $df=n-1$ 的 t 分布。

由于假设 $\mu_d=0$,上式可改写成:

$$t=\frac{\bar{d}}{S_{\bar{d}}}$$

因此,当实际得到的 $|t|\geqslant t_{0.05}$,可否定 H_0,接受 H_A:$\mu_d\neq0$,两个样本平均数差异显著。

【例 5-4-3】选面积相同的玉米种植小区 10 个,各分成两半,一半去雄、另一半不去雄,产量结果列于表 5-4-2。试检验两种处理产量的差异显著性。

表 5-4-2　玉米去雄与不去雄成对产量数据　kg

区号	去雄(x_{1i})	不去雄(x_{2i})	$d_i(x_{1i}-x_{2i})$
1	14.0	13.0	+1
2	16.0	15.0	+1
3	15.0	15.0	0
4	18.5	17.0	+1.5
5	17.0	16.0	+1
6	17.0	12.5	+4.5
7	15.0	15.5	−0.5
8	14.0	12.5	+1.5
9	17.0	16.0	+1
10	16.0	14.0	+2

1. 计算过程

(1)假设 $H_0:\mu_d=0$,对 $H_A:\mu_d\neq0$。

(2)确定显著水平 $\alpha=0.05$。

(3)检验计算

$$\bar{d}=\bar{x}_1-\bar{x}_2=\frac{\sum d_i}{n}=\frac{1+1+\cdots+2}{10}=1.3$$

$$S_{\bar{d}}=\frac{S_d}{\sqrt{n}}=\sqrt{\frac{\sum(d-\bar{d})^2}{n(n-1)}}=\sqrt{\frac{\sum d^2-\frac{\left(\sum d\right)^2}{n}}{n(n-1)}}$$

$$=\sqrt{\frac{(1^2+1^2+\cdots+2^2)-\frac{(1+1+\cdots+2)^2}{10}}{10(10-1)}}=0.423$$

$$t=\frac{\bar{d}}{S_{\bar{d}}}=\frac{1.3}{0.423}=3.07$$

查附表 4,当 $df=n-1=10-1=9$ 时,$t_{0.05}=2.262$

(4)推断,实得 $|t|=3.07$,$|t|>t_{0.05}$。否定 H_0,即玉米去雄与不去雄时产量有显著差异。

2. Excel 中的应用

以【例 5-4-3】为例:

(1)新建一工作表,输入表头“成对数据比较的 t 检验”。

(2)单击 A2,输入“区号”,在 A3～A12 单元格输入 1～10;单击 B2,输入“去雄”,在 B3～B12 单元格输入原始数据;;单击 C2,输入“不去雄”,在 C3～C12 单元格输入原始数据。

(3)单击 A14,输入“α”,单击 B14,输入“0.05”,单击 A15,输入“原假设 H_0”,单击 B15,输入“$\mu_d=0$”,单击 A16,输入“备择假设 H_A”,单击 B16,输入“$\mu_d\neq0$”。

(4)进行假设检验,单击“数据”中的“数据分析”,弹出“数据分析”对话框,选择“t 检验:平均值的成对二样本分析”选项,单击“确定”按钮,在弹出的“t 检验:平均值的成对二样本分析”

对话框中，单击“输入”选项组中“变量 1 的区域”后的折叠按钮，选择(B3:B12)单元格区域，单击“输入”选项组中“变量 2 的区域”后的折叠按钮，选择(C3:C12)单元格区域，在“假设平均差”文本框中输入“0”，在“α”文本框中输入“0.05”，单击“输出选项”中的“输出区域”后的折叠按钮，选择适宜输出区域，如图 5-4-3 所示。完成后单击“确定”按钮即可。则可以得到图 5-4-4 所示的结果。

成对数据比较的 t 检验 Excel

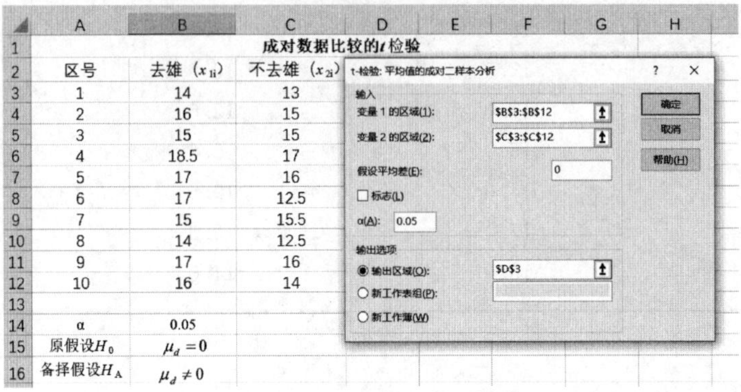

	A	B	C
1	成对数据比较的 t 检验		
2	区号	去雄（x_{1i}）	不去雄（x_{2i}）
3	1	14	13
4	2	16	15
5	3	15	15
6	4	18.5	17
7	5	17	16
8	6	17	12.5
9	7	15	15.5
10	8	14	12.5
11	9	17	16
12	10	16	14
13			
14	α	0.05	
15	原假设H_0	$\mu_d=0$	
16	备择假设H_A	$\mu_d\neq0$	

图 5-4-3　成组数据比较的 t 检验对话框

	A	B	C	D	E	F
1	成对数据比较的 t 检验					
2	区号	去雄（x_{1i}）	不去雄（x_{2i}）			
3	1	14	13	t-检验: 成对双样本均值分析		
4	2	16	15			
5	3	15	15		变量 1	变量 2
6	4	18.5	17	平均	15.95	14.65
7	5	17	16	方差	2.1361111	2.50278
8	6	17	12.5	观测值	10	10
9	7	15	15.5	泊松相关系数	0.6162995	
10	8	14	12.5	假设平均差	0	
11	9	17	16	df	9	
12	10	16	14	t Stat	3.0736306	
13				P(T<=t) 单尾	0.0066379	
14	α	0.05		t 单尾临界	1.8331129	
15	原假设H_0	$\mu_d=0$		P(T<=t) 双尾	0.0132759	
16	备择假设H_A	$\mu_d\neq0$		t 双尾临界	2.2621572	
17				测验结果：拒绝H_0		

图 5-4-4　成组数据比较的 t 检验结果

技能训练 5-1　差异显著性检验

一、目的

了解差异显著性检验的意义和基本原理，能根据具体资料完成差异显著性检验，并熟练运用 Excel 进行假设检验的操作。

二、用具

练习纸、A4 打印纸、铅笔、装有 Excel 软件的计算机及输出设备或计算器等。

三、资料

【资料 1】假设小麦某品种根据历年表现，已知种子千粒重的总体平均数为 $\mu=28$ g，某单位采用系统育种的方法从这一品种中选出了一个新品系，新品系随机抽取了 10 个点的种子，经千粒重测定，样本平均数为 $\bar{x}_1=29$ g，标准差为 $S=1.8$ g，试检验新品系的千粒重与原品种的差异是否显著？

【资料 2】假设大豆某品种历年各地含油量已测定，已知总体平均数为 $\mu=21.5\%$，从这一品种中采用系统育种的方法选出的新品系经 6 个地点试验测定的结果，含油量分别为 22.0%，21.8%，21.6%，22.3%，22.4%，22.5%，试检验新品系的含油量与原品种的差异是否显著？

四、实施步骤

1. 教师布置任务，分组，每 6～8 名学生一组；每组学生根据所给资料按照具体的方法、步骤等选择适宜的方法进行计算，并对结果进行分析。

2. 教师提供数据资料，学生以组为单位进行计算。

五、作业

1. 应用计算器进行计算，并得出结论。

2. 利用计算机进行计算，并得出结论。

六、考核内容与评分标准

序号	考核内容	评分标准	分值	得分
1	工作态度	学习积极主动、严谨细致、实事求是	10	
2	知识储备	熟悉计算过程	20	
3	计算	计算正确	20	
		应用计算机操作熟练、正确	20	
4	结果分析	结果分析到位	20	
5	增值性评价	坚守公平公正的信念，能严格按照公平公正的原则行事；能讲好老一辈科学家的感人故事，传承和弘扬老一辈科学家的奉献精神	10	

技能训练 5-2　*u* 检验

一、目的

了解 *u* 检验的方法，能根据具体资料完成 *u* 检验，并熟练运用 Excel 进行 *u* 检验操作。

二、用具

练习纸、A4 打印纸、铅笔、装有 Excel 软件的计算机及输出设备或计算器等。

三、资料

【资料 1】假定某地区的水稻栽培品种经多年种植，已知每 667 m^2 产量为 300 kg，标准差为

30 kg，现有一新品种经9个小区的试验，小区每667 m^2产量的平均数为330 kg，试检验新品种与当地品种产量是否有显著差异

【资料2】研究甲、乙两个玉米杂交种的雄穗分枝数，从甲杂交种随机抽查55株($n_1=55$)，得平均分枝数$\bar{x}_1=21.3$，标准差$S_1=5.02$；从乙杂交种随机抽查57株($n_2=57$)，得平均分枝数$\bar{x}_2=13.9$，标准差$S_2=3.31$；试检验两个杂交种在雄穗分枝数这一性状上是否有本质差异？

四、实施步骤

1. 教师布置任务，分组，每6～8名学生一组；每组学生根据所给资料按照具体的方法、步骤等选择适宜的方法进行计算，并对结果进行分析。

2. 教师提供数据资料，学生以组为单位进行计算。

五、作业

1. 应用计算器进行计算，并得出结论。
2. 利用计算机进行计算，并得出结论。

六、考核内容与评分标准

序号	考核内容	评分标准	分值	得分
1	工作态度	学习积极主动、严谨细致、实事求是	10	
2	知识储备	熟悉计算过程	20	
3	计算	计算正确	20	
		应用计算机操作熟练、正确	20	
4	结果分析	结果分析到位	20	
5	增值性评价	坚守公平公正的信念，能严格按照公平公正的原则行事；能讲好老一辈科学家的感人故事，传承和弘扬老一辈科学家的奉献精神	10	

技能训练5-3　*t*检验

一、目的

了解*t*检验的方法，能根据具体资料完成*t*检验计算，并熟练运用Excel进行*t*检验操作。

二、用具

练习纸、打印纸、铅笔、装有Excel软件的计算机及输出设备或计算器等。

三、资料

【资料1】研究生长调节剂B_9对梨新梢生长的抑制作用，选同品种、生长势一致的一年生梨苗20株，随机选取10株喷施B_9，另10株于同期喷清水为对照，在新梢停止生长后测定各株中心主枝延长枝的长度(cm)为：

施B_9：66.56、63.23、65.89、62.36、61.78、60.33、65.12、63.88

对照：88.78、87.99、86.53、90.22、91.36、89.56、88.20、91.12

试检验B_9是否对梨新梢生长有抑制作用。

【资料2】选面积相同的小区10个，各分成两半，一半去雄另一半不去雄，得产量(kg)为：

去雄：14、15、16、18、17、17、15、14、17、16

不去雄：13、14、15、16、15、17、13、15、13、16

试检验两种处理产量的差异显著性。

四、实施步骤

1. 教师布置任务，分组，每6～8名学生一组；每组学生根据所给资料按照具体的方法、步骤等选择适宜的方法进行计算，并对结果进行分析。

2. 教师提供数据资料，学生以组为单位进行计算。

五、作业

1. 应用计算器进行计算，并得出结论。

2. 利用计算机进行计算，并得出结论。

六、考核内容与评分标准

序号	考核内容	评分标准	分值	得分
1	工作态度	学习积极主动、严谨细致、实事求是	10	
2	知识储备	熟悉计算过程	20	
3	计算	计算正确	20	
		应用计算机操作熟练、正确	20	
4	结果分析	结果分析到位	20	
5	增值性评价	坚守公平公正的信念，能严格按照公平公正的原则行事；能讲好老一辈科学家的感人故事，传承和弘扬老一辈科学家的奉献精神	10	

自测练习

一、单选题

1. 抽样分布是指通过(　　)的方法从总体中抽取的样本统计量的分布。

　A. 随机化　　B. 复置抽样　　C. 系统抽样　　D. 分层抽样

2. 在大样本条件下，样本平均值的分布接近于(　　)分布。

A. 正态　B. t　C. F　D. 卡方

3. t 分布在哪种情况下最适用？(　　)

A. 大样本　B. 样本方差已知　C. 小样本　D. 自由度较大

4. 当样本量 n 较小时，计算样本均值的置信区间应采用(　　)分布。

A. 正态　B. F　C. t　D. 卡方

5. 单个平均数的假设检验是检验所属的总体平均数是否和某一指定的总体平均数相同。如果总体方差 σ^2 未知，又是小样本(即 $n<30$)，用(　　)检验法。

A. u　B. F　C. t　D. 卡方

二、多选题

1. 统计假设检验基本步骤包括(　　)。

A. 提出假设　B. 规定显著水平　C. 计算概率　D. 统计推断

2. 下列选项中，在(　　)情况下可以采用 u 检验。

A. 两个样本总体方差 σ_1^2 和 σ_2^2 未知

B. 两个样本总体方差 σ_1^2 和 σ_2^2 已知，但样本小

C. 两个样本总体方差 σ_1^2 和 σ_2^2 未知，且样本大

D. 两个样本总体方差 σ_1^2 和 σ_2^2 已知

3. 成组数据资料的特点是指两个样本的各个观测值是(　　)。

A. 从各自总体中抽取的　B. 彼此独立的

C. 所得数据皆称为成组数据　D. 样本间的观测值有关联

三、判断题

1. 正态分布的均值、方差和标准差是统计推断中的重要参数。(　　)

2. t 分布的自由度越小，分布的尾部越厚，意味着极端值出现的概率较大。(　　)

3. 在双因素方差分析中，必须假设两个因素之间没有交互作用。(　　)

4. 抽样误差是指由于样本的随机性导致的与总体参数的偏差，这种误差可以通过增大样本量来减少。(　　)

5. 由一个样本或一系列样本所得的结果去推断总体，即统计推断。(　　)

6. 成对数据资料要求两个样本各个体间配偶成对，并设有多个配对，每对个体除处理不同外，其余条件应一致或基本一致，对与对之间的条件容许有差异。(　　)

四、简答题

1. 解释为什么在小样本的条件下，使用 t 分布进行均值估计比使用正态分布更为合适。

2. 请简述在统计推断中，如何利用样本数据估计总体参数。

五、计算题

1. 某研究中，从一批小麦种子中随机抽取了 16 个样本，测得样本的平均产量为 450 kg/hm²，标准差为 20 kg/hm²。请计算该样本平均产量的 95%置信区间(假设产量符合正态分布)。

2. 蟹爪兰自根扦插平均枝节长度为 3.5 cm，现采用仙人掌嫁接，调查 30 盆，计算得平均枝节长度为 3.7 cm，标准差 $S=0.8$ cm。试采用双尾检验判断蟹爪兰嫁接与自根扦插枝节长度有无显著差异。

3. 两个苹果芽变品系，在某试验站高接，中间砧、高接部位、接换头数以及后来的管理基本相同，单株产量见下表。试分析高接对产量有无影响。

两个芽变品系高接后单株产量　　kg/株

x_1	x_2
200	225
210	220
217.5	222.5
230	222.5
212.5	221.0

项目五　自测练习答案

项目六
试验结果统计分析

知识目标：

- 方差分析的原理及方法；
- 掌握顺序排列试验结果的分析过程及方法，并能正确总结试验结论；
- 掌握完全随机设计试验结果的方差分析过程及方法，并能正确总结试验结论；
- 掌握随机区组设计试验结果的方差分析过程及方法，并能正确总结试验结论；
- 掌握正交设计试验结果的方差分析过程及方法，并能正确总结试验结论；
- 掌握相关与回归的意义以及相关系数与回归系数的含义，掌握相关与回归分析的步骤与计算方法。

能力目标：

- 能独立完成顺序排列试验结果分析；
- 能独立完成完全随机设计试验结果统计分析；
- 能独立完成随机区组设计试验结果统计分析；
- 能独立完成正交设计试验结果统计分析；
- 能独立完成相关与回归的统计分析；
- 能够独立正确使用计算工具。

素质目标：

- 具有良好的统计素养，培养归纳整理和数据分析意识；
- 具备认真细致、实事求是的工作态度；
- 具有一丝不苟、求真务实的科学精神；
- 树立为现代农业奉献青春的家国情怀。

任务一　方差分析基本原理

在试验中，试验因素的水平或水平组合称为试验处理，当试验处理数 $k \geqslant 3$ 时，如果采用两个样本平均数比较的 t 检验不仅非常麻烦，对试验误差的估计也很不一致，而且会增大犯错误的概率，降低精确度。因此，分析多个样本平均数的差异显著性，需要采用方差分析这种更合适的统计方法。

一、方差分析的原理和步骤

（一）方差分析原理

方差分析就是将 k 个处理的观测值作为一个整体看待，把观测值的总变异分解为来源于不同因素的相应变异，并做出数量估计，从而发现各个因素在总变异中的重要程度。即将试验的总变异方差分解成各变因方差，并以其中的误差方差作为和其他变因方差比较的标准，以推断其他变因所引起的变异是否真实的统计方法。

简单地说，方差分析法是根据不同需要把某变量方差分解为不同的部分，比较它们之间的大小，并用 F 检验进行显著性检验，分析各组数据之间有无显著差异的方法。它实质上是关于观测值变异原因的数量分析方法。

（二）方差分解

假设有 k 个处理，每个处理有 n 个观测值，则该资料共有 nk 个观测值，其观测值的组成可整理成便于分析的单向表（表 6-1-1）。

表 6-1-1　每个处理具 n 个观测值的 k 组数据的单向表

处理（样本）	观测值							处理总和 T_t	处理平均 $\bar{x}_t$
	1	2	3	…	j	…	n		
1	x_{11}	x_{12}	x_{13}	…	x_{1j}	…	x_{1n}	T_{t_1}	$\bar{x}_{t_1}$
2	x_{21}	x_{22}	x_{23}	…	x_{2j}	…	x_{2n}	T_{t_2}	$\bar{x}_{t_2}$
⋮	⋮	⋮	⋮	…	⋮	…	⋮	⋮	⋮
i	x_{i1}	x_{i2}	x_{i3}	…	x_{ij}	…	x_{in}	T_{t_i}	$\bar{x}_{t_i}$
⋮	⋮	⋮	⋮	…	⋮	…	⋮	⋮	⋮
k	x_{k1}	x_{k2}	x_{k3}	…	x_{kj}	…	x_{kn}	T_{t_k}	$\bar{x}_{t_k}$
								$T=\sum x$	$\bar{x}$

注：i 代表资料中任一样本（处理）；j 代表样本中任一观测值单元；x_{ij} 代表任一样本（处理）的任一观测值，如 x_{21} 代表处理 2 重复 1 的观测值；T_t 代表处理总和；$\bar{x}_t$ 代表各个处理的平均数；T 代表全部观测值总和；$\bar{x}$ 代表总平均数。

这类资料的总变异产生的原因有两个方面：一个是不同处理直接的平均数的差异，主要是由处理的不同效应造成的，称为处理间变异，又称组间变异；另一个是同一处理不同重复观测值的差异，是由偶然因素影响造成的，称为处理内变异或试验误差，又称组内变异。因此，总变异可分解为组间变异和组内变异两部分，记作：

总变异＝组间（处理间）变异＋组内（处理内）变异

则：

自由度（df_T）＝组间（处理间）自由度（df_t）＋组内（处理内）自由度（df_e）

总平方和（SS_T）＝组间（处理间）平方和（SS_t）＋组内（处理内）平方和（SS_e）

总变异是 nk 个观测值的变异，其自由度为 $df_T=nk-1$，平方和 SS_T 为：

$$SS_T=\sum_{1}^{nk}(x_{ij}-\bar{x})^2=\sum x^2-C$$

式中的 C 称为矫正数：

$$C=\frac{\left(\sum x\right)^2}{nk}=\frac{T^2}{nk}$$

组间变异即 k 个平均数的变异，故其自由度为 $df_t=k-1$，平方和 SS_t 为：

$$SS_t=n\sum_{1}^{k}(\bar{x}_t-\bar{x})^2=\frac{\sum Tt^2}{n}-C$$

组内的变异为各组内观测值与组平均数的相差，故每组具有 $n-1$ 个自由度，平方和为 $\sum_{1}^{k}(x_{ij}-\bar{x}_t)^2$ 。总共有 k 组资料，故组内自由度为 $df_e=k(n-1)$，组内平方和 SS_e 为：

$$SS_e=\sum_{1}^{k}\sum_{1}^{n}(x_{ij}-\bar{x}_t)^2=SS_T-SS_t$$

相应的平方和除以相应的自由度，即为相应的均方（方差），公式归纳如下：

总的均方（方差）：$S_T^2(MS_T)=\dfrac{SS_T}{df_T}=\dfrac{SS_T}{nk-1}$

组间（处理）均方（方差）：$S_t^2(MS_t)=\dfrac{SS_t}{df_t}=\dfrac{SS_t}{k-1}$

组内（误差）均方（方差）：$S_e^2(MS_e)=\dfrac{SS_e}{df_e}=\dfrac{SS_e}{k(n-1)}$

对于不同类型的资料，其平方和及自由度的分解模型是不同的，如单因素完全随机设计试验的变异分解模型为：总变异＝组间（处理间）变异＋组内（处理内）变异；两因素随机区组试验的变异分解模型为：总变异＝A 处理间变异＋B 处理间变异＋$A\times B$ 互作＋区组间变异＋误差。不同试验资料的变异分解需要根据不同的模型来进行。

（三）案例分析

【例 6-1-1】设有 A、B、C、D 4 个大豆品种（$k=4$），其中 D 为对照，进行大区比较试验，成熟后分别在四块地测产，每块地随机抽样 5 点，每点产量列于表 6-1-2，试做方差分析。

表 6-1-2　大豆大区抽样产量综合表　　kg

品种	样点					T_t	$\bar{x}_t$
	1	2	3	4	5		
A	35	41	28	38	31	173	34.6
B	28	22	19	35	29	133	26.6
C	29	35	34	39	32	169	33.8
D	25	26	21	27	22	121	24.2
						$T=596$	$\bar{x}=29.8$

1. 平方和的分解

已知 $n=5$，$k=4$，则：

$$C=\frac{\left(\sum x\right)^2}{nk}=\frac{T^2}{nk}=\frac{596^2}{5\times 4}=17\ 760.8$$

$$SS_T=\sum x^2-C=(35^2+41^2+\cdots+22^2)-17\ 760.8=751.2$$

$$SS_t=\frac{\sum Tt^2}{n}-C=\frac{(173^2+133^2+\cdots+121^2)}{5}-17\ 760.8=403.2$$

$$SS_e=\sum_1^k\sum_1^n(x-\bar{x}_t)^2=751.2-403.2=348$$

2. 自由度的分解

已知 $n=5$，$k=4$，则：

$$df_T=nk-1=5\times 4-1=19$$

$$df_t=k-1=4-1=3$$

$$df_e=k(n-1)=4\times(5-1)=16$$

3. 求各变异均方

$$S_t^2(MS_t)=\frac{SS_t}{df_t}=\frac{403.2}{3}=134.3$$

$$S_e^2(MS_e)=\frac{SS_e}{df_e}=\frac{348}{16}=21.75$$

其中，$S_e^2=21.75$ 为 4 个品种内变异的合并均方，是试验误差的估计值；品种间均方 $S_t^2=134.40$ 则为不同品种间产量效应的变异，包括试验处理不同品种间产量的效应和试验误差。要想知道处理效应有多大，可用 S_t^2 与 S_e^2 的比值来衡量是否有处理效应，则我们把 S_t^2 与 S_e^2 的比值定义为 F 值。

二、F 分布与 F 检验

计算出均方后，在进一步测定不同处理的平均数差异是否显著，判断处理是否存在真实的差异时，需要进行 F 检验。

1. F 值的定义与 F 分布

在一个平均数为 μ、方差为 σ^2 的正态总体中分别以样本容量 n_1 和 n_2 随机抽取两个独立样本，分别计算其样本方差（均方）S_1^2（或用 MS_1 表示）和 S_2^2（或用 MS_2 表示），将两个样本方差的比值定义为 F 值：

$$F=\frac{S_1^2}{S_2^2}$$

F 值具有 S_1^2 的自由度 ν_1 和 S_2^2 的自由度 ν_2，其分布是由 ν_1 和 ν_2 所决定的一系列曲线（详细内容见项目四中的任务一），F 分布下一定区间的概率可从已制成的附表 5 查出。

2. F 检验的方法

F 检验的目的是检验处理效应是否确实存在（是否由误差造成）。在进行处理间平均数差异显著性的 F 检验时，把处理均方作分子，把误差均方作分母，即：

$$F=\frac{MS_t}{MS_e}$$

具体检验方法如下：

(1)提出假设，H_0：处理间变异小于或等于误差变异，$\sigma_t^2 \leqslant \sigma_e^2$，即处理效应不存在本质差异；对应的 H_A：处理间变异大于误差变异，$\sigma_t^2 > \sigma_e^2$，即处理间存在真实的效应差异。显著水平：$\alpha=0.05$。

(2)进行检验，列方差分析表进行 F 检验，见表 6-1-3。

表 6-1-3　方差分析表

变异来源	自由度 DF	平方和 SS	均方 MS	F 值
处理间	$df_t=k-1$	SS_t	$S_t^2=SS_t/df_t$	S_t^2/S_e^2
处理内(误差)	$df_e=k(n-1)$	SS_e	$S_e^2=SS_e/df_e$	
总变异	$df_T=nk-1$	SS_T		

(3)按概率标准进行如下推断。

$F<F_{0.05}$，$P>0.05$，则差异不显著，接受 H_0；$F \geqslant F_{0.05}$，$P \leqslant 0.05$，则在 $\alpha=0.05$ 水平上应否定 H_0，接受 H_A，差异显著，在 F 值的右上方标记“*”；$F \geqslant F_{0.01}$，$P \leqslant 0.01$ 则在 $\alpha=0.01$ 水平上否定 H_0，接受 H_A，差异极显著，在 F 值的右上方标记“**”。

【例 6-1-2】对表 6-1-2 中资料进行 F 检验。在实际进行方差分析时，只需计算出各项平方和和自由度，各项方差(均方)的计算及 F 检验可在方差分析表中进行(表 6-1-4)。

表 6-1-4　大豆品比试验产量方差分析表

变异来源	平方和 SS	自由度 DF	均方 MS	F 值	$F_{0.05}$	$F_{0.01}$
品种间	403.2	3	134.40	6.179^{**}	3.24	5.29
误差	348.0	16	21.75			
总变异	751.2	19				

$F_t=6.179^{**}$，查 F 值表，当 $df_1=3$，$df_2=16$，$F_{0.05}(3,16)=3.24$ $F_{0.01}(3,16)=5.29$，使得 $F_t=6.179>F_{0.01}(3,16)=5.29$，故 $P<0.01$，否定 H_0，接受 H_A，即不同大豆品种产量差异极显著。

若 $F<F_\alpha$，则在 α 水平上接受 H_0，即处理效应不存在本质差异；若 $F \geqslant F_\alpha$，则在 α 水平上否定 H_0，接受 H_A，即处理间存在真实的效应差异；如果 $F \leqslant 1$，不用查表即可判断处理间效应差异不显著。查 F_α 值时以分子方差的自由度为 ν_1、以分母方差的自由度为 ν_2。

在实际应用时，为了使检验计算结果一目了然，F 检验一般采用列表的形式进行，方差分析表的格式详见各不同资料的方差分析。

三、多重比较

在上例中，通过 F 检验接受了 H_A，只能知道大豆品种产量差异极显著。但是，是否各个品种产量平均数彼此间都有极显著差异，还是仅有一部分平均数间有显著差异而另一部分平均数间没有显著差异，仅根据上述分析结果是无法确定的。要明确各个平均数彼此间的差异显著性，还必须对各平均数进行多重比较。当然如果 F 检验结果为处理间差异不显著，则不必进行多重比较。

多重比较的方法很多，我们选最常用的两种进行介绍。

1. 最小显著差数法

最小显著差数法，又称 *LSD* 法或 *PLSD* 法，是多重比较中最基本的方法，实际就是 t 检验法，首先算得平均数差数的标准误的 t 值，然后根据 df 查 t 值表，根据实得 $|t|$ 在 t 分布中出现的概率，确定平均数差异是否显著。

由于各处理间平均数差数的 t 值计算时用同一个 $S_{\bar{x}_i-\bar{x}_j}$，查 t 值表时又用同一个误差自由度 df_e，为了简化计算过程，不计算 t 值，来计算最小显著差数，简称 *LSD*，即

$$LSD_\alpha = t_\alpha \cdot S_{\bar{x}_i-\bar{x}_j}$$

LSD 法的具体步骤如下：

(1)计算平均数差数标准误 $S_{\bar{x}_i-\bar{x}_j}$

$$S_{\bar{x}_i-\bar{x}_j} = \sqrt{\frac{2MS_e}{n}}$$

(2)根据误差自由度 df_e 查 t 值表，得出 t_α 值。

(3)利用公式 $LSD_\alpha = t_\alpha \cdot S_{\bar{x}_i-\bar{x}_j}$ 计算最小显著差数 LSD_α。

当 $\alpha=0.05$ 和 0.01 时，LSD_α 的计算公式分别是：$LSD_{0.05}=t_{0.05} \cdot S_{\bar{x}_1-\bar{x}_2}$ 和 $LSD_{0.01}=t_{0.01} \cdot S_{\bar{x}_1-\bar{x}_2}$。

(4)比较各处理平均数的差异显著性并做出结论。凡两样本平均数的差数 $\bar{x}_i-\bar{x}_j<LSD_{0.05}$，则 $P>0.05$，差异不显著；$\bar{x}_i-\bar{x}_j \geqslant LSD_{0.05}$，则 $P \leqslant 0.05$，差异显著；$\bar{x}_i-\bar{x}_j \geqslant LSD_{0.01}$，则 $P \leqslant 0.01$，差异极显著。

【例 6-1-3】对表 6-1-2 中资料进行最小显著差数法检验。

(1)平均数差数的标准误：

$$S_{\bar{x}_i-\bar{x}_j} = \sqrt{\frac{2MS_e}{n}} = \sqrt{\frac{2\times 2.75}{5}} = 2.95$$

(2)根据误差自由度查 t 值表，得出 t_α 值

当误差自由度 $df_e=16$ 时，$t_{0.05}=2.120$，$t_{0.01}=2.921$

(3)计算最小显著差数 LSD_α

$$LSD_{0.05}=t_{0.05} \cdot S_{\bar{x}_1-\bar{x}_2}=2.120\times 2.95=6.254$$

$$LSD_{0.01}=t_{0.01} \cdot S_{\bar{x}_1-\bar{x}_2}=2.921\times 2.95=8.617$$

(4)各处理间平均数的比较。将处理的平均数由大到小的顺序排列，并求出两两间的差数，检验结果可用列梯形表法和标记字母法表示(表 6-1-5)。

表 6-1-5 大豆品种与对照产量差异比较(*LSD* 法)

品种	A	C	B	D(CK)
平均产量	34.6	33.8	26.6	24.2
与对照差异	10.4**	9.6**	2.4	—

比较结果说明，品种 A、C 与对照 D 产量有极显著差异，而品种 B 与对照 D 产量的差异不显著。

2. 新复极差法

新复极差法又称最短显著极差法，简称 SSR 或 LSR 法，是目前应用比较广泛的一种检验方法，其特点是依平均数大小顺序的不同而采用一系列不同秩序距的显著值，从而克服了 LSD 法的局限性，可用于所有平均数间的相互比较。秩序距 k 是指所有平均数按大到小顺序排列后，被检极差 R（即所比较的两个平均数的差值）范围内所包含的平均数的个数（含所比较的两个平均数本身）。其步骤如下：

（1）计算平均数标准误 SE（或用 $S_{\bar{x}}$ 表示）：

$$SE=\sqrt{\frac{MS_e}{n}}$$

（2）根据误差自由度 df_e 和最大秩序距 k（即处理数 k）查 SSR 表（见附表 6）。

（3）计算不同秩序距 k 下的显著极差 LSR_α：

$$LSR_\alpha=SSR_\alpha \cdot SE$$

（4）检验各处理平均数间的差异显著性并做出结论。将任意两个平均数差值（R）与相应秩序距下的 LSR_α 比较，凡 $R<LSR_{0.05}$，$P>0.05$，差异不显著；$R\geqslant LSR_{0.05}$，$P\leqslant 0.05$，差异显著；$R\geqslant LSR_{0.01}$，$P\leqslant 0.01$，差异极显著。

【例 6-1-4】对表 6-1-2 中资料的各平均数做新复极差法检验。

（1）计算平均数差数的标准误

$$SE=\sqrt{\frac{MS_e}{n}}=\sqrt{\frac{21.75}{5}}=2.09$$

（2）查 SSR 值，并计算相应 k 数下的最小显著极差数 LSR_α。

根据 $df_e=16$ 时，$k=2$、3、4 时的 SSR 值，并计算相应 k 数下的最小显著极差数 LSR_α，见表 6-1-6。

表 6-1-6　资料 LSR 值计算表（SSR 法）

k	$SSR_{0.05}$	$SSR_{0.01}$	$LSR_{0.05}$	$LSR_{0.01}$
2	3.00	4.13	6.27	8.63
3	3.15	4.34	6.58	9.07
4	3.23	4.45	6.75	9.30

（3）各处理平均数间的比较　将处理的平均数由大到小的顺序排列，并求出两两间的差数，检验结果可用列梯形表法和标记字母法表示，见表 6-1-7。

表 6-1-7　资料的差异显著性

品种	平均数（$\bar{x}_t$）	差异		
		$\bar{x}_t-24.2$	$\bar{x}_t-26.6$	$\bar{x}_t-33.8$
A	34.6	10.4**	8.0*	0.8
C	33.8	9.6**	7.2*	
B	26.6	2.4		
D	24.2			

一般而言，若试验事先确定比较的标准，即各处理平均数只要求与对照（或预定要比较的对象）相比较，可选用 *LSD* 法；而对于试验结论事关重大或有严格要求的，则宜采用 *LSR* 法。

3. *多重比较结果的表示方法*

（1）梯形表法　将全部平均数从大到小顺次排列，比较时先从第 1 列开始，以最小平均数作减数、以最小平均数上方的各处理平均数作被减数，所得差值列在被减数所在行；第 2 列则以第 2 小平均数作减数，同样以其上方的各处理平均数作被减数，所得差值依然列在被减数所在行；依此类推，直至第 $k-1$ 列。由于各平均数间的差数呈阶梯状排列，故称梯形表法。

将各差数与相应标准（LSD_α 或 LSR_α）进行比较，凡达到 $\alpha=0.05$ 水平差异的差数在右上角标一个"＊"号，表示差异显著，凡达到 $\alpha=0.01$ 水平差异的差数在右上角标两个"＊"号，表示差异极显著，凡未达到 $\alpha=0.05$ 水平差异的差数则不予标记，如表 6-1-7 所示。

当极差 $R<LSR_{0.05}$，$P>0.05$，不予标记，即差异不显著；若极差 $LSR_{0.01}>R\geqslant LSR_{0.05}$，$P<0.05$，在差数的右上角标一个"＊"，为差异显著；若极差 $R>LSR_{0.01}$，$P<0.01$，在差数的右上角标两个"＊"，为差异极显著。

上例结论：品种 A 对品种 B 差异显著、对品种 D 差异极显著；品种 C 对品种 B 差异显著、对品种 D 差异极显著；其他品种间差异不显著。

该法十分直观，但在处理数较多时占篇幅较大，一般仅在采用 *LSD* 法对处理与对照进行比较时使用，在科技论文中少见。

（2）标记字母法　将全部平均数由大到小的顺次排列，在差异显著性栏内在 $\alpha=0.05$ 和 $\alpha=0.01$ 显著水平下分别进行比较，并分别用小写字母和大写字母表示，具体如下。

首先将全部平均数由大到小的顺次排列，然后在最大的平均数上标上字母 a，并将该平均数与以下各平均数相比，凡差异不显著的，都标上字母 a，直至某一个与之差异显著的平均数标以字母 b（向下过程）；再以标字母 b 的平均数为标准，与上方各个比它大的平均数相比，凡差异不显著的，一律标以字母 b（向上过程）；再以标有字母 b 的最大平均数为标准，与以下各未标记的平均数相比，凡差数不显著的继续标以字母 b 直至某一个与之相差显著的平均数标以字母 c。如此重复下去，直至最小的一个平均数有了标记字母，并且与以上平均数进行了比较为止。这样各个平均数间，凡有一个相同标记字母的即差异不显著，凡没有相同标记字母的即差异显著。以【例 6-1-3】中资料的检验结果做字母标记，列差异显著性表，如表 6-1-8 所示。

表 6-1-8　资料的差异显著性

品种	平均数 $(\overline{x}_t)$	差异显著性	
		$\alpha=0.05$	$\alpha=0.01$
A	34.6	a	A
C	33.8	a	A
B	26.6	b	AB
D	24.2	b	B

结论：品种 A 与 D、C 与 D 均差异极显著；品种 A 与 B、C 与 B 均差异显著；品种 A 与 C、B 与 D 均差异不显著。

任务二　顺序排列试验结果统计分析

顺序排列的试验设计主要有对比设计和间比设计。此种设计仅遵循重复和局部控制的设计原则，并没有遵循随机的原则，即处理做顺序排列，不能无偏地估计试验误差，难以进行统计假设检验和统计推断，所以不宜采用方差分析法，一般采用百分比法进行试验结果的统计分析。

一、对比设计试验结果的统计分析

对比设计试验常用于处理数较少的品种比较试验及示范性试验，是顺序排列试验设计中最简单、最常用的一种方法。由于处理做顺序排列，不能正确估计试验误差，不能进行显著性检验，一般采用百分比法进行试验结果的统计分析，即设对照（CK）的产量（或其他性状）值为100，然后将各处理产量（或其他性状）值与对照进行比较，求其百分数，用以评定处理的优劣。

【例 6-2-1】有 A、B、C、D、E、F 6 个小麦品种的比较试验，设标准品种为 CK，采用对比设计，小区计产面积 35 m^2，3 次重复。田间小区排列和产量（kg）如图 6-2-1 所示，试做分析。

Ⅰ	A 26	CK 21	B 22	C 21	CK 24	D 30	E 26	CK 25	F 26
Ⅱ	C 31	CK 29	D 27	E 25	CK 25	F 30	A 30	CK 25	B 23
Ⅲ	E 28	CK 27	F 25	A 29	CK 25	B 24	C 24	CK 26	D 30

图 6-2-1　小麦品种比较试验的田间小区排列和产量

（一）列产量结果表

将图 6-2-1 的各品种在各重复中的小区产量列入表 6-2-1，首先计算小区产量的总和和平均产量。

表 6-2-1　小麦品种比较试验（对比法）的产量结果分析

品种名称	各重复小区产量/kg			总和 T_t	平均数 $\bar{x}$	对邻近 CK 的比例/%	矫正产量 /(kg/hm^2)	位次
	Ⅰ	Ⅱ	Ⅲ					
A	26	30	29	85	28.33	119.7	8 626.68	1
CK	21	25	25	71	23.67	100.0	7 205.71	(5)
B	22	23	24	69	23.00	97.2	7 002.51	6
C	21	31	24	76	25.33	96.2	6 931.89	7

续表 6-2-1

品种名称	各重复小区产量/kg			总和 T_t	平均数 $\bar{x}$	对邻近CK的比例/%	矫正产量/(kg/hm²)	位次
	Ⅰ	Ⅱ	Ⅲ					
CK	24	29	26	79	26.33	100.0	7 205.71	(5)
D	30	27	30	87	29.00	110.13	7 935.65	2
E	26	25	28	79	26.33	102.6	7 393.06	4
CK	25	25	27	77	25.67	100.0	7 025.71	(5)
F	26	30	25	81	27.00	105.19	7 579.69	3

(二)计算各品种产量对邻近对照(CK)产量的百分数

$$与邻近CK的百分比=\frac{某品种各小区产量总和}{邻近CK产量总和}\times 100\%$$

$$或与邻近CK的百分比=\frac{某品种各小区平均产量}{邻近对照平均产量}\times 100\%$$

例如：A 品种对邻近 CK 的百分比$=\frac{85}{71}\times 100\%=119.7\%$，或$=\frac{28.33}{23.67}\times 100=119.7\%$；

B 品种对邻近 CK 的百分比$=\frac{69}{71}\times 100\%=97.2\%$，或$=\frac{23.00}{23.67}\times 100=97.2\%$；

C 品种对邻近 CK 的百分比$=\frac{76}{79}\times 100\%=96.2\%$，或$=\frac{25.33}{26.33}\times 100=96.2\%$；

依此类推，将算得各品种与邻近对照的比例填入表 6-2-1。

(三)计算各品种矫正产量

各品种的小区产量是在不同土壤肥力条件下形成的，这些产量可能因小区土壤肥力的差异而偏高或偏低，而对照品种在整个试验区分布比较普遍，其平均产量能够代表对照品种在试验区一般肥力条件下的产量水平。另外，作物产量习惯于用每公顷产量表示，可用对照品种的平均产量为标准，计算各品种在一般肥力条件下的矫正产量(kg/hm²)。

1. 计算对照区的平均产量

$$对照区平均产量=\frac{对照区产量总和}{对照区总数}$$

$$本例对照区平均产量=\frac{71+79+77}{9}=25.22\ (kg/m^2)$$

2. 计算对照品种单产(kg/hm²)

$$对照品种单产=对照区平均产量\times\frac{10\ 000}{小区面积}$$

$$例对照品种单产=25.22\times\frac{10\ 000}{35}=7\ 205.71\ (kg/hm^2)$$

3. 计算各品种的矫正产量(kg/hm²)

品种的矫正产量=对照品种单产×品种与邻近 CK 产量的百分比

例如：A 品种的矫正产量$=7\ 205.71\times 119.7\%=8\ 626.68\ (kg/hm^2)$；

B 品种的矫正产量$=7\ 205.71\times 100.0\%=7\ 002.51\ (kg/hm^2)$；

C 品种的矫正产量=7 205.71×86.1%=6 931.89 (kg/hm^2)。

依此类推，并将算得各品种矫正产量数据列入表 6-2-1。

(四)确定位次

按各品种(包括对照)矫正产量的高低排列位次，见表 6-2-1。

(五)试验结论

计算各品种对邻近对照的百分数是为得到一个比较精确的表示各品种相对生产力的指标。相对生产力>100%的品种，其相对生产力越高，就越可能优于对照品种。但是决不能认为相对生产力>100%，所有品种都是显著地优于对照的。由于误差的存在，要判断某品种的生产力确实优于对照，其相对生产力一般至少应超过对照 10%以上；相对生产力仅超过对照 5%左右的品种，宜继续试验再做结论。当然，由于不同试验的误差大小不同，上述标准仅具有参考性质。

在本例中，A 品种产量最高，超过对照 19.72%；D 品种占第二位，超过对照 10.13%；大体上可以认为它们确实优于对照。F 品种占第三位，仅超过对照 5.19% F，应继续试验后再作结论；B、E 与 C 品种与对照持平或低于对照，应淘汰。

二、间比设计试验结果的统计分析

间比设计常用于供试品种(处理)较多、试验要求较低的育种初期的试验。间比设计试验，各处理仍然顺序排列，不能正确估计试验误差，其结果的统计分析一般也采用百分比法。间比设计试验结果的统计分析与对比设计不同，间比设计的两个对照区中间隔 4 个、9 个或更多个处理。有的处理与对照区不相邻，因此，与各处理相比较的是前后两个对照区指标值的平均数(记作$\overline{CK}$)，简称理论对照标准。

【例 6-2-1】有 12 个品系的马铃薯品种比较试验，以一推广品种为对照，采用二次重复，间比法设计，小区计产面积 15 m^2，每隔 4 个品系设一对照，田间小区排列和产量(kg)如图 6-2-2 所示，试分析各品系的相对生产力。

Ⅰ	CK 27.0	1 30.4	2 33.6	3 29.2	4 30.0	CK 31.0	5 36.4	6 34.4	7 41.6	8 37.2	CK 35.0	9 42.0	10 34.4	11 34.8	12 36.4	CK 35.8
Ⅱ	CK 27.0	12 34.4	11 30.8	10 38.0	9 35.2	CK 31.0	8 34.0	7 42.4	6 27.6	5 30.0	CK 29.8	4 30.0	3 30.8	2 30.0	1 26.0	CK 24.2

图 6-2-2　马铃薯品系试验田间小区排列和产量

(一)列产量结果表

将图 6-2-2 中各品系及对照各重复的产量列入表 6-2-2，并计算各品系及对照产量的总和 T_t 与平均产量 $\bar{x}_t$。

(二)计算各段平均对照产量$\overline{CK}$

例如品系 1、2、3、4 为第一段，其$\overline{CK}=\frac{CK_1+CK_2}{2}=\frac{25.6+30.4}{2}=28.0(kg/15m^2)$；

品系 5、6、7、8 为第二段，其$\overline{CK}=\frac{CK_2+CK_3}{2}=\frac{30.4+33.0}{2}=31.7$ (kg/15m²)；

品系 9、10、11、12 为第三段，其$\overline{CK}=\frac{CK_3+CK_4}{2}=\frac{33.0+31.4}{2}=32.2$ (kg/15m²)；

逐项计算，列入表 6-2-2。

表 6-2-2　马铃薯品系试验(间比法)的产量结果分析

品系代号	各重复小区产量/(kg/15 m²)		T_t	$\overline{x}_t$	对照标准 $\overline{CK}$	品系与$\overline{CK}$的百分比/%
	Ⅰ	Ⅱ				
CK_1	27.0	24.2	51.2	25.6		
1	30.4	26.0	56.4	28.2	28.0	100.7
2	33.6	30.0	63.6	31.8	28.0	113.6
3	29.2	30.8	60.0	30.0	28.0	107.1
4	30.0	30.0	60.0	30.0	28.0	107.1
CK_2	31.0	29.8	60.8	30.4		
5	36.4	30.0	66.4	33.2	31.7	104.7
6	34.4	27.6	62.0	31.0	31.7	97.8
7	41.6	42.4	84.0	42.0	31.7	132.5
8	37.2	34.0	71.2	35.6	31.7	112.3
CK_3	35.0	31.0	66.0	33.0		
9	42.0	35.2	77.2	38.6	32.2	119.9
10	34.4	38.0	72.4	36.2	32.2	112.4
11	34.8	30.8	65.6	32.8	32.2	101.9
12	36.4	34.4	70.8	35.4	32.2	109.9
CK_4	35.8	27.0	62.8	31.4		

(三)计算各品系相对生产力

$$\text{品系 1 的相对生产力}=\frac{\text{品系 1 的年均产量}}{\text{品系 1 所在段的平均对照产量}(\overline{CK})}\times 100\%$$

$$=\frac{28.2}{28.0}\times 100\%=100.7\%$$

依此类推，将算得结果列入表 6-2-2。

(四)结论

结果表明，相对生产力超过对照 10%以上的有 2、7、8、9、10 五个品系，其中品系 7 增产幅度最大，达 32.5%。超过对照 5%以上的有 3、4、12 三个品系，有必要做进一步试验观察，其余品系可予以淘汰。

任务三　完全随机设计试验资料方差分析

完全随机设计是将 k 个处理完全随机地布置到各个试验单元中去的试验方法，各处理的重复间无“局部控制”的限制，每一处理的重复次数可以相等或不相等，但要求在尽可能一致的环境中进行的试验，如温室试验、盆栽试验和实验室试验等。

一、单因素完全随机设计试验资料方差分析

（一）处理内观测值数目相等资料的方差分析

1. 资料特点

试验分 k 个组，每个组为一个处理（样本），每个处理中含有 n 个观测值，则资料共为 kn 个观测值，其资料整理形式见任务一中的表 6-3-1。

其变异分解模型为：

总变异＝组间（处理间）变异＋组内（误差）变异

2. 方差分析过程

（1）平方和与自由度的分解　各项变异平方和与自由度的分解计算公式如表 6-3-1 所示（同任务一）。

表 6-3-1　平方和与自由度的分解计算公式

变异类型	平方和分解	自由度分解
总变异	$SS_T=\sum_{1}^{nk}(x_{ij}-\overline{x})^2=\sum x^2-C$	$df_T=kn-1$
组间（处理间）	$SS_t=n\sum_{1}^{k}(x_{ij}-\overline{x})^2=\frac{\sum T_t^2}{n}-C$	$df_t=k-1$
组内（误差）	$SS_e=\sum_{i=1}^{k}\sum_{j=1}^{n}(x_{ij}-\overline{x}_{t_i})^2=SS_T-SS_t$	$df_e=k(n-1)$

表 6-3-1 公式中的 C 称为矫正数，利用 C 值可较方便地计算各项变异平方和（若在计算机上利用 Excel 的 DEVSQ 函数计算平方和则不需计算 C 值）。矫正数 C 的计算公式如下：

$$C=\frac{\left(\sum x\right)^2}{kn}=\frac{T^2}{kn}$$

（2）列方差分析表　将平方和与自由度的计算结果填入方差分析表中，计算处理方差 MS_t 和误差方差 MS_e 及 F_t 值，然后将 F_t 值与 F_α 进行比较，方差分析表的格式如下（表 6-3-2）：

表 6-3-2　各处理重复次数相等的单向分组资料方差分析表

变异来源	SS	DF	MS	F 值	$F_{0.05}$	$F_{0.01}$
处理间	SS_t	df_t	$MS_t=SS_t/df_t$	$F_t=MS_t/MS_e$	查 F 值表的结果	
误差	SS_e	df_e	$MS_e=SS_e/df_e$			
总变异	SS_T	df_T				

结论：若 $F<F_{0.05}$，即 $P>0.05$，则表明各处理间平均数差异不显著，不需要标记符号；若 $F\geqslant F_{0.05}$，即 $P\leqslant 0.05$，表明各处理间平均数差异显著，需在 F 值的右上角标记“*”；若 $F\geqslant F_{0.01}$，即 $P\leqslant 0.01$，表明各处理间平均数差异极显著，需在 F 值的右上角标记“**”。

(3)处理间平均数的多重比较　在 F 检验结果达到差异显著或差异极显著时，需进一步做各个处理平均数之间的差异显著性检验，即多重比较。

3. *方差分析案例*

【例 6-3-1】在一个药剂处理黄瓜幼苗的盆栽试验中，采用 A、B、C、D 4 种不同药剂处理黄瓜幼苗，以未处理(E)为对照，共 5 个处理，采用完全随机设计，以 1 盆为一个试验单元(每盆 1 株)，每个处理种植 4 盆，即重复 4 次，试验全部 20 个盆置于同一温室中栽培，药剂处理两周后测量株高(cm)，将结果在 Excel 工作表中整理成单向表(表 6-3-3)，试分析各处理效果的差异。

表 6-3-3　黄瓜不同药剂处理的株高资料　　cm

处理	观测值				处理总和 T_t	处理平均 $\bar{x}_t$
	1	2	3	4		
A	16	20	22	14	72	18
B	21	25	23	23	92	23
C	30	28	29	33	120	30
D	25	24	28	23	100	25
E	17	15	12	16	60	15
					$T=444$	$\bar{x}=22.2$

分析过程：

(1)平方和与自由度的分解　已知 $k=5$、$n=4$，将表 6-3-3 中的整理结果代入公式(表 6-3-1)，可计算出各项变异平方和与自由度。

$$矫正数\ C=\frac{T^2}{kn}=\frac{444^2}{5\times4}=9\ 856.8$$

总变异：$SS_T=\sum x^2-C=16^2+20^2+\cdots+16^2-C=10\ 502-9\ 856.8=645.2$

$$df_T=kn-1=4\times5-1=19$$

处理间：$SS_t=\dfrac{\sum T_t^2}{n}-C=\dfrac{72^2+92^2+120^2+100^2+60^2}{4}-C=10\ 412-9\ 856.8=555.2$

$$df_t=k-1=5-1=4$$

误差：$SS_e=SS_T-SS_t=645.2-555.2=90.0$

$$df_e=k(n-1)=5\times(4-1)=15$$

(2)列方差分析表进行 F 检验　将上述计算结果填入方差分析表中，根据表 6-3-2 中的公式计算出各项变异方差及 F 值后按 $\nu_1=4$、$\nu_2=15$ 查 F 值表，将 F_t 值与 $F_{0.05}$ 和 $F_{0.01}$ 进行比较并做出结论(表 6-3-4)。

表 6-3-4　黄瓜不同药剂处理的株高资料方差分析表

变异来源	SS	DF	MS	F	$F_{0.05}$	$F_{0.01}$
处理间	555.20	4	138.80	23.1333^{**}	3.06	4.89
误差	90.00	15	6.00			
总变异	645.20	19				

结论:$F=23.133>F_{0.01}$,表明各处理间平均数(即不同药剂处理的黄瓜株高)差异极显著,应进一步作多重比较(在方差分析表中 F 值右上角标"**")。

(3)多重比较　在实际应用中,可采用阶梯表法或字母标记法根据需要选择 LSD 法与 LSR 法之一进行多重比较,不要求两种方法都做,本例对两种方法均作演示。

①不同药剂处理与对照(未处理)间平均数比较。可采用 LSD 法,其方法如下:

计算平均数差数标准误 $S_{\bar{x}_i-\bar{x}_j}=\sqrt{\dfrac{2MS_e}{n}}=\sqrt{\dfrac{2\times6.0}{4}}=1.732$

查 t 值表,当 $\nu=df_e=15$ 时,$t_{0.05}=2.131$、$t_{0.01}=2.947$,则:

$$LSD_{0.05}=t_{0.05}\times S_{\bar{x}_i-\bar{x}_j}=2.131\times1.732=3.691$$
$$LSD_{0.01}=t_{0.01}\times S_{\bar{x}_i-\bar{x}_j}=2.947\times1.732=5.104$$

将各处理与 CK 的平均数差值分别与 $LSD_{0.05}$ 和 $LSD_{0.01}$ 比较,若两样本平均数的差数 $\bar{x}_i-\bar{x}_j<LSD_{0.05}$,则 $P>0.05$,差异不显著(不标记);$\bar{x}_i-\bar{x}_j\geqslant LSD_{0.05}$,则 $P\leqslant0.05$,差异显著(在差值右上角标"*");$\bar{x}_i-\bar{x}_j\geqslant LSD_{0.01}$,则 $P\leqslant0.01$,差异极显著(在差值右上角标"**")(表 6-3-5)。一般用简化的梯形表法进行比较。

表 6-3-5　不同药剂处理与对照株高差异比较(LSD 法)

处理	平均株高 $\bar{x}_t$/cm	与对照差异
C	30	15^{**}
D	25	10^{**}
B	23	8^{**}
A	18	3
E(CK)	15	—

检验结果表明,用药剂 C、D、B 处理黄瓜幼苗,株高极显著地高于对照 E;药剂 A 处理与对照 E 差异不显著。

②各处理间平均数的比较。可采用 LSR 法,其方法如下:

计算平均数标准误:$SE=\sqrt{\dfrac{MS_e}{n}}=\sqrt{\dfrac{6.0}{4}}=1.2247$

根据 $\nu=df_e=15$、处理数 $k=5$,查 SSR 表得 $k=2$、3、4、5 时的 SSR_α 值,将各 SSR_α 值与 SE 分别代入公式 $LSR_\alpha=SSR_\alpha\cdot SE$,计算得不同秩次距 k 下的 LSR_α 值于表 6-3-6。

表 6-3-6　黄瓜不同药剂处理株高多重比较的 *LSR* 值表

项目	k			
	2	3	4	5
$SSR_{0.05}$	3.01	3.16	3.25	3.31
$SSR_{0.01}$	4.17	4.37	4.50	4.58
$LSR_{0.05}$	3.69	3.87	3.98	4.05
$LSR_{0.01}$	5.11	5.35	5.51	5.61

各处理间平均数间的多重比较一般采用字母标记法，本例对梯形表法(表 6-3-6)及字母标记法(表 6-3-7)的差异显著性标记方法均做演示，应用时可根据具体情况选用其中之一。

表 6-3-7　黄瓜不同药剂处理的株高差异显著性(*LSR* 法、梯形表法)

处理	平均株高 $\bar{x}_t$/cm	差异			
		$\bar{x}_t-15$	$\bar{x}_t-18$	$\bar{x}_t-23$	$\bar{x}_t-25$
C	30	15^{**}	12^{**}	7^{**}	5^{*}
D	25	10^{**}	7^{**}	2	
B	23	8^{**}	5^{*}		
A	18	3			
E(CK)	15				

比较过程说明：①在差异比较的第 1 列，用各处理平均数与处理 E 的平均值 $\bar{x}_E=15$ 相减，所得差值列在各处理所在行。$\bar{x}_C$与 $\bar{x}_E$间包含了 5 个平均数，其秩次距为 5，将 $\bar{x}_C-\bar{x}_E$与 $k=5$ 的 $LSR_{0.05}$与 $LSR_{0.01}$值比较，$\bar{x}_C-\bar{x}_E=15>LSR_{0.01}=5.61$，因此在 15 的右上角标记“**”；$\bar{x}_D$与 $\bar{x}_E$间包含了 4 个平均数，其秩次距$k=4$，$\bar{x}_D-\bar{x}_E=10>LSR_{0.01}=5.51$，标记“**”；$\bar{x}_B$与 $\bar{x}_E$间包含了 3 个平均数，$k=3$，$\bar{x}_B-\bar{x}_E=8>LSR_{0.01}=5.35$，标记“**”；$\bar{x}_A$与 $\bar{x}_E$间包含了 2 个平均数，$k=2$，$\bar{x}_A-\bar{x}_E=3<LSR_{0.05}=3.69$，不需标记。②第 2 列则用各处理平均数与处理 A 的平均值 $\bar{x}_A=18$ 相减，$\bar{x}_C-\bar{x}_A=12$，秩次距 $k=4$，$12>LSR_{0.01}=5.21$，标记“**”；$\bar{x}_D-\bar{x}_A=7$，秩次距 $k=3$，$7>LSR_{0.01}=5.35$，标记“**”；$\bar{x}_B-\bar{x}_A=5$，秩次距 $k=2$，$5>LSR_{0.05}=3.69$，标记“*”。③依次进行第 3 列、第 4 列的比较和标记……

表 6-3-8　黄瓜不同药剂处理的株高差异显著性(*LSR* 法、字母标记法)

处理	平均株高 $\bar{x}_t$/cm	差异显著性	
		$\alpha=0.05$	$\alpha=0.01$
C	30	a	A
D	25	b	AB
B	23	b	BC
A	18	c	CD
E(CK)	15	c	D

比较过程说明：以 $\alpha=0.01$ 水平的差异显著性标记为例，先在最大的平均数 $\bar{x}_C=30$ 所在行上标上字母 A，然后将 $\bar{x}_C$与 $\bar{x}_D=25$ 比较，$k=2$，$LSR_{0.01}=5.11$，$\bar{x}_C-\bar{x}_D=5<LSR_{0.01}$，在第 2 行上标记同样字母 A，再将 $\bar{x}_C$与 $\bar{x}_B=23$ 比较，$k=3$，$\bar{x}_C-\bar{x}_B=7>LSR_{0.01}=5.35$，在第 3 行上标记字母 B(向下过程)；以 $\bar{x}_B=23$ 为标准，与 $\bar{x}_D=25$ 比较，$k=2$，$\bar{x}_D-\bar{x}_B=2<LSR_{0.01}=5.11$，在 $\bar{x}_D$所在的第 2 行的 A 后面再标上字母 B，$\bar{x}_B$与$\bar{x}_C$已经进行过比较，因此不需要再进行比较(向上过程)；又以标有 B 的最大平均数 $\bar{x}_D=25$ 为标准，与下方未比较过的 $\bar{x}_A=18$ 比较，$k=3$，$\bar{x}_D-\bar{x}_A=7>LSR_{0.01}=5.35$，在第 4 行标记字母 C(向下过程)；依此类推，直至全部标记完成。

从表 6-3-7 或表 6-3-8 可知，药剂 C 与 B、A、E 差异极显著，药剂 D 与 A、E 差异极显著，药剂 B 与 E 差异极显著，C 与 D、B 与 A 差异显著，其他处理间差异均不显著。

（4）Excel 中的应用　将【例 6-3-1】中的数据整理输入 Excel 软件的工作表中；在 Excel 软件的主菜单中选择“数据”“数据分析”，打开“数据分析”对话框，在“分析工具”列表中选择“方差分析：单因素方差分析”选项，如图 6-3-1 所示，然后单击“确定”按钮；在打开的“方差分析：单因素方差分析”对话框中，在“输入区域”输入“＄A＄3：＄E＄7”，“分组方式”取“行”方式，选中“标志位于第一列”复选框，在“α(A)”区域中输入“0.05”或“0.01”，表明显著性水平，输出选项可以选择“输出区域”或“新工作表组”或“新工作簿”，如图 6-3-2 所示，单击“确定”按钮，得到单因素方差分析结果，如图 6-3-3 所示；然后进行结果分析，第一部分“SUMMARY”提供拟合模型的一般信息，包括各分组的名称、观测数、和、均值和方差，如图 6-3-3 所示。第二部分为方差分析表，其中“组间变异”为处理间变异，“组内变异”为误差变异，“*P*-value”为 F_t 值出现的概率，“*F* crit”为 F_α 值，一般默认为 $F_{0.05}$。

单因素完全随机设计试验的方差分析 Excel 操作视频

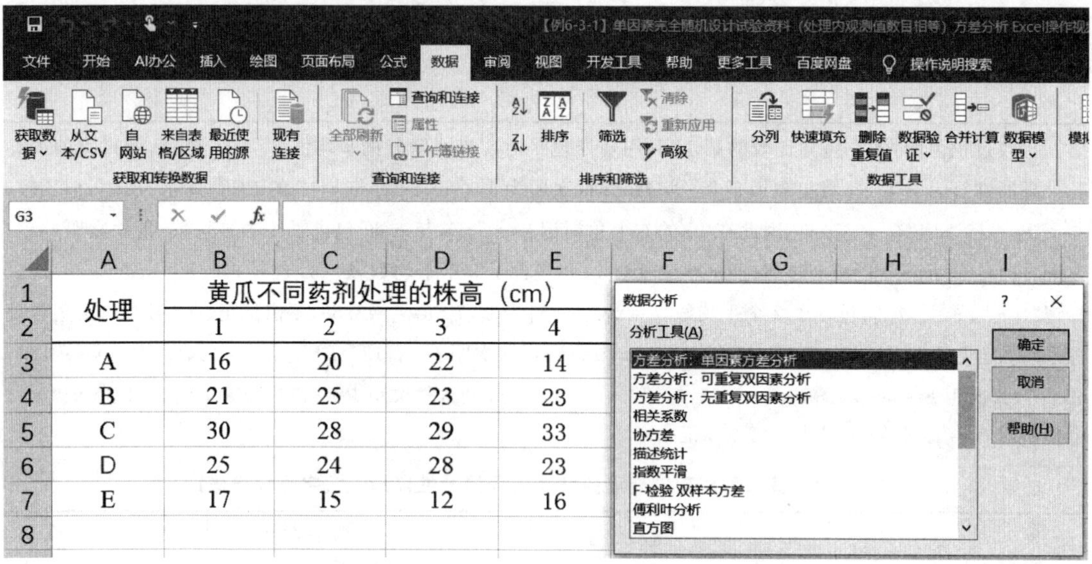

图 6-3-1　原始数据及数据分析对话框

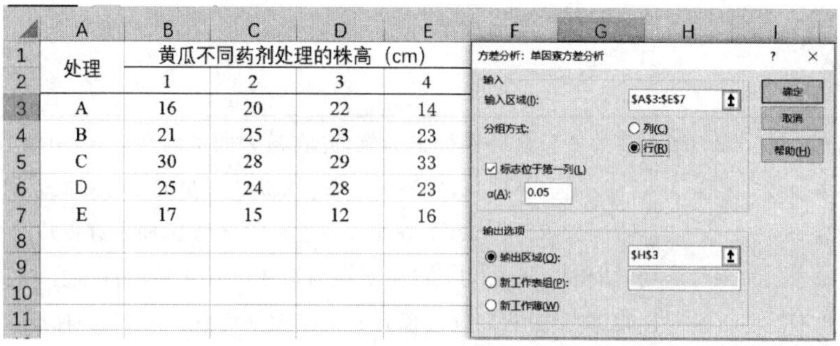

图 6-3-2　单因素分析对话框

	A	B	C	D	E	F	G
1	方差分析：单因素方差分析						
2							
3	SUMMARY						
4	组	观测数	求和	平均	方差		
5	A	4	72	18	13.3333		
6	B	4	92	23	2.66667		
7	C	4	120	30	4.66667		
8	D	4	100	25	4.66667		
9	E	4	60	15	4.66667		
10							
11							
12	方差分析						
13	差异源	SS	df	MS	F	P-value	F crit
14	组间	555.2	4	138.8	23.1333	2.9E-06	3.05557
15	组内	90	15	6			
16							
17	总计	645.2	19				

图 6-3-3　单因素方差分析结果

(二)处理内观测值数目不相等资料的方差分析

有 k 个处理，每个处理的观测值的数目分别是 n_1、n_2、n_3…nk，则为组内观测数目不等资料。处理内观测值数目不等资料方差分析的原理、步骤与处理内观测值数目相等的资料基本相同，不同的是各处理的样本容量不完全相等，在方差分析时，有关公式因 n_i 不等而需做相应改变。

1. 资料特点

试验中有 k 个处理，每个处理中含有 n_i 个观测值，则资料共为 $\sum_{i=1}^{k} n_i$ 个观测值，其资料整理形式见表 6-3-9。

表 6-3-9　每处理具有 n_i 个观测值的 k 组(k 个处理)数据的单向表

处理(样本)	观测值						处理总和 T_t	处理平均 $\bar{x}_t$	样本容量 n_i
	1	2	3	…	j	…			
1	x_{11}	x_{12}	x_{13}	…	x_{1j}	…	T_{t_1}	$\bar{x}_{t_1}$	n_1
2	x_{21}	x_{22}	x_{23}	…	x_{2j}	…	T_{t_2}	$\bar{x}_{t_2}$	n_2
⋮	⋮	⋮	⋮	…	⋮	…	⋮	⋮	⋮
i	x_{i1}	x_{i2}	x_{i3}	…	x_{ij}	…	T_{t_i}	$\bar{x}_{t_i}$	n_i
⋮	⋮	⋮	⋮	…	⋮	…	⋮	⋮	⋮
k	x_{k1}	x_{k2}	x_{k3}	…	x_{kj}	…	T_{t_k}	$\bar{x}_{t_k}$	n_k
							$T=\sum x$	$\bar{x}$	$\sum n_i$

表 6-3-8 中，i 代表资料中任一处理的样本，$i=1$、2、…；j 代表样本中任一观测单元，$j=1$、2、…；T 与 $\bar{x}$ 分别代表全部观测值总和与总平均数。

处理内观测值数目不相等资料的变异分解模型与处理内观测值数目相等的相同。

2. 方差分析过程

(1)平方和与自由度的分解　各项变异平方和与自由度的分解计算公式见表 6-3-10。

表 6-3-10　平方和与自由度的分解计算公式

项目	平方和分解	自由度分解
矫正数	$C=\frac{(\sum x)^2}{\sum n_i}=\frac{T^2}{\sum n_i}$	
总变异	$SS_T=\sum_{1}^{nk}(x_{ij}-\overline{x})^2=\sum x^2-C$	$df_T=\sum n_i-1$
组间(处理间)	$SS_t=\sum_{1}^{k}n_i(\overline{x}_{t_i}-\overline{x})^2=\sum\frac{T_{t_i}^2}{n_i}-C$	$df_t=k-1$
组内(误差)	$SS_e=\sum_{i=1}^{k}\sum_{j=1}^{n}(x_{ij}-\overline{x}_{t_i})^2=SS_T-SS_t$	$df_e=\sum n_i-k$

(2)列方差分析表　方差分析表的列制要求与处理内观测值数目相等的资料完全相同，参见表 6-3-2。

(3)多重比较　由于各处理的重复数不同，需先计算各 n_i 的平均样本容量 n_0，其公式如下：

$$n_0=\frac{(\sum n_i)^2-\sum n_i^2}{(\sum n_i)(k-1)}$$

然后计算标准误：

LSD 法：
$$S_{\overline{x}_1-\overline{x}_2}=\sqrt{\frac{2MS_e}{n_0}}$$

LSR 法：
$$SE=\sqrt{\frac{MS_e}{n_0}}$$

3. 方差分析案例

【例 6-3-2】调查某苹果品种短枝型 1、2 号与普通型、小老树枝条的节间长度(cm)，每类型样点数不等，调查资料整理见表 6-3-11，试分析不同类型枝条节间长度的差异显著性。

表 6-3-11　富士果枝条节间长度资料

处理	样点观测值(X)											n_i	T_i	$\overline{x}_i$
	1	2	3	4	5	6	7	8	9	10	11			
短枝型 1 号	1.7	1.9	1.8	1.7	1.7	1.9	1.8	1.8	1.9	1.7		10	17.9	1.79
短枝型 1 号	1.8	1.6	1.7	1.8	1.8	1.9	1.7	1.7	1.9			9	15.9	1.77
普通型	2.2	2.3	2.4	2.5	2.6	2.4	2.5	2.3	2.3	2.2	2.2	11	25.6	2.33
小老树	1.4	1.5	1.4	1.5	1.4	1.7						6	8.9	1.48
												$\sum n_i=36$	$T=68.3$	$\overline{x}=1.892$

分析过程：

(1)平方和与自由度的分解　已知 $k=4$、各处理的 n_i 值不等，将表 6-3-11 的整理结果分别代入公式中，可计算出各项变异的平方和与自由度。

$$C=\frac{T^2}{\sum n_i}=\frac{68.1^2}{36}=\frac{4\ 837.61}{36}=128.822\ 5$$

总变异：$SS_T=\sum x^2-C=7^2+1.8^2+\cdots+1.7^2-C=132.45-128.822\ 5=3.627\ 5$

$df_T=\sum n_i-1=36-1=35$

处理间：$SS_t=\sum\left(\frac{T_t^2}{n_i}\right)-C=\frac{17.7^2}{10}+\frac{16.0^2}{9}+\frac{25.5^2}{11}+\frac{8.9^2}{6}-128.822\ 5=3.266\ 3$

$df_t=k-1=4-1=3$

误差：$SS_e=SS_T-SS_t=3.627\ 5-3.266\ 3=0.361\ 2$

$$df_e=\sum n_i-k=36-4=32$$

(2)列方差分析表进行 F 检验　将上述计算结果填入方差分析表中(表 6-3-12)，计算出 F 值后按 $\nu_1=3$，$\nu_2=32$ 查 F 值表，将 F_t 值与 $F_{0.05}$ 和 $F_{0.01}$ 进行比较。

表 6-3-12　资料的方差分析表

变异来源	SS	DF	MS	F	$F_{0.05}$	$F_{0.01}$
类型间	3.266 3	3	1.088 7	96.442**	2.90	4.46
误差	0.361 2	32	0.011 3			
总变异	3.627 5	35				

结论：$F_t=96.442>F_{0.01}$，$P<0.01$，表明各处理间平均数(即不同类型枝条的节间平均长度)间差异极显著。

(3)多重比较　本例采用 LSR 法，根据上述公式计算如下：

$$n_0=\frac{(\sum n_i)^2-\sum n_i^2}{(\sum n_i)(k-1)}=\frac{36^2-(10^2+9^2+11^2+6^2)}{36\times(4-1)}=8.87\approx 9$$

$$SE=\sqrt{\frac{MS_e}{n_0}}=\sqrt{\frac{0.0113}{9}}=0.035\ 4$$

根据 $\nu=df_e=32\approx 30$、处理数 $k=4$，查 SSR 值表得 $k=2$、3、4 时的 SSR_α 值，然后按公式计算得 LSR_α 值列入表 6-3-13，进而得多重比较结果列入表 6-3-14。

表 6-3-13　某苹果品种不同类型枝条节间长度多重比较的 *LSR* 值表

项目	k		
	2	3	4
$SSR_{0.05}$	2.89	3.04	3.12
$SSR_{0.01}$	3.89	4.06	4.16
$LSR_{0.05}$	0.102	0.108	0.111
$LSR_{0.01}$	0.138	0.144	0.147

表 6-3-14 某苹果品种不同类型树枝条节间长度差异显著性(*LSR* 法)

类型	节间长度 $\bar{x}_t$	差异显著性	
		$\alpha=0.05$	$\alpha=0.01$
普通型	2.32	a	A
短枝 2 号	1.78	b	B
短枝 1 号	1.77	b	B
小老树	1.48	c	C

结果表明，普通型富士苹果枝条节间长度极显著长于短枝型 1 号、2 号、小老树；短枝型 1 号与 2 号差异不显著，但两者极显著长于小老树。

(4)Excel 中的应用参考【例 6-3-1】。

二、多因素完全随机设计试验资料方差分析

有两个或两个以上试验因素的试验称为多因素试验，如选用几种温度和几种不同培养基培养草菇菌种，研究其生长速度，其每一观测值都是某一温度和某一培养基组合同时作用的结果，故属于两因素分组资料，又叫交叉分组。本部分我们重点介绍两因素完全随机试验资料的方差分析。

(一)组内无重复观测值的方差分析

1. 资料特点

试验因素 A 具有 a 个水平，因素 B 具有 6 个水平，交叉分组，不设重复，即 A、B 因素的每一种组合(A_iB_j)仅作一次观测，共 $N=ab$ 个观测值，见表 6-3-15 模式。表中 T_A 和 $\bar{x}_A$ 分别表示各行(A 因素的各个水平)的总和及平均数；T_B 和 $\bar{x}_B$ 表示各列(B 因素的个水平)的总和及平均数，T 和 $\bar{x}_A$ 表示全部数据的总和及平均数。

表 6-3-15 两因素分组资料重复观测值的数据模式

A 因素	B 因素				T_A	$\bar{x}_A$
	B_1	B_2	…	B_b		
A_1	x_{11}	x_{12}	…	x_{1b}	T_{A1}	$\bar{x}_{A1}$
A_2	x_{21}	x_{22}	…	x_{2b}	T_{A2}	$\bar{x}_{A2}$
⋮	⋮	⋮	…	⋮	⋮	$\bar{x}_A$
A_a	x_{a1}	x_{a2}	…	x_{ab}	T_{Aa}	$\bar{x}_{Aa}$
T_B	T_{B1}	T_{B2}	…	T_{Bb}	T	$\bar{x}$
$\bar{x}_B$	$\bar{x}_{B1}$	$\bar{x}_{B2}$	…	$\bar{x}_{Bb}$		

2. 方差分析过程

(1)平方和与自由度的分解　各项变异平方和与自由度的分解计算公式如表 6-3-16 所示。

表 6-3-16 平方和与自由度的分解计算公式

项目	平方和分解	自由度分解
矫正数	$C=\frac{T^2}{ab}$	
总变异	$SS_T=\sum x^2-C$	$df_T=ab-1$
A 因素	$SS_A=\frac{\sum T_A^2}{b}-C$	$df_A=a-1$
B 因素	$SS_B=\frac{\sum T_B^2}{a}-C$	$df_B=b-1$
组内(误差)	$SS_e=SS_T-SS_A-SS_B$	$df_e=df_T-df_A-df_B$

(2)列方差分析表 将平方和与自由度的计算结果填入方差分析表(表 6-3-17),并进行计算。

表 6-3-17 两因素分组资料方差分析表

变异来源	SS	DF	MS	$F_{\bar{x}}$	$F_{0.05}$	$F_{0.01}$
A 因素	SS_A	df_A	SS_A/DF_A	MS_A/MS_e	查 F 值表的结果	
B 因素	SS_B	df_B	SS_B/DF_B	MS_B/MS_e		
误差	SS_e	df_e	SS_e/DF_e			
总变异	SS_T	df_T				

3. 案例分析

【例 6-3-3】对新嘎啦苹果施行 A、B、C、D 四种不同形式的小包装贮藏,并对每种包装分别加不同含量的活性炭:0.01%、0.03%、0.05%、0.07%,设空白对照,贮藏的环境条件一致,测定小包装贮藏后的新嘎拉苹果果肉硬度资料见表 6-3-18,试做方差分析。

表 6-3-18 两因素分组资料重复观测值的数据模式

A 因素(活性炭含量)	B 因素(包装形式)				合计(T_A)	$\bar{x}_A$
	A	B	C	D		
0.01%	11.7	11.1	10.4	12.9	46.1	11.5
0.03%	8.9	6.4	8.6	9.8	33.7	8.4
0.05%	9.0	9.9	9.2	11.7	39.8	10.0
0.07%	9.7	10.0	9.3	11.2	40.2	10.1
空白	12.2	8.9	7.8	8.0	36.9	9.2
合计(T_B)	51.5	46.3	45.3	53.6	$T=196.7$	$\bar{x}$
平均数($\bar{x}_B$)	10.3	9.3	9.1	10.7		

分析过程如下：

(1)平方和与自由度的分解

$$C=\frac{T^2}{ab}=\frac{196.7^2}{5\times 4}=1\ 934.54$$

$$SS_T=\sum x^2-C=(11.7^2+11.1^2+\cdots\cdots+8.0^2)-1\ 934.54=49.75$$

$$df_T=ab-1=5\times 4-1=19$$

$$SS_A=\frac{\sum T_A^2}{b}-C=\frac{46.1^2+33.7^2+\cdots+36.9^2}{4}-1\ 934.54=21.11$$

$$df_A=a-1=5-1=4$$

$$SS_B=\frac{\sum T_B^2}{a}-C=\frac{51.5^2+46.3^2+\cdots+53.6^2}{4}-1\ 934.54=9.66$$

$$df_B=b-1=4-1=3$$

$$SS_e=SS_T-SS_A-SS_B=49.75-21.11-9.66=18.98$$

$$df_e=df_T-df_A-df_B=19-4-3=12$$

(2)列方差分析表　列方差分析表进行 F 检验(表 6-3-19)。

表 6-3-19　两因素分组资料方差分析表

变异来源	SS	DF	MS	F	$F_{0.05}$	$F_{0.01}$
A 因素	21.1	4	5.28	3.34*	3.26	5.41
B 因素	9.66	3	3.22	2.04	3.49	5.95
误差	18.98	12	1.58			
总变异	49.75	19				

方差分析表明，不同活性炭含量对新嘎啦苹果贮藏后的果肉硬度影响差异显著，需要进一步做多重比较。

(3)多重比较

$$SE=\sqrt{\frac{MS_e}{b}}=\sqrt{\frac{1.582\ 4}{4}}=0.63$$

根据 $df=12$，查附表 6，得 $k=2$、3、4、5 时的 SSR 值，然后分别乘以 SE 得 LSR 值，并列入表 6-3-20，5 种不同含量活性炭的多重比较表见表 6-3-21。

表 6-3-20　$LSR_{0.05}$ 和 $LSR_{0.01}$ 计算表($SE=0.63$, $df=12$)

项目	k			
	2	3	4	5
$SSR_{0.05}$	3.08	3.23	3.33	3.36
$SSR_{0.01}$	4.32	4.55	4.68	4.76
$LSR_{0.05}$	1.94	2.03	2.10	2.12
$LSR_{0.01}$	2.72	2.87	2.95	3.00

表 6-3-21　5 种不同含量活性炭的多重比较表

活性炭含量	果肉硬度/(kg/cm^2)	差异显著性	
		α=0.05	α=0.01
0.01%	11.5	a	A
0.07%	10.1	ab	AB
0.05%	10.0	ab	AB
空白	9.2	b	AB
0.03%	8.4	b	B

多重比较结果表明：0.01%活性炭处理对新嘎啦苹果贮藏后的果肉硬度影响显著优于空白，极显著优于 0.03%的活性炭，其他处理间不存在显著差异。

(4)Excel 中的应用　将【例 6-3-3】中的数据整理输入 Excel 软件的工作表中；在 Excel 软件的主菜单中选择“数据”“数据分析”，打开“数据分析”对话框，在“分析工具”列表中选择“方差分析：无重复双因素分析”选项，如图 6-3-4 所示，然后单击“确定”按钮；在打开的“方差分析：无重复双因素分析”对话框中，在“输入区域”输入“＄A＄1：＄E＄6”，选中“标志”复选框，在“α(A)”区域中输入“0.05”或“0.01”，表明显著性水平，输出选项可以选择“输出区域”或“新工作表组”或“新工作簿”，如图 6-3-5 所示，单击“确定”按钮，得到无重复双因素方差分析的结果，如图 6-3-6 所示；然后进行结果分析。第一部分“SUMMARY”提供拟合模型的一般信息，包括各分组的名称、观测数、均值和方差，如图 6-3-6 所示。第二部分为方差分析表，其中“行”为“*A* 因素”“列”代表“*B* 因素”。最右边是在 α=0.05 的显著水平下，双因素方差分析 *F* 检验的临界值。

多因素完全随机设计试验(组内无重复观测值)的方差分析 Excel 操作视频

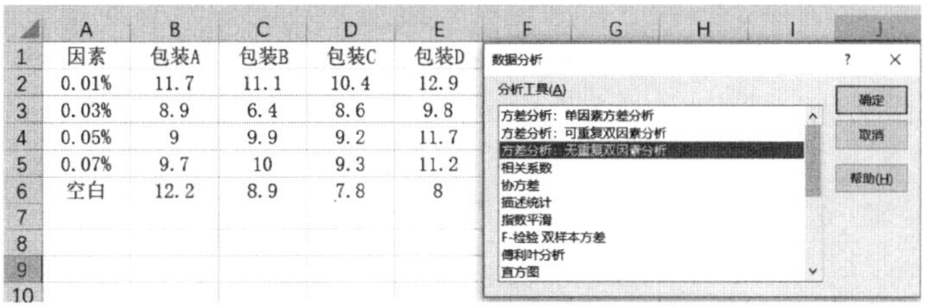

图 6-3-4　原始数据及数据分析对话框

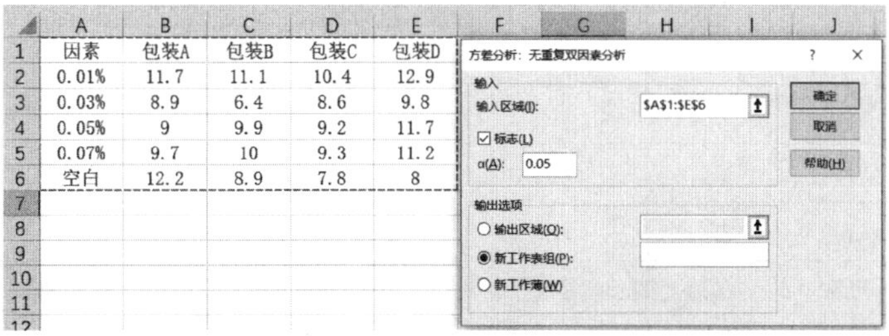

图 6-3-5　无重复双因素分析对话框

方差分析：无重复双因素分析						
SUMMARY	观测数	求和	平均	方差		
0.0001	4	46.1	11.525	1.1225		
0.0003	4	33.7	8.425	2.0825		
0.0005	4	39.8	9.95	1.51		
0.0007	4	40.2	10.05	0.67		
空白	4	36.9	9.225	4.1625		
包装A	5	51.5	10.3	2.395		
包装B	5	46.3	9.26	3.163		
包装C	5	45.3	9.06	0.918		
包装D	5	53.6	10.72	3.547		
方差分析						
差异源	SS	df	MS	F	P-value	F crit
行	21.103	4	5.27575	3.333983	0.046943	3.259167
列	9.6535	3	3.217833	2.033493	0.162935	3.490295
误差	18.989	12	1.582417			
总计	49.7455	19				

图 6-3-6　无重复双因素分析结果

(二)组内有重复观测值的方差分析

1. 资料特点

试验 A 因素具有 a 个水平，B 因素具有 b 个水平，共 ab 个处理，每一处理有 r 个观测值，于是资料共有 abr 个观测值。其资料类型见表 6-3-22。表中 T_A 和 $\bar{x}_A$ 分别表示各行（A 因素的各个水平）的总和及平均数；T_B 和 $\bar{x}_B$ 表示各列（B 因素的各个水平）的总和及平均数、T 和 $\bar{x}$ 表示全部数据的总和及平均数。

表 6-3-22　两因素分组资料重复观测值的数据模式

A 因素	重复	B 因素				T_A	$\bar{x}_A$
		B_1	B_2	…	B_b		
A_1	1	x_{111}	x_{121}	…	x_{1b1}	T_{A1}	$\bar{x}_{A1}$
	2	x_{112}	x_{122}	…	x_{1b2}		
	⋮	⋮	⋮	…	⋮		
	r	x_{11r}	x_{12r}	…	x_{1br}		
	T_t	T_{t11}	T_{t12}		T_{t1b}		
	$\bar{x}_t$	$\bar{x}_{t11}$	$\bar{x}_{t12}$	…	$\bar{x}_{t1b}$		
⋮		⋮	⋮	…	⋮	⋮	⋮
A_a	1	x_{a11}	x_{a21}	…	x_{ab1}	T_{Aa}	$\bar{x}_{Aa}$
	2	x_{a12}	x_{a22}	…	x_{ab2}		
	⋮	⋮	⋮	…	⋮		
	r	x_{a1r}	x_{a2r}		x_{abr}		
	T_t	T_{ta1}	T_{ta2}		T_{tab}		
	$\bar{x}_t$	$\bar{x}_{ta1}$	$\bar{x}_{ta2}$	…	$\bar{x}_{tab}$		
	T_B	T_{B1}	T_{B2}	…	T_{Bb}	T	$\bar{x}$
	$\bar{x}_B$	$\bar{x}_{B1}$	$\bar{x}_{B2}$	…	$\bar{x}_{Bb}$		

2. 方差分析过程

(1)平方和与自由度的分解　这类资料的总变异可分为 A 因素、B 因素、$A\times B$(互作)和误差四部分,其计算公式如表 6-3-23 所示。

表 6-3-23　平方和与自由度的分解计算公式

项目	平方和分解	自由度分解
矫正数:	$C=\frac{T^2}{ab}$	
总变异:	$SST=\sum x^2-C$	$df_T=abr-1$
处理组合	$SS_t=\frac{\sum T_t^2}{r}-C$	$Df_t=ab-1$
A 因素:	$SS_A=\frac{\sum T_A^2}{br}-C$	$df_A=a-1$
B 因素:	$SS_B=\frac{\sum T_B^2}{ar}-C$	$df_B=b-1$
$A\times B$	$SS_{A\times B}=SS_t-SS_A-SS_B$	$df_{A\times B}=(a-1)(b-1)$
组内(误差):	$SSe=SS_T-SS_t$	$df_e=ab(r-1)$

(2)列方差分析表　将平方和与自由度的计算结果填入方差分析表(表 6-3-24),并进行计算。

表 6-3-24　两因素分组资料(有重复观测值)方差分析表

变异来源	SS	DF	MS	F	$F_{0.05}$	$F_{0.01}$
处理组合	SS_t	Df_t	SS_t/DF_t	MS_t/MS_e	查 F 值表的结果	
A 因素	SS_A	df_A	SS_A/DF_A	MS_A/MS_e		
B 因素	SS_B	df_B	SS_B/DF_B	MS_B/MS_e		
$A\times B$	$SS_{A\times B}$	$df_{A\times B}$	$SS_{A\times B}/DF_{A\times B}$	$MS_{A\times B}/MS_e$		
误差	SS_e	df_e	SS_e/DF_e			
总变异	SS_T	df_T				

3. 案例分析

【例 6-3-4】以稻草(A_1)、玉米秸(A_2)、花生秸(A_3)3 种培养基,在 28 ℃(B_1)、30 ℃(B_2)、32 ℃(B_3)三种温度下,培养金针菇菌种,研究其生长速度。采用完全随机试验设计,每个处理组合培养三瓶。记录从接种到菌丝发满菌瓶的天数。试验结果见表 6-3-25,试做方差分析。

表 6-3-25　两因素分组资料重复观测值的数据模式

1 因素	重复	B 因素			T_A	$\bar{x}_A$
		B_1	B_2	B_3		
A_1	1	5.1	4.1	5.6	42.8	4.76
	2	4.3	4.7	4.9		
	3	4.6	4.2	5.3		
	T_t	14.0	13.0	15.8		
	$\bar{x}_t$	4.67	4.33	5.27		
A_2	1	6.4	5.3	6.1	53.4	5.93
	2	6.3	5.7	5.9		
	3	5.9	5.5	6.3		
	T_t	18.6	16.5	18.3		
	$\bar{x}_t$	6.20	5.50	6.10		
A_3	1	6.5	7.5	7.9	66.7	7.41
	2	6.9	7.9	8.1		
	3	7.1	7.3	7.5		
	T_t	20.5	22.7	23.5		
	$\bar{x}_t$	6.83	7.57	7.83		
T_B		53.1	52.2	57.6	T=162.9	$\bar{x}$=6.03
$\bar{x}_B$		5.90	5.80	6.40		

分析过程：

(1)平方和与自由度的分解

$$C=\frac{T^2}{abr}=\frac{162.9^2}{3\times3\times3}=982.83$$

$$SS_T=\sum x^2-C=(15.1^2+4.1^2+\cdots\cdots+7.5^2)-982.83=37.32$$

$$df_T=abr-1=3\times3\times3-1=26$$

$$SS_t=\frac{\sum T_t^2}{r}-C=\frac{14.0^2+13.0^2+\cdots+23.5^2}{3}-982.83=35.68$$

$$dft=ab-1=3\times3-1=8$$

$$SS_A=\frac{\sum T_A^2}{br}-C=\frac{42.8^2+53.4^2+66.7^2}{3\times3}-982.83=31.87$$

$$df_A=a-1=3-1=2$$

$$SS_B=\frac{\sum T_B^2}{ar}-C=\frac{53.1^2+52.2^2+\cdots+57.6^2}{3\times3}-982.83=1.86$$

$$df_B=b-1=3-1=2$$

$$SS_{A\times B}=SS_t-SS_A-SS_B=35.68-31.87-1.86=1.95$$

$$df_{A\times B}=(a-1)(\mathrm{b}-1)=(3-1)(3-1)=4$$

$$SS_e=SS_T-SS_t=37.30-35.68=1.62$$

$$df_e=ab(r-1)=3\times3\times(3-1)=18$$

(2)列方差分析表　列方差分析表进行 F 检验，参见表 6-3-26。

表 6-3-26　资料方差分析表

变异来源	SS	DF	MS	F	$F_{0.05}$	$F_{0.01}$
处理组合	35.68	8	4.46	48.95**	2.51	3.71
A 因素	31.87	2	15.934	174.89**	3.55	6.01
B 因素	1.86	2	0.93	10.207**	3.55	6.01
$A\times B$	1.95	4	0.487 5	5.35**	2.93	4.58
误差	1.64	18	0.091 11			
总变异	37.32	26				

方差分析表明，该试验培养基和温度的互作、培养基间以及温度间差异都是极显著的，需进一步做多重比较。

(3)多重比较

①培养基平均数的比较

$$SE_{\mathrm{A}}=\sqrt{\frac{MS_e}{br}}=\sqrt{\frac{0.09}{9}}=0.1$$

根据 $df=18$，查附表 6，得 $k=2$、3 时的 SSR 值，然后分别乘以 SE 得 LSR 值，并列入表 6-3-27，3 种不同培养基的多重比较表见表 6-3-28。

表 6-3-27　$LSR_{0.05}$ 和 $LSR_{0.01}$ 计算表($SE=0.10, df=18$)

项目	k	
	2	3
$SSR_{0.05}$	2.97	3.12
$SSR_{0.01}$	4.07	4.27
$LSR_{0.05}$	0.30	0.31
$LSR_{0.01}$	0.41	0.43

表 6-3-28　3 种不同培养基的多重比较表

培养基	天数/d	差异显著性	
		$\alpha=0.05$	$\alpha=0.01$
A_3	7.41	a	A
A_2	5.93	b	B
A_1	4.76	c	C

多重比较结果表明，培养基 A_1 上菌种生长最快，其次为 A_2，A_3 最慢，处理间存在显著差异。

②温度平均数的比较

$$SE_B=\sqrt{\frac{MS_e}{ar}}=\sqrt{\frac{0.09}{9}}=0.01$$

根据 $df=18$，查附表 6，得 $k=2$、3 时的 SSR 值，然后分别乘以 SE 得 LSR 值，并列表 6-3-29，3 种不同培养基的多重比较表见表 6-3-30。

表 6-3-29　$LSR_{0.05}$ 和 $LSR_{0.01}$ 计算表($SE=0.10, df=18$)

项目	k	
	2	3
$SSR_{0.05}$	2.97	3.12
$SSR_{0.01}$	4.07	4.27
$LSR_{0.05}$	0.30	0.31
$LSR_{0.01}$	0.41	0.43

表 6-3-30　3 种不同温度的多重比较表

温度	天数/d	差异显著性	
		$\alpha=0.05$	$\alpha=0.01$
B_3	6.40	a	A
B_1	5.90	b	B
B_2	5.80	b	B

多重比较结果表明：温度 B_1、B_2 对菌种生长速度的影响极显著差异于 B_3，而温度 B_1、B_2 对菌种生长速度无显著差异。

③各处理组合平均数的比较

$$SE=\sqrt{\frac{MS_e}{r}}=\sqrt{\frac{0.09}{3}}=0.17$$

根据 $df=18$，查附表 6，得 $k=2$、3、4、5、6、7、8、9 时的 SSR 值，然后分别乘以 SE 得 LSR 值，并列表 6-3-31，各处组织的多重比较表见表 6-3-31。

表 6-3-31 $LSR_{0.05}$和 $LSR_{0.01}$计算表（$SE=0.17, df=18$）

项目	k							
	2	3	4	5	6	7	8	9
$SSR_{0.05}$	2.97	3.12	3.21	3.27	3.32	3.35	3.37	3.39
$SSR_{0.01}$	4.07	4.27	4.38	4.46	4.53	4.59	4.64	4.68
$LSR_{0.05}$	0.50	0.53	0.55	0.56	0.56	0.57	0.57	0.58
$LSR_{0.01}$	0.69	0.73	0.74	0.76	0.77	0.78	0.79	0.80

表 6-3-32 各处理组合平均数的多重比较表

培养基	天数/d	差异显著性	
		$\alpha=0.05$	$\alpha=0.01$
A_3B_3	7.80	a	A
A_3B_1	7.57	a	A
A_3B_2	6.83	b	B
A_2B_1	6.20	c	BC
A_2B_3	6.10	c	C
A_2B_2	5.50	d	CD
A_1B_3	5.27	d	DE
A_1B_1	4.67	e	EF
A_1B_2	4.33	e	F

多重比较结果表明，A_1B_2处理组合对菌种生长速度的影响极显著优于 A_1B_3、A_2B_2、A_2B_3、A_2B_1、A_3B_2、A_3B_1、A_3B_3处理组合，但与 A_1B_1间无显著差异；A_1B_1处理组合显著优于 A_1B_3，极显著优于 A_2B_2、A_2B_3、A_2B_1、A_3B_2、A_3B_1、A_3B_3；A_1B_3处理组合极显著地优于 A_2B_3、A_2B_1、A_3B_2、A_3B_1、A_3B_3，而与 A_2B_2无显著差异。

(4)Excel 中的应用　将【例 6-3-4】中的数据整理输入 Excel 软件的工作表中；在 Excel 软件的主菜单中选择“数据”“数据分析”，打开“数据分析”对话框，在“分析工具”列表中选择“方差分析：可重复双因素分析”选项，如图 6-3-7 所示，单击“确定”按钮；在打开的“方差分析：可重复双因素分析”对话框中，在“输入区域”输入“$A$1：$D$10”，“每一样本的行数(R)”填 3，在“α(A)”区域中输入“0.05”或“0.01”，表明显著性水平。如图 6-3-8 所示，输出选项可以选择“输出区域”或“新工作表组”或“新工作簿”，单击“确定”按钮，得到无重复双因素方差分析的结果，如图 6-3-9 所示；然后进行结果分析。第一部分“SUMMARY”提供拟合模型的一般信息，包括各分组的名称、观测数、和、均值和方差，如图 6-3-9 所示。第二部分为方差分析表，其中“样本”为“A 因素”，“列”代表“B 因素”，“交互”即为“A×B”，“内部”即为“误差”，“总计”为“总变异”。

多因素完全随机设计试验(组内有重复观测值)的方差分析 Excel 操作视频

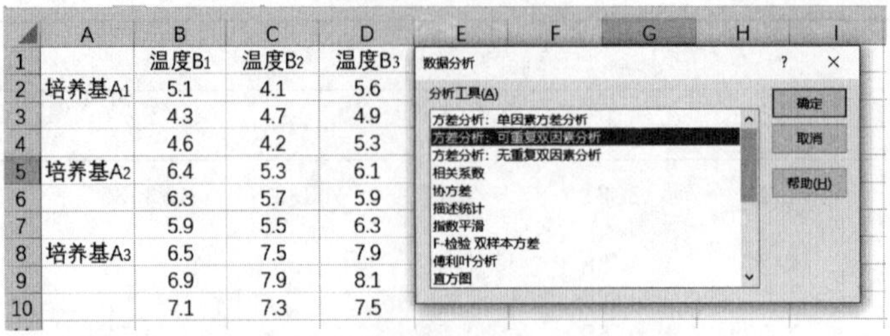

图 6-3-7　原始数据及数据分析对话框

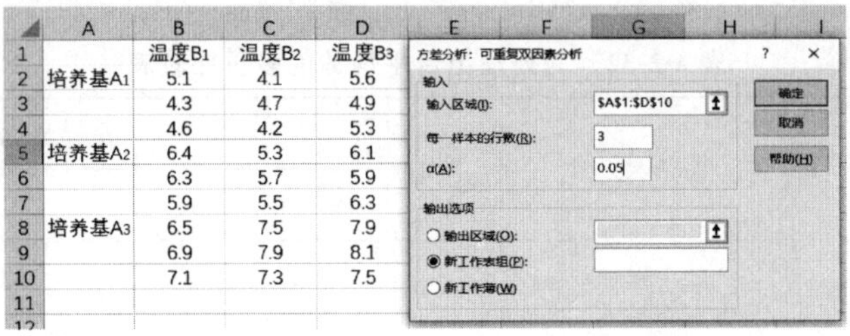

图 6-3-8　可重复双因素分析对话框

方差分析：可重复双因素分析						
SUMMARY	温度B1	温度B2	温度B3	总计		
培养基A1						
观测数	3	3	3	9		
求和	14	13	15.8	42.8		
平均	4.66667	4.33333	5.26667	4.75556		
方差	0.16333	0.10333	0.12333	0.26528		
培养基A2						
观测数	3	3	3	9		
求和	18.6	16.5	18.3	53.4		
平均	6.2	5.5	6.1	5.93333		
方差	0.07	0.04	0.04	0.145		
培养基A3						
观测数	3	3	3	9		
求和	20.5	22.7	23.5	66.7		
平均	6.83333	7.56667	7.83333	7.41111		
方差	0.09333	0.09333	0.09333	0.27111		
总计						
观测数	9	9	9			
求和	53.1	52.2	57.6			
平均	5.9	5.8	6.4			
方差	1.0125	2.07	1.35			
方差分析						
差异源	SS	df	MS	F	P-value	F crit
样本	31.8689	2	15.9344	174.89	1.6E-12	3.55456
列	1.86	2	0.93	10.2073	0.00109	3.55456
交互	1.95111	4	0.48778	5.35366	0.00509	2.92774
内部	1.64	18	0.09111			
总计	37.32	26				

图 6-3-9　可重复双因素方差分析结果

任务四 随机区组设计试验资料方差分析

在完全随机设计中，如果处理数较多，试验地面积较大，环境因素的均匀性就很难保证，其往往造成试验误差过大而降低试验的灵敏度。随机区组设计就是针对完全随机设计的这一缺点而提出的。它是将整个试验地划分成若干个各自相对均匀而彼此相对差异较大的区组，然后在每一区组中设置 k 个试验小区单元，并随机地布置 k 个处理的设计。这类试验应用了"重复、随机和局部控制"的三项原则，所以是一种比较合理的方法。

随机区组设计的方差分析，根据试验设计的特点，区组内的条件基本是一致的，区组间可以有适当的差异，它相当于一个试验因素，可以从误差中分离出来，即把区组效应从组内平方和中分离出来，可以有效降低试验误差。

一、单因素随机区组设计试验资料方差分析

(一)资料特点

试验只有一个因素，划分为 k 个水平即有 k 个处理(样本)，采用随机区组设计，n 个区组(n 次重复)，则共得 kn 个观测值，试验资料需按处理与区组整理成两向表(表 6-4-1)。

表 6-4-1 k 个处理 n 次重复的单因素随机区组试验结果资料整理两向表

处理(样本)	区组							处理总和 T_t	处理平均 $\bar{x}_t$
	1	2	3	…	j	…	n		
1	x_{11}	x_{12}	x_{13}	…	x_{1j}	…	x_{1n}	T_{t_1}	$\bar{x}_{t_1}$
2	x_{21}	x_{22}	x_{23}	…	x_{2j}	…	x_{2n}	T_{t_2}	$\bar{x}_{t_2}$
⋮	⋮	⋮	⋮	…	⋮	…	⋮	⋮	⋮
i	x_{i1}	x_{i2}	x_{i3}	…	x_{ij}	…	x_{in}	T_{t_i}	$\bar{x}_{t_i}$
⋮	⋮	⋮	⋮	…	⋮	…	⋮	⋮	⋮
k	x_{k1}	x_{k2}	x_{k3}	…	x_{kj}	…	x_{kn}	T_{tk}	$\bar{x}_{tk}$
区组总和 T_r	T_{r_1}	T_{r_2}	T_{r_3}	…	T_{r_j}	…	T_{r_n}	$T=\sum x$	$\bar{x}$

表 6-4-1 中，i 代表资料中任一处理的样本；j 代表任一区组；x_{ij} 表示某一处理的某一区组观测值；T_r 代表处理总和；T_t 代表处理总和；$\bar{x}_t$代表处理平均数；T 为全部观测值总和；$\bar{x}$ 为总平均数。

(二)方差分析过程

1. 平方和与自由度的分解

各项变异平方和与自由度的分解计算公式见表 6-4-2。

表 6-4-2 平方和与自由度的分解计算公式

项目	平方和分解	自由度分解
矫正数	$C=\frac{(\sum x)^2}{\sum kn}=\frac{T^2}{kn}$	
总变异	$SS_T=\sum_1^{nk}(x_{ij}-\overline{x})^2=\sum x^2-C$	$df_T=kn-1$
处理间	$SS_t=n\sum_1^{k}(\overline{x}_{t_i}-\overline{x})^2=\sum\frac{T_t^2}{n}-C$	$df_t=k-1$
区组间	$SS_r=k\sum_1^{n}(\overline{x}_{r_i}-\overline{x})^2=\frac{\sum T_r^2}{k}-C$	$df_r=n-1$
组内(误差)	$SS_e=\sum_{i=1}^{k}\sum_{j=1}^{n}(x_{ij}-\overline{x}_{t_i}-\overline{x}_{r_j}+\overline{x})^2=SS_T-SS_t-SS_r$	$df_e=(k-1)(n-1)$

2. 列方差分析表

将平方和与自由度的计算结果填入方差分析表中，计算各项变异方差及 F_t 与 F_r 值后，将 F 值与相应 F_α 值进行比较，单因素随机区组试验资料的方差分析表的格式见表 6-4-3。

表 6-4-3 单因素随机区组试验结果的方差分析表

变异来源	SS	DF	MS	F 值	$F_{0.05}$	$F_{0.01}$
处理间	SS_t	df_t	$MS_t=SS_t/df_t$	$F_t=MS_t/MS_e$	F 值表查表结果	
区组间	SS_r	df_r	$MS_r=SS_r/df_r$	$F_r=MS_r/MS_e$	F 值表查表结果	
误差	SS_e	df_e	$MS_e=SS_e/df_e$			
总变异	SS_T	df_T				

结论：对处理间的效应差异，根据 F_t 值与相应 $F_{0.05}$ 和 $F_{0.01}$ 的比较结果做出标记及结论；由于区组只是作为减少误差的手段，对区组间效应的差异显著性，一般只要求根据 F_r 值与相应 $F_{0.05}$ 和 $F_{0.01}$ 的比较结果在表中 F_r 值的右上角做标记，不需要做文字说明。

3. 多重比较

对各处理间平均数差异显著性检验可根据需要采用 LSD 或 LSR 法，其标准误计算方法参见本项目任务一。

区组间平均数一般不需要进行多重比较，但如果试验者需要了解不同区组间的环境条件差异时，在 F_r 检验结果达到差异显著或差异极显著时也可采用 LSR 法进行比较，区组间多重比较的标准误计算公式为：

$$SE_r=\sqrt{\frac{MS_e}{k}}$$

(三)方差分析案例

【例 6-4-1】为筛选出适合于本地生态环境条件下种植的小麦新品种，现设计一个包括 A、B、C、D、E、F、G 共 7 个小麦品种的品种比较试验，以当地最普遍种植的品种 G 为对照品种。

试验采用随机区组设计，3 次重复，小区计产面积 30 m^2，其田间排列及小区产量(kg)结果见图 6-4-1，试分析比较各品种在当地的产量表现。

Ⅰ	B 15.1	D 12.7	E 16.5	C 15.5	A 14.0	G 15.3	F 14.1
Ⅱ	E 19.5	A 16.1	G 12.8	B 17.2	F 14.8	D 15.0	C 17.5
Ⅲ	G 17.1	C 14.7	D 14.1	A 19.7	E 23.5	F 16.5	B 19.6

图 6-4-1　小麦品比试验田间排列及产量

表 6-4-4　小麦品比试验

品种	区组			T_t	$\overline{x}_t$
	Ⅰ	Ⅱ	Ⅲ		
A	14.0	16.1	19.7	49.8	16.6
B	15.1	17.2	19.6	51.9	17.3
C	15.5	17.5	14.7	47.7	115.9
D	12.7	15.0	14.1	41.8	13.9
E	16.5	19.5	23.5	59.5	19.8
F	14.1	14.8	16.5	45.4	15.1
G	15.3	12.8	17.1	45.2	15.1
T_t	103.2	112.9	125.2	T=341.3	$\overline{x}_t$=16.3

分析过程：

1. 平方和与自由度的分解

将表 6-4-4 的整理结果分别代入表 6-4-1 的公式中，可计算出各项变异的平方和与自由度。

$$\text{矫正数 } C=\frac{T^2}{kn}=\frac{341.3^2}{7\times3}=5\ 546.937\ 6$$

总变异：$SS_T=\sum x^2-C=14.0^2+16.1^2+\cdots+17.1^2-C=137.252\ 4$

$$df_T=kn-1=20$$

区组间：$SS_r=\frac{\sum T_r^2}{k}-C=\frac{103.2^2+112.9^2+125.2^2}{7}-5\ 546.937\ 6=34.732\ 4$

$$df_r=n-1=2$$

品种间：$SS_t=\frac{\sum T_t^2}{n}-C=\frac{49.8^2+51.9^2+\cdots+45.2^2}{3}-5\ 546.937\ 6=66.605\ 7$

$$df_t = k-1 = 6$$

误差：$SS_e = SS_T - SS_r - SS_t = 137.252\,4 - 34.732\,4 - 66.605\,7 = 35.914\,3$

$$df_e = (k-1)(n-1) = 12$$

2. 列方差分析表进行 F 检验

将上述结果填入方差分析表中，根据表 6-4-3 中的公式计算出方差及 F 值后，查 F 值表，将 F_t 值与 $\nu_1 = 6$、$\nu_2 = 12$ 的 $F_{0.05}$ 和 $F_{0.01}$ 进行比较，将 F_r 值与 $\nu_1 = 2$、$\nu_2 = 12$ 的 $F_{0.05}$ 和 $F_{0.01}$ 进行比较（表 6-4-5）。

表 6-4-5　方差分析表

变异来源	SS	DF	MS	F 值	$F_{0.05}$	$F_{0.01}$
品种间	66.605 7	6	11.101 0	3.709 2*	3.00	4.82
区组间	34.732 4	2	17.366 2	5.802 5*	3.89	6.93
误差	35.914 3	12	2.992 9			
总变异	137.252 4	20				

结论：$F_t = 3.709\,2 > F_{0.05} = 3.00$，$P < 0.05$，表明各处理间平均数差异显著，需进一步做多重比较，以明确各品种间的产量差异显著性。

3. 多重比较

本例中，若只需要了解各品种与对照品种（CK）之间的差异，可采用 LSD 法，若希望对各品种之间的产量差异进行比较，则宜采用 LSR 法，其方法分别如下：

（1）LSD 法　根据品种比较试验要求，对各供试品种应分别与对照品种进行比较。

平均数差数标准误为：$S_{\bar{x}_i - \bar{x}_j} = \sqrt{\dfrac{2MS_e}{n}} = \sqrt{\dfrac{2 \times 2.992\,9}{3}} = 1.412\,5$ (kg)

根据 $\nu = 12$，查 t 值表得 $t_{0.05} = 2.179$，$t_{0.01} = 3.055$，故

$$LSD_{0.05} = 1.412\,5 \times 2.179 = 3.08 \text{ (kg)}$$

$$LSD_{0.01} = 1.412\,5 \times 3.055 = 4.32 \text{ (kg)}$$

据上述标准可判断各品种与对照品种（G）的差数及显著性（表 6-4-6）。

表 6-4-6　各品种与对照产量相比较差异显著性（*LSD* 法）

品种	小区平均产量(kg)	与 G(CK)差异
E	19.83	4.77**
B	17.30	2.23
A	16.60	1.53
C	15.90	0.83
F	15.13	0.07
G(CK)	15.07	0.00
D	13.93	−1.13

从表 6-4-6 可以看出，品种 E 比对照品种增产极显著，其余品种与对照比较均没有显著差异。

(2)*LSR* 法 检验各品种间相互比较的差异显著性。

平均数标准误为：$SE=\sqrt{\frac{MS_e}{n}}=\sqrt{\frac{2.992\ 9}{3}}=0.998\ 8(\mathrm{kg}/30\ \mathrm{m}^2)$

据 $\nu=12$、$k=7$，查 *SSR* 值表得 $k=2$、3…7 时的 SSR_α 值，按公式 6-1-5 计算得各 LSR_α 值(表 6-4-7)，然后用字母标记法以相应 LSR_α 衡量各品种间产量差异显著性(表 6-4-8)。

表 6-4-7 小麦品比试验产量多重比较的 *LSR* 值表

项目	*k*					
	2	3	4	5	6	7
$SSR_{0.05}$	3.08	3.23	3.33	3.36	3.40	3.42
$SSR_{0.01}$	4.32	4.55	4.68	4.76	4.84	4.92
$LSR_{0.05}$	3.08	3.23	3.33	3.36	3.40	3.42
$LSR_{0.01}$	4.31	4.54	4.67	4.75	4.83	4.91

表 6-4-8 小麦品比试验各品种的产量差异显著性(*LSR* 法)

处理	$\bar{x}_t$	差异显著性	
		5%	1%
E	19.83	a	A
B	17.30	ab	AB
A	16.60	ab	AB
C	15.90	b	AB
F	15.13	b	AB
G	15.07	b	AB
D	13.93	b	B

多重比较结果表明：E 品种与 C、F、G、D 四个品种，B 与 D 品种的产量差异显著；E 品种与 D 品种的产量差异极显著，其余品种间产量均无显著差异。

4. Excel 中的应用

将【例 6-4-1】中表 6-4-4 中的数据输入 Excel 软件的工作表中；在 Excel 软件的主菜单中选择“数据”“数据分析”，打开“数据分析”对话框，在“分析工具”列表中选择“方差分析：无重复双因素分析”选项，如图 6-4-2 所示，单击“确定”按钮；在打开的“方差分析：无重复双因素分析”对话框中，在“输入区域”输入“$A$1:$D$8”，选中“标志”复选框，在“α(A)”区域中输入

单因素随机区组设计试验的方差分析 Excel 操作视频

“0.05”或“0.01”，表明显著性水平，如图 6-4-3 所示，输出选项可以选择“输出区域”或“新工作表组”或“新工作簿”，单击“确定”按钮，得到无重复双因素方差分析的结果；然后进行结果分析。第一部分“SUMMARY”提供拟合模型的一般信息，包括各分组的名称、观测数、和、均值和方差，如图 6-4-4 所示。第二部分为方差分析表，其中“行”代表“处理间”，“列”代表“区组间”，“误差”表示误差值，“总计”为“总变异”。

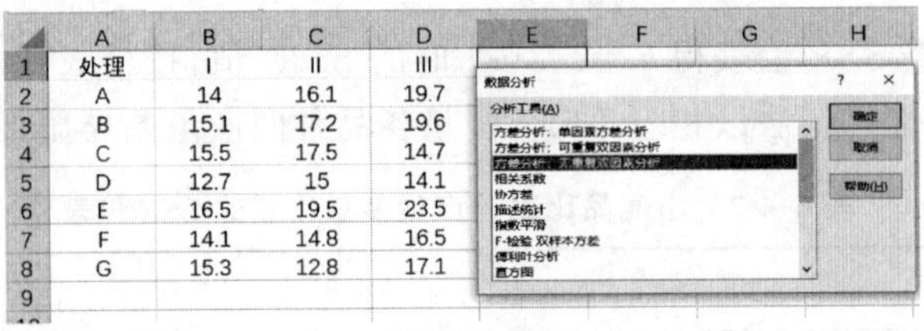

图 6-4-2　原始数据及数据分析对话框

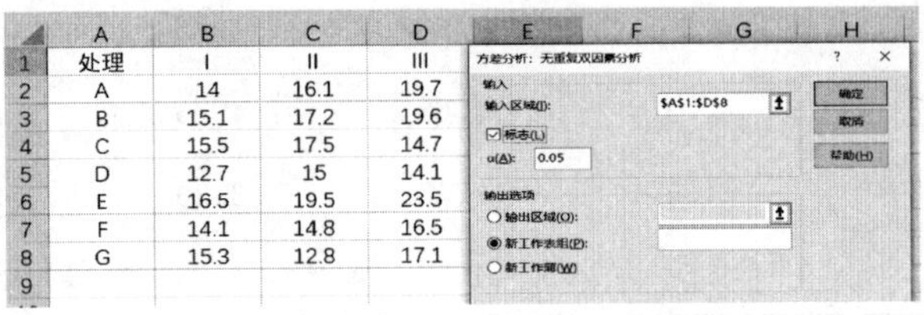

图 6-4-3　无重复双因素方差分析对话框

方差分析：无重复双因素分析

SUMMARY	观测数	求和	平均	方差
A	3	49.8	16.6	8.31
B	3	51.9	17.3	5.07
C	3	47.7	15.9	2.08
D	3	41.8	13.93333	1.343333
E	3	59.5	19.83333	12.33333
F	3	45.4	15.13333	1.523333
G	3	45.2	15.06667	4.663333
I	7	103.2	14.74286	1.539524
II	7	112.9	16.12857	4.752381
III	7	125.2	17.88571	10.79476

方差分析

差异源	SS	df	MS	F	P-value	F crit
行	66.60571	6	11.10095	3.709149	0.025435	2.99612
列	34.73238	2	17.36619	5.802546	0.01726	3.885294
误差	35.91429	12	2.992857			
总计	137.2524	20				

图 6-4-4　无重复双因素方差分析结果

二、多因素随机区组设计试验资料方差分析

(一)资料特点

设试验有 A 和 B 两个因素，各具有 a 和 b 个水平，则有 ab 个水平组合(处理)，即 $k=ab$，采用随机区组设计，n 个区组(n 次重复)，则资料共有 abn 个观测值，其资料同样需按处理与区组整理成两向表(表 6-4-9)，所不同的是对处理还需进一步整理成 A 因素和 B 因素两向表(表 6-4-10)：

表 6-4-9 k 个处理 n 次重复的两因素随机区组试验结果资料整理两向表

处理		区组							处理总和 T_t	处理平均 $\bar{x}_t$
A 因素	B 因素	1	2	3	…	l	…	n		
A_1	B_1	x_{111}	x_{112}	x_{113}	…	x_{11l}	…	x_{11n}	$T_{t_{11}}$	$\bar{x}_{t_{11}}$
	⋮	⋮	⋮	⋮	…	⋮	…	⋮	⋮	⋮
	B_b	x_{1b1}	x_{1b2}	x_{1b3}	…	x_{1bl}	…	x_{1bn}	$T_{t_{1b}}$	$\bar{x}_{t_{1b}}$
⋮	⋮	⋮	⋮	⋮	…	⋮	…	⋮	⋮	⋮
A_i	B_j	x_{ij1}	x_{ij2}	x_{ij3}	…	x_{ijl}	…	x_{ijn}	$T_{t_{ij}}$	$\bar{x}_{t_{ij}}$
⋮	⋮	⋮	⋮	⋮	…	⋮	…	⋮	⋮	⋮
A_a	B_1	x_{a11}	x_{a12}	x_{a13}	…	x_{a1l}	…	x_{a1n}	$T_{t_{a1}}$	$\bar{x}_{t_{a1}}$
	⋮	⋮	⋮	⋮	…	⋮	…	⋮	⋮	⋮
	B_b	x_{ab1}	x_{ab2}	x_{ab3}	…	x_{abl}	…	x_{abn}	$T_{t_{ab}}$	$\bar{x}_{t_{ab}}$
区组总和 T_r		T_{r_1}	T_{r_2}	T_{r_3}	…	T_{r_l}	…	T_{r_n}	$T=\sum x$	$\bar{x}$

表 6-4-10 A 因素和 B 因素两向表

A 因素	B 因素					T_A	$\bar{x}_A$
	B_1	…	B_j	…	B_b		
A_1	$T_{t_{11}}$	…	$T_{t_{1j}}$	…	$T_{t_{1b}}$	T_{A_1}	$\bar{x}_{A_1}$
⋮	⋮	…	⋮	…	⋮	⋮	⋮
A_i	$T_{t_{i1}}$	…	$T_{t_{ij}}$	…	$T_{t_{ib}}$	T_{A_i}	$\bar{x}_{A_i}$
⋮	⋮	…	⋮	…	⋮	⋮	⋮
A_a	$T_{t_{a1}}$	…	$T_{t_{aj}}$	…	$T_{t_{ab}}$	T_{A_a}	$\bar{x}_{A_1}$
T_B	T_{B_1}	…	T_{B_j}	…	T_{B_b}	$T=\sum T_t$	
$\bar{x}_B$	$\bar{x}_{B_1}$	…	$\bar{x}_{B_j}$	…	$\bar{x}_{B_b}$		$\bar{x}$

表 6-4-9、表 6-4-10 中，i 代表 A 因素的任一水平；j 代表 B 因素的任一水平；l 代表任一区组；x_{ijl} 表示某一处理（A 因素 i 水平与 B 因素 j 水平的组合）的某一区组观测值；T_r 代表区组总和；T_t 代表处理总和；$\bar{x}_t$代表处理平均数；T_A 代表 A 因素总和；$\bar{x}_A$代表 A 因素平均数；T_B 代表 B 因素总和；$\bar{x}_B$代表 B 因素平均数；T 为全部观测值总和；$\bar{x}$ 为总平均数。

变异分解模型与单因素随机区组相似，均为：总变异＝处理间变异＋区组间变异＋误差变异。但由于处理项是由 A、B 两个因素不同水平的组合，因此处理间变异又可分解为 A 因素水平间变异、B 因素水平间变异和 A 与 B 的交互作用（$A\times B$）3 部分，即：

总变异＝A 因素间变异＋B 因素间变异＋$A\times B$ 互作＋区组间变异＋误差变异

(二)方差分析过程

1. 平方和与自由度的分解

各项变异平方和与自由度的分解计算公式如下(表 6-4-11)：

表 6-4-11　两因素随机区组试验平方和与自由度分解计算公式

变异来源		平方和分解	自由度分解
矫正数		$C=\frac{(\sum x)^2}{abn}=\frac{T^2}{abn}$	
区组间	SS_r	$ab\sum_1^r(\bar{x}_r-\bar{x})^2=\frac{\sum T_r^2}{ab}-C$	$n-1$
处理间	SS_t	$n\sum_1^{ab}(\bar{x}_t-\bar{x})^2=\frac{\sum T_t^2}{n}-C$	$ab-1$
A 因素	SS_A	$nb\sum_1^a(\bar{x}_A-\bar{x})^2=\frac{\sum T_A^2}{nb}-C$	$a-1$
B 因素	SS_B	$na\sum_1^b(\bar{x}_B-\bar{x})^2=\frac{\sum T_B^2}{na}-C$	$b-1$
A×B 互作	SS_{AB}	$n\sum_1^{ab}(\bar{x}_t-\bar{x}_A-\bar{x}_B+\bar{x})^2=SS_t-SS_A-SS_B$	$(a-1)(b-1)$
误差	SS_e	$\sum_1^{abn}(x-\bar{x}_r-\bar{x}_t+\bar{x})^2=SS_T-SS_t-SS_r$	$(ab-1)(n-1)$
总变异	SS_T	$\sum_1^{abn}(x-\bar{x})^2=\sum x^2-C$	$abn-1$

2. 列方差分析表

将平方和与自由度的计算结果填入方差分析表中后，计算出各项变异方差后，需分别计算出 F_r、F_t 与 F_A、F_B、F_{AB} 值与相应的 $F_{0.05}$ 和 $F_{0.01}$ 进行比较，两因素随机区组试验资料的方差分析表格式如下(表 6-4-12)：

表 6-4-12　两因素随机区组试验资料的方差分析表

变异来源	SS	DF	MS	F	$F_{0.05}$	$F_{0.01}$
区组间	SS_r	df_r	$MS_r=SS_r/df_r$	$F_r=MS_r/MS_e$	F 值表查表结果	
处理间	SS_t	df_t	$MS_t=SS_t/df_t$	$F_t=MS_t/MS_e$		
A 因素	SS_A	df_A	$MS_A=SS_A/df_A$	$F_A=MS_A/MS_e$		
B 因素	SS_B	df_B	$MS_B=SS_B/df_B$	$F_B=MS_B/MS_e$		
A×B 互作	SS_{AB}	df_{AB}	$MS_{AB}=SS_{AB}/df_{AB}$	$F_{AB}=MS_{AB}/MS_e$		
误差	SS_e	df_e	$MS_e=SS_e/df_e$			
总变异	SS_T	df_T				

注：F_A 与 F_B 值的计算方法在不同试验设计理念中会有所不同，农业试验中一般采用表中计算公式。

结论：对处理间的效应差异，可根据 F_t 值与相应 $F_{0.05}$ 和 $F_{0.01}$ 的比较结果做出结论；也可直接根据 F_A、F_B、F_{AB} 值的差异显著性对 A 因素间、B 因素间及 $A\times B$ 互作分别做出结论。

3. 多重比较

对各处理间平均数差异显著性检验可根据需要采用 LSD 或 LSR 法，但由于处理间差异可体现在各个试验因素及其交互作用上，一般不必另行对处理间进行多重比较。而对各因素及互作间的多重比较，一般采用 LSR 法，其平均数标准误计算公式分别如下：

A 因素间平均数比较的标准误计算公式：$SE_A=\sqrt{\dfrac{MS_e}{bn}}$

B 因素间平均数比较的标准误计算公式：$SE_B=\sqrt{\dfrac{MS_e}{an}}$

$A\times B$ 互作间多重比较的标准误计算公式：$SE_{AB}=\sqrt{\dfrac{MS_e}{n}}$

(三)方差分析案例

【例 6-4-2】现对苹果新品种进行氮肥经济用量试验。设苹果新品种为 A，有 3 个水平，A_1 为甲品种，A_2 为乙品种，A_3 为丙品种；氮肥用量为 B，有 4 个水平，B_1 为不增氮肥，B_2 为低氮（增氮低水平），B_3 为中氮，B_4 为高氮，全试验共有 12 个水平组合，随机区组设计，采用单株小区，重复 3 次，调查第三年果实产量（kg/株）如表 6-4-13 所示，试做分析。

表 6-4-13　苹果新品种进行氮肥经济用量试验

处理	区组			T_i	$\overline{x}_t$
	Ⅰ	Ⅱ	Ⅲ		
A_1B_1	40	41	39	120	40.00
A_1B_2	43	44	42	129	43.00
A_1B_3	46	47	44	137	45.67
A_1B_4	43	42	46	131	43.67
A_2B_1	36	36	38	110	36.67
A_2B_2	48	44	42	134	44.67
A_2B_3	44	49	49	142	47.33
A_2B_4	46	41	40	127	42.33
A_3B_1	30	34	38	102	34.00
A_3B_2	40	42	50	132	44.00
A_3B_3	64	52	60	176	58.67
A_3B_4	44	44	36	124	41.44
T_r	524	516	524	T=1 564	$\overline{x}$=43.44

根据表 6-4-13 中施肥量数据，计算出各区组总和 T_r、各处理总和 T_t 及平均数 $\bar{x}_t$。然后根据各处理总和 T_t 整理出品种(A)和施肥量(B)两向表(表 6-4-14)。

表 6-4-14　A 因素与 B 因素两向表

品种	施肥量				T_A	$\bar{x}_A$
	B_1	B_2	B_3	B_4		
A_1	120	129	137	131	517	43.08
A_2	110	134	142	127	513	42.75
A_3	102	132	176	124	534	44.50
T_B	332	395	455	382	T=1 564	
$\bar{x}_B$	36.89	43.89	50.56	42.44		

分析过程：

1. 平方和与自由度的分解

将表 6-4-13 的整理结果分别代入表 6-4-11 公式中，可计算出各项变异的平方和与自由度。

$$C=\frac{T^2}{abn}=\frac{1\ 564^2}{3\times4\times3}=67\ 947.11$$

$$SS_T=\sum x^2-C=(40^2+43^2+36^2)-C=1\ 500.89 \qquad abn-1=3\times4\times3-1=35$$

$$SS_t=\frac{\sum T_t^2}{n}-C=\frac{120^2+129^2+\cdots+124^2}{3}-C=1219.56 \qquad ab-1=3\times4-1=11$$

$$SS_A=\frac{\sum T_A^2}{nb}-C=\frac{517^2+513^2+534^2}{3\times4}-C=20.72 \qquad a-1=3-1=2$$

$$SS_B=\frac{\sum T_B}{na}-C=\frac{332^2+395^2+455^2+382^2}{3\times3}-C=852.67 \quad b-1=4-1=3$$

$$SS_{A\times B}=SS_t-SS_A-SS_B=1\ 219.56-20.72-852.67=346.17 \quad (a-1)(b-1)=6$$

$$SS_r=\frac{\sum T_r^2}{ab}-C=\frac{524^2+516^2+524^2}{3\times4}-C=3.56 \qquad n-1=3-1=2$$

$$SS_e=SS_T-SS_t-SS_r=1\ 500.89-1\ 219.56-3.56=277.77 \qquad (ab-1)(r-1)=22$$

2. 列方差分析表

将上述结果填入方差分析表中，根据表 6-4-12 中的公式计算出各项变异的方差及 F 值后，查 F 值表，将各 F 值与相应的 F_α 进行比较并作出显著性标记(表 6-4-15)。

表 6-4-15　方差分析表

变异来源	SS	DF	MS	F	$F_{0.05}$	$F_{0.01}$
处理间	1 219.56	11	110.87	8.78**	2.25	3.75
A(品种)	20.72	2	10.36	<1	3.44	5.72
B(施氮量)	852.67	3	284.22	22.50**	3.00	4.82
$A\times B$	346.17	6	57.70	4.57**	3.26	3.18
区组间	3.56	2	1.78	<1		
误差	277.77	22	12.63			
总变异	1 500.89	35				

F 检验结果表明，区组间、品种间差异不显著，而处理间、施氮量间和品种×施氮量间的差异极显著。不同的施氮量对苹果产量影响不同，而不同苹果品种对氮肥用量又有不同的要求，所以需进一步做氮肥用量间与品种×施肥量间差异显著性检验。

3. 多重比较

(1)A 因素(品种)间产量比较　以不同品种的小区平均产量进行比较。

平均数标准误为：$SE_A=\sqrt{\dfrac{MS_e}{bn}}=\sqrt{\dfrac{12.63}{4\times3}}=1.03$

查 SSR 值表，当 $\nu=df_e=22$ 时得 $k=2$、3 的 SSR_α 值，并根据公式 $LSR_\alpha=SSR_\alpha\times SE_A$，计算出不同 k 值下的 LSR_α 值(表 6-4-16)，然后用相应的 LSR_α 衡量不同品种间产量差异显著性，将比较结果列于表 6-4-17(字母标记法，下同)。

表 6-4-16　品种间(A 因素间)产量比较的 LSR_α 值表

项目	k	
	2	3
$SSR_{0.05}$	2.93	3.08
$SSR_{0.01}$	3.99	4.17
$LSR_{0.05}$	3.02	3.17
$LSR_{0.01}$	4.11	4.30

表 6-4-17　品种间产量差异显著性(LSR 法)

品种	$\bar{x}_A$(kg/株)	差异显著性	
		$\alpha=0.05$	$\alpha=0.01$
A_3	44.50	a	A
A_1	43.08	a	A
A_2	42.75	a	A

结果表明：三个品种间产量差异不显著，此项可不做比较，仅为验证。

(2)施氮量间平均数的比较(LSR 法)

施氮量间平均数的标准误：

$$SE=\sqrt{\frac{MS_e}{an}}=\sqrt{\frac{12.63}{3\times3}}=1.18$$

查 SSR 值表(附表 6)，当 $\nu=(n-1)(ab-1)=22$ 时，$k=2$、3、4 的 $SSR_{0.05}$ 和 $SSR_{0.01}$ 值，并根据 $LSR_\alpha=SSR_\alpha\times SE$ 计算 $LSR_{0.05}$ 和 $LSR_{0.01}$ 值，列于表 6-4-18，然后用相应的 LSR_α 衡量不同品种间产量差异显著性，将比较结果列于表 6-4-19(字母标记法，下同)。

表 6-4-18　最小显著极差法检验的 LSR_α 值

项目	k		
	2	3	4
$SSR_{0.05}$	2.93	3.08	3.17

续表 6-4-18

项目	k		
	2	3	4
$SSR_{0.01}$	3.99	4.17	4.28
$LSR_{0.05}$	3.46	3.63	3.74
$LSR_{0.01}$	4.71	4.62	5.05

表 6-4-19　不同施氮量间平均产量的差异显著表

品种	产量($\bar{x}_A$)	差异显著性	
		$\alpha=0.05$	$\alpha=0.01$
B_1	50.56	a	A
B_2	43.81	b	B
B_3	42.44	b	B
B	36.89	c	C

结果表明：3 种施氮量处理下不同苹果品种的产量均极显著高于不施氮的产量；中等施氮量的产量极显著高于低施氮和高施氮量的产量，高施氮量和低施氮量之间的产量差异不显著。

(3)品种×施氮量的互作间的比较（LSR 法）　F 检验结果表明，品种与施氮量的互作极显著，表明不同的品种适应不同的施氮肥量互作比较时，可以用全部处理平均数，也可以将每一个品种的四种施氮量之间进行比较。现将这两种方法分别介绍。

①各品种不同施氮量的比较。施氮量间平均数的标准误：

$$SE=\sqrt{\frac{MS_e}{n}}=\sqrt{\frac{12.63}{3}}=2.05$$

查 SSR 值表（附表 6），当 $\nu=(n-1)(ab-1)=22$ 时，$k=2$、3、4、…、12 的 $SSR_{0.05}$ 和 $SSR_{0.01}$ 值，并根据 $LSR_\alpha=SSR_\alpha\times SE$ 计算 $LSR_{0.05}$ 和 $LSR_{0.01}$ 值，列于表 6-4-20 中。列出不同施氮量间平均产量的差异显著性（表 6-4-21）。

表 6-4-20　最小显著极差法检验的 LSR_α 值（$S_{\bar{x}}=2.05$）

项目	k									
	2	3	4	5	6	7	8	9	10	12
$SSR_{0.05}$	2.93	3.08	3.17	3.24	3.29	3.32	3.35	3.37	3.39	3.42
$SSR_{0.01}$	3.99	4.17	4.28	4.36	4.42	4.48	4.53	4.57	4.60	4.65
$LSR_{0.05}$	6.01	6.31	6.50	6.64	6.74	6.81	6.87	6.91	6.95	7.01
$LSR_{0.01}$	8.18	8.55	8.77	8.94	9.06	9.18	9.39	9.37	9.43	9.53

表 6-4-21 各品种不同施氮量的多重比较结果(*LSR* 法)

A_1				A_2				A_3			
施肥量	产量	差异		施肥量	产量	差异		施肥量	产量	差异	
	($\bar{x}_B$)	$\alpha=0.05$	$\alpha=0.01$		($\bar{x}_B$)	$\alpha=0.05$	$\alpha=0.01$		($\bar{x}_B$)	$\alpha=0.05$	$\alpha=0.01$
B_3	45.67	a	A	B_3	47.33	a	A	B_2	58.67	a	A
B_4	43.63	a	A	B_2	44.67	a	AB	B_3	44.00	b	AB
B_2	43.00	a	A	B_4	42.33	ab	AB	B_1	41.33	b	BC
B_1	40.00	a	A	B_1	36.67	b	B	B_4	34	c	C

②各品种不同施氮量的比较处理间平均数的比较。将各处理平均数列入表 6-4-22

表 6-4-22 处理间的差异显著性检验(*LSR* 法)

处理	平均产量($\bar{x}_B$)	差异显著性	
		$\alpha=0.05$	$\alpha=0.01$
A_3B_3	58.67	a	A
A_2B_3	47.33	b	B
A_1B_3	45.67	bc	BC
A_2B_2	44.67	bc	BC
A_3B_2	44.00	bc	BC
A_1B_2	43.67	bc	BC
A_2B_4	43.00	bcd	BCD
A_3B_4	42.33	bcd	BCD
A_2B_3	41.33	bcd	BCD
A_1B_1	40.00	cde	BCD
A_2B_1	36.67	de	CD
A_3B_1	34.00	e	D

检验结果表明,A_3品种在中等施氮量水平条件下产量最高,为最优组合,极显著优于其他处理的产量。3 个苹果品种不施氮肥产量最低,显著的低于其他施氮肥的产量。

综合以上分析表明,A_1品种对施氮肥量的大小不敏感,4 种施氮肥量间无显著差异;A_2品种对施氮肥量比较敏感,施氮肥的比不施氮肥的增产极显著,但用量大小之间无显著差异;A_3品种对施氮量的大小很敏感,3 种施氮量的产量均高于不施氮肥的产量,并且达显著水平,中施氮量的苹果产量极显著高于低、高施氮量的产量。

试验结论:该试验中品种水平间无显著差异;施氮肥量水平间有极显著差异,以 B_3施氮量产量最高,与 B_1、B_2、B_4有极显著差异,B_2、B_4之间无差异,但与 B_1有极显著差异;品种与施氮量的互作效应极显著,以 A_3品种与 B_3施氮量结合效果最好,能取得最高产量,A_2、A_1品种也适用 B_3施氮量,但不如 A_3品种产量高,3 个品种施氮肥均比不施氮肥产量高。

4. Excel 中的应用

将【例 6-4-2】中表 6-4-13 中的数据输入 Excel 软件的工作表中；在 Excel 软件的主菜单中选择“数据”，单击“数据分析”，打开“数据分析”对话框，在“分析工具”列表中选择“方差分析：无重复双因素分析”选项，如图 6-4-5 所示，单击“确定”按钮；在打开的“方差分析：无重复双因素分析”对话框中，在“输入区域”输入“$A$2:$D$14”，选中“标志”复选框，在“α(A)”区域中输入“0.05”或“0.01”，表明显著性水平，如图 6-4-5 所示，输出选项可以选择“输出区域”或“新工作表组”或“新工作簿”，单击“确定”按钮，得到无重复双因素方差分析的结果，如图 6-4-6 所示。

多因素随机区组设计试验的方差分析 Excel 操作视频

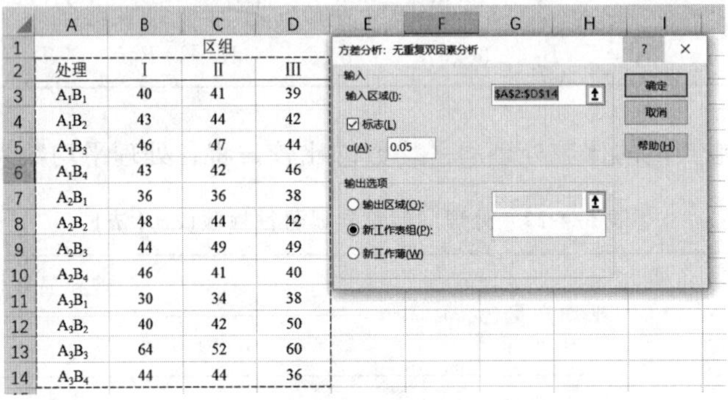

	区组		
处理	I	II	III
A_1B_1	40	41	39
A_1B_2	43	44	42
A_1B_3	46	47	44
A_1B_4	43	42	46
A_2B_1	36	36	38
A_2B_2	48	44	42
A_2B_3	44	49	49
A_2B_4	46	41	40
A_3B_1	30	34	38
A_3B_2	40	42	50
A_3B_3	64	52	60
A_3B_4	44	44	36

图 6-4-5　无重复双因素分析对话框

方差分析：无重复双因素分析

SUMMARY	观测数	求和	平均	方差
A1B1	3	120	40	1
A1B2	3	129	43	1
A1B3	3	137	45.66667	2.333333
A1B4	3	131	43.66667	4.333333
A2B1	3	110	36.66667	1.333333
A2B2	3	134	44.66667	9.333333
A2B3	3	142	47.33333	8.333333
A2B4	3	127	42.33333	10.33333
A3B1	3	102	34	16
A3B2	3	132	44	28
A3B3	3	176	58.66667	37.33333
A3B4	3	124	41.33333	21.33333
I	12	524	43.66667	65.15152
II	12	516	43	25.09091
III	12	524	43.66667	45.87879

方差分析

差异源	SS	df	MS	F	P-value	F crit
行	1219.556	11	110.8687	8.7808	9.64E-06	2.258518
列	3.555556	2	1.777778	0.1408	0.86944	3.443357
误差	277.7778	22	12.62626			
总计	1500.889	35				

图 6-4-6　无重复双因素方差分析结果

然后进行处理项再分解，将数据资料整理成“可重复因素分析”模式，如图 6-4-7 所示。选择“数据”，单击“数据分析”，打开“数据分析”对话框，在“分析工具”列表中选择“方差分析：可重复双因素分析”选项，单击“确定”按钮；在打开的“方差分析：可重复双因素分析”对话框中，在“输入区域”输入“$A$2:$E$11”，“每一样本的行数(*R*)”填 3，在“α(A)”区域中输入“0.05”或“0.01”，表明显著性水平，如图 6-4-8 所示，输出选项可以选择“输出区域”或“新工作表组”或“新工作簿”，单击“确定”按钮，得到有重复双因素方差分析的结果，如图 6-4-9 所示；然后进行结果分析。

	A	B	C	D	E	F
1		果实产量（kg/株）				
2	处理	B1	B2	B3	B4	
3	A1	40	43	46	43	
4		41	44	47	42	
5		39	42	44	46	
6	A2	36	48	44	46	
7		36	44	49	41	
8		38	42	49	40	
9	A3	30	40	64	44	
10		34	42	52	44	
11		38	50	60	36	
12						

图 6-4-7　处理项再分解

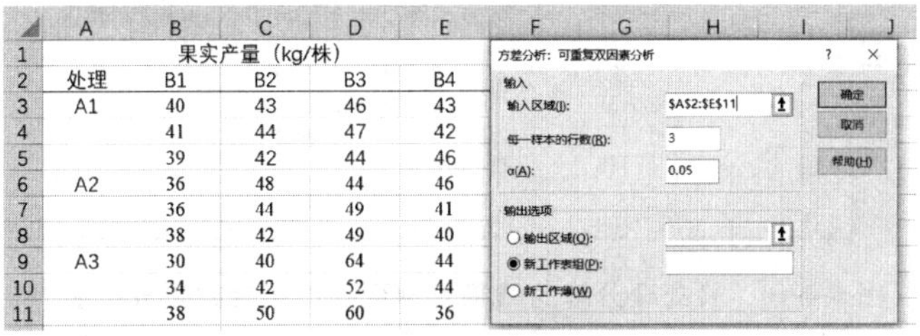

图 6-4-8　可重复双因素分析对话框

	A	B	C	D	E	F	G
1	方差分析：可重复双因素分析						
2							
3	SUMMARY	B1	B2	B3	B4	总计	
4	A1						
5	观测数	3	3	3	3	12	
6	求和	120	129	137	131	517	
7	平均	40	43	45.6667	43.6667	43.0833	
8	方差	1	1	2.33333	4.33333	6.08333	
9							
10	A2						
11	观测数	3	3	3	3	12	
12	求和	110	134	142	127	513	
13	平均	36.6667	44.6667	47.3333	42.3333	42.75	
14	方差	1.33333	9.33333	8.33333	10.3333	22.2045	
15							
16	A3						
17	观测数	3	3	3	3	12	
18	求和	102	132	176	124	534	
19	平均	34	44	58.6667	41.3333	44.5	
20	方差	16	28	37.3333	21.3333	106.273	
21							
22	总计						
23	观测数	9	9	9	9		
24	求和	332	395	455	382		
25	平均	36.8889	43.8889	50.5556	42.4444		
26	方差	11.3611	10.1111	49.5278	10.0278		
27							
28							
29	方差分析						
30	差异源	SS	df	MS	F	P-value	F crit
31	样本	20.7222	2	10.3611	0.88389	0.4262	3.40283
32	列	852.667	3	284.222	24.2464	1.9E-07	3.00879
33	交互	346.167	6	57.6944	4.9218	0.00207	2.50819
34	内部	281.333	24	11.7222			
35							
36	总计	1500.89	35				

图 6-4-9　可重复双因素方差分析结果

结果分析。第一部分“SUMMARY”提供拟合模型的一般信息，包括各分组的名称、观测数、和、均值和方差，如图 6-4-9 所示。第二部分为方差分析表，其中“样本”为“A 因素”，“列”代表“B 因素”，“交互”即为“$A\times B$ 互作”，“内部”即为“误差”，“总计”为“总变异”。由于该误差项是没有消去区组效应的误差，所以该表中的误差项自由度、平方和及均方等均不可用，因此 F 检验、概率值 P(P-value)及 F 临界值(F crit)也不可用。仅将 A 因素、B 因素及 $A\times B$ 互作的自由度及平方和部分复制并插入图 6-4-6 的方差分析结果中，如图 6-4-10 所示。重新计算这三项的 F 值。

22	方差分析						
23	差异源	SS	df	MS	F	P-value	F crit
24	行	1219.556	11	110.8687	8.7808	9.64E-06	2.258518
25	列	3.555556	2	1.777778	0.1408	0.86944	3.443357
26	A	20.72222	2	10.36111	=D26/D29		
27	B	852.6667	3	284.2222			
28	A×B	346.1667	6	57.69444			
29	误差	277.7778	22	12.62626			
30							
31	总计	1500.889	35				
32							
33	方差分析						
34	差异源	SS	df	MS	F	P-value	F crit
35	行	1219.556	11	110.8687	8.7808	9.64E-06	2.258518
36	列	3.555556	2	1.777778	0.1408	0.86944	3.443357
37	A	20.72222	2	10.36111	0.8206		
38	B	852.6667	3	284.2222	22.5104		
39	A×B	346.1667	6	57.69444	4.5694		
40	误差	277.7778	22	12.62626			
41							
42	总计	1500.889	35				

图 6-4-10　将处理分解的结果复制到处理组合方差分析表内

方差分析表明，处理组合、B 因素、$A\times B$ 间差异显著，需进一步进行多重比较。也就是说品种和施氮量不同组合对于果树单株产量有不同影响。

任务五　正交设计试验资料方差分析

正交设计之所以能得到广泛的应用，不仅在于其能使试验的次数减少，而且其能够用相应的方法对试验结果进行分析并引出许多有价值的结论。正交试验结果的分析方法主要有直观分析法与方差分析法两种。

一、直观分析法

【例 6-5-1】为明确某植物组织培养中继代增殖培养基的最佳配方，拟考察细胞分裂素(6-BA)、生长素(NAA)和蔗糖的浓度等 3 个因素对增殖培养的影响，每个因素均分为 3 水平，即 $m=3$(表 6-5-1)。若实施完全试验方案，则有 $3\times3\times3=27$ 个处理。由于试验的主要目的是考察这三个因素的效应与筛选最佳水平组合，为简化试验，采用 $L_9(3^4)$正交表进行试验方案设计(附表 9)。试验采用随机区组设计，3 次重复，在初代培养的种子萌发并抽出幼芽后，切取幼芽转入继代培养基中进行继代增殖培养。每个试验单元 10 瓶，每瓶培养基 4 个幼芽。30 d 后按试验单元统计各处理的增殖率(表 6-5-2)。

表 6-5-1 继代增殖培养基配方的因素水平表

水平编号	因素		
	6-BA 浓度/(mg/L)	NAA 浓度/(mg/L)	蔗糖浓度/(g/L)
1	0.5	0.05	20
2	1.5	0.10	30
3	2.5	0.15	40

表 6-5-2 继代增殖培养基配方的正交设计方案及试验结果

处理编号	列号(因素)				增殖率/%					
	A	B	C	(空列)	Ⅰ	Ⅱ	Ⅲ	T_t	$\overline{x}_t$	(x_n)
1	1(0.5)	1(0.05)	1(20)	1	136	159	149	444	148	(x_1)
2	1(0.5)	2(0.10)	2(30)	2	151	169	190	510	170	(x_2)
3	1(0.5)	3(0.15)	3(40)	3	113	132	130	375	125	(x_3)
4	2(1.5)	1(0.05)	2(30)	3	250	280	277	807	269	(x_4)
5	2(1.5)	2(0.10)	3(40)	1	225	247	197	669	223	(x_5)
6	2(1.5)	3(0.15)	1(20)	2	201	241	221	663	221	(x_6)
7	3(2.5)	1(0.05)	3(40)	2	289	319	310	918	306	(x_7)
8	3(2.5)	2(0.10)	1(20)	3	245	274	264	783	261	(x_8)
9	3(2.5)	3(0.15)	2(30)	1	318	342	300	960	320	(x_9)
T_r					1 928	2 163	2 038	6 129(T)		

注:A、B、C 分别代表细胞分裂素(6-BA)浓度、生长素(NAA)浓度和蔗糖浓度 3 个试验因素。

(一)直观分析法的特点

直观分析法也称极差分析法,该法计算简便,直观,简单易懂,是正交试验结果分析中常用的方法。该法主要适合无重复设置的试验结果分析;对设置重复的试验结果,则可对各处理平均效应($\overline{x}_t$)进行分析。

(二)直观分析法的步骤

1. 确定试验因素的优水平和最优水平组合

$L_k(m^p)$正交试验方案中,第 i 列(因素)第 j 水平对试验指标的影响可用该列水平所对应的试验指标(x_n)之和 K_{ij} 或其平均值 $\overline{x}_{ij}$ 表示,其中 $i=1、2、\cdots、p$;$j=1、2、\cdots、m$。

根据正交设计的特性,对某一因素来说,各水平间的试验条件是完全一样的(综合可比性),可进行直接比较。如果该因素对试验指标无影响时,那么各个 K_{ij}(或 $\overline{x}_{ij}$)值应该是相等的;若各个 K_{ij}(或 $\overline{x}_{ij}$)值不相等,则说明该因素的水平变动对试验结果有影响。因此,根据各个 K_{ij}(或 $\overline{x}_{ij}$)值的大小可以判断各水平对试验指标的影响大小,并进而确定该因素的最优水平。

表 6-5-3 试验结果中，A 因素（6-BA 浓度）各水平所对应的增殖率之和 T_{1j} 及其平均值 $\overline{x}_{1j}$ 分别为：

A_1 水平（0.5 mg/L）：$K_{11}=x_1+x_2+x_3=148+170+125=443$；$\overline{x}_{11}=443\div3=147.7$

A_2 水平（1.5 mg/L）：$K_{12}=x_4+x_5+x_6=269+223+221=713$；$\overline{x}_{12}=713\div3=237.7$

A_3 水平（2.5 mg/L）：$K_{13}=x_7+x_8+x_9=306+261+320=887$；$\overline{x}_{13}=887\div3=295.7$

分析结果表明，A_3 的增殖率最高，且 $K_{13}>K_{12}>K_{11}$，所以可以判断 6-BA 浓度在 2.5 mg/L 时为优水平。

同理，可以计算并确定 B 因素（NAA 浓度）的优水平为 B_1（0.05mg/L），C 因素（蔗糖浓度）的优水平为 C_2（30g/L），计算结果详见表 6-5-3。

表 6-5-3 继代增殖培养基配方的正交设计试验结果分析

分析项目	因素		
	6-BA 浓度/(mg/L)	NAA 浓度/(mg/L)	蔗糖浓度/(g/L)
K_{i1}	443	723	630
K_{i2}	713	654	759
K_{i3}	887	666	654
$\overline{x}_{i1}$	147.7	241.0	210.0
$\overline{x}_{i2}$	237.7	218.0	253.0
$\overline{x}_{i3}$	295.7	222.0	218.0
优水平	水平 3	水平 1	水平 2
极差 R_i	148.0	23.0	43.0

不考虑因素间的交互作用，则三个因素的最优水平组合为各因素优水平的搭配，即本试验中，继代增殖培养基的最佳配方为 2.5 mg/L 的 6-BA、0.05 mg/L 的 NAA 与 30 g/L 的蔗糖。

2. 确定因素的主次顺序

极差 $R_i=\mathrm{MAX}(\overline{x}_{ij})-\mathrm{MIN}(\overline{x}_{ij})$，根据 R_i 的大小可以判断各因素对试验指标的影响主次。上例极差 R_i 计算结果见表 6-5-3，比较各 R_i 值大小，可见 $R_1>R_3>R_2$，所以试验因素对指标影响的主次顺序是 $A>C>B$。即 6-BA 浓度对继代增殖培养影响最大，其次是蔗糖浓度，而 NAA 浓度的影响较小。

3. 绘制因素与指标趋势图

为了更直观地表现试验指标随着因素水平的变化而变化的趋势，可绘制因素与指标趋势图。趋势图以各因素水平为横坐标，试验指标的平均值（$\overline{x}_{ij}$）为纵坐标进行绘制。具体绘制方法可参考有关文献资料。

二、方差分析法

（一）正交试验方差分析法的意义

极差分析法不能估计试验中以及试验结果测定中必然存在的误差的大小。为了弥补这个缺点，进一步考察各因素对指标影响的显著程度，在进行正交试验设计时，可适当设置重复，采用方差分析的方法估计试验误差，从而可获得更全面、准确的信息，更好地反映试验结果的本质。“更好地反映试验结果的本质”是每一名统计学家的不懈追求和对科学精神的忠实坚守，正如陈松蹊院士始终心怀国家，紧密围绕国家的重大需求，带领团队以国家大气污染防治为出发点，面对这一全新研究方向和海量复杂数据，凭借其卓越的研究激情和坚定的信念，迎难而上，构建了科学度量大气污染的统计方法体系，创新性地提出了排除大气监测数据中气象因素干扰的方法，最终成功获得了时间上可比较的空气质量指标和“人努力一天帮忙”指数，为我国大气污染防治工作提供了重要的科学依据和技术支持，也为统计学在环境科学领域的应用开辟了广阔空间，充分展现了统计学在解决国家重大需求中的重要作用和巨大潜力。

思政园地

(二)方差分析法的步骤

正交试验结果的方差分析方法与复因素试验结果分析方法基本相似，不同之处在于需要根据表头设计对处理做进一步分解。

1. 资料整理

将正交设计随机区组试验结果资料整理为处理与区组两向表(表 6-5-2)和因素水平两向表(表 6-5-4)。

表 6-5-4 继代增殖培养基配方的正交设计试验因素水平两向表

水平总和 T_{ij}	因素(列号)							
	A	(1)	B	(2)	C	(3)	空列	(4)
T_{i1}	1 329	(T_{11})	2 169	(T_{21})	1 890	(T_{31})	2 073	(T_{41})
T_{i2}	2 139	(T_{12})	1 962	(T_{22})	2 277	(T_{32})	2 091	(T_{42})
T_{i3}	2 661	(T_{13})	1 998	(T_{23})	1 962	(T_{33})	1 965	(T_{43})

注：T_{ij} 为第 i 列(因素)第 j 水平所对应的处理总和(T_t)之和，或者说第 i 列第 j 水平所对应的 rk/m 个观测值之和。

2. 平方和与自由度的分解

k 个处理、n 次重复、p 个因素的 $L_k(m^p)$ 正交试验，采用随机区组设计，各项变异的平方和与自由度分解公式如下(表 6-5-5)：

表 6-5-5 正交设计的随机区组试验的平方和与自由度分解

变异来源	平方和(SS)	自由度(df)
区组	$SS_r=\dfrac{\sum T_r^2}{k}-C$	$n-1$
处理	$SS_t=\dfrac{\sum T_t^2}{n}-C$	$k-1$
其中第 i 列变异	$SS_i=\dfrac{m\sum T_{ij}^2}{kn}-C$	$m-1$
误差	$SS_{e_2}=SS_T-SS_r-SS_t$	$(k-1)(n-1)$
总变异	$SS_T=\sum x^2-C$	$kn-1$

根据表头设计，第 i 列变异可表示相应因素及交互作用的平方和及自由度。空列可作误差看待，通常称为第一类误差，以 e_1 表示。而由 $SS_T-SS_r-SS_t$ 计算得到的误差称为第二类误差，以 e_2 表示。

【例 6-5-1】结果的平方和分解结果如下：

矫正数 $C=\dfrac{T^2}{kn}=\dfrac{6\ 129^2}{3\times 9}=1\ 391\ 283$

总变异：$SS_T=\sum x^2-C=(136^2+151^2+\cdots+310^2)-C=118\ 912$

区组间：$SS_r=\dfrac{\sum T_r^2}{k}-C=\dfrac{1\ 928^2+2\ 163^2+2\ 038^2}{9}-C=3\ 072.222\ 2$

处理间：$SS_t=\dfrac{\sum T_t^2}{\mathrm{n}}-C=\dfrac{44\ 4^2+51\ 0^2+\cdots+96\ 0^2}{3}-C=113\ 268$

A 因素：$SS_A=\dfrac{m\sum T_{1j}^2}{kn}-C=SS_1=\dfrac{3\times(1\ 329^2+2\ 139^2+266\ 1^2)}{9\times 3}-C=100\ 104$

B 因素：$SS_B=\dfrac{m\sum T_{2j}^2}{kn}-C=SS_2=\dfrac{3\times(2\ 169^2+1\ 962^2+1\ 998^2)}{9\times 3}-C=2\ 718$

C 因素：$SS_C=\dfrac{m\sum T_{3j}^2}{kn}-C=SS_3=\dfrac{3\times(1\ 890^2+2\ 277^2+1\ 962^2)}{9\times 3}-C=9\ 414$

空列：　$SS_{e_1}=\dfrac{m\sum T_{4j}^2}{kn}-C=SS_4=\dfrac{3\times(2\ 073^2+2\ 091^2+1\ 965^2)}{9\times 3}-C=1\ 032$

误差：　$SS_{e_2}=SS_T-SS_r-SS_t=2\ 571.777\ 8$

3. F 检验

进行 F 检验前，需先检验第一类误差与第二类误差之间差异的显著性。若 e_1、e_2 差异不显著，可将 e_1、e_2 的平方和及自由度合并作为全试验的误差估计值；若 e_1、e_2 差异显著，则不能合并，只能以 e_2 作为检验各效应显著性的误差。【例 6-5-1】中：

$$F=\frac{S_{e_1}^2}{S_{e_2}^2}=\frac{1\ 032\div 2}{2\ 571.777\ 8\div 16}=3.210$$

$F<F_{0.05}=3.63$，检验结果表明 e_1、e_2 差异不显著，可将 e_1、e_2 的平方和及自由度合并：

$$SS_e=SS_{e_1}+SS_{e_2}=1\ 032+2\ 571.777\ 8=3\ 603.777\ 8$$

$$df_e=df_{e_1}+df_{e_2}=2+16=18$$

据此列方差分析表进行 F 检验（表 6-5-6）。

表 6-5-6　继代增殖培养基配方的正交设计试验方差分析表

变异来源	DF	SS	MS	F	$F_{0.05}$	$F_{0.01}$
区组间	2	3 072.222 2	1 536.111 1	7.673**	3.55	6.01
处理间	8	113 268.000 0	14 158.500 0	70.718**	2.51	3.71
A 因素	2	100 104.000 0	50 052.000 0	249.998**	3.55	6.01
B 因素	2	2 718.000 0	1 359.000 0	6.788**	3.55	6.01

续表 6-5-6

变异来源	DF	SS	MS	F	$F_{0.05}$	$F_{0.01}$
C 因素	2	9 414.000 0	4 707.000 0	23.510**	3.55	6.01
误差	18	3 603.777 8	200.209 9			
总变异	26	118 912.000 0				

F 检验结果表明，处理间及 A 因素（6-BA 浓度）、B 因素（NAA 浓度）和 C 因素（蔗糖浓度）间的增殖率均有极显著差异，需进一步做多重比较。

4. 多重比较

多重比较方法与复因素试验结果的多重比较相似。

任务六　相关与回归分析

前面我们讨论的问题都仅涉及一个变量的特征及其变化规律，但在生产实践和科学研究中所要研究的变量往往不止一个。如研究作物的产量与施肥量的关系，在一定的范围内，施肥量增加则产量增加，施肥量不足则产量降低，但在生产实践中，即使同样的地块，施肥量相同，最后收获的产量也不一定会相等。客观世界是一个有机的整体，各事物或现象在发展过程中是相互联系、相互影响的，因而在农业生产和试验中常常要研究两个或两个以上变量间的关系，掌握其变化规律和特征，以更好地指导生产与实践，而研究这类问题就要采用相关与回归的方法。

在统计学中，将有一定关系的两个及两个以上的变量放在一起，研究其间的关系，找出关系的性质和密切程度的研究方法称为相关和回归的研究。

在研究中，由于划分标准不同，相关与回归可分为不同的类型：第一种分类方法是按照所研究的变量的数目多少，分为简单相关和简单回归与多元相关和多元回归两种类型。前者的研究对象是两个变量，是研究两者之间的相互关系，而不涉及这两个变量之外的任何事物的统计方法，例如，研究玉米的穗长与穗重、小麦叶面积指数与亩产量、作物种植密度与产量的关系等；后者研究的是两个以上的变量间关系的统计方法，例如研究温度、灌水、施肥、光照等与农作物产量的关系，单位面积总铃数、平均铃重、衣分与棉花皮棉产量的关系等。第二种分类方法是按照所研究的变量在图形上表现出来的特点，将相关与回归分为直线回归和直线相关与曲线回归和曲线相关两种类型。如两个变量之间的关系在图形上大体表现为直线的为直线回归和直线相关；两个变量之间的关系可用曲线来描述的是曲线回归和曲线相关。本次讨论仅涉及两个变量的简单直线回归和简单直线相关的有关问题。

一、相关分析

（一）相关分析概念

相关是变量之间的平行关系。例如，果实的质量与体积的关系，这种某一性状的发育与另一个性状的发育关系，有时很难区分哪个是自变量、哪个是因变量，对此，我们称之为相互依存关系，研究这类问题的方法称为相关分析。

相关分析主要研究两种或两种以上变量间的相互依存关系、变量间相关的性质和相关变异的紧密程度。x、y 两个变量相关时，x、y 呈一种平行关系，都是有随机误差的，不能确定自变量和因变量；x 和 y 的相关，有大有小，有正有负。

（二）相关系数特征

变量 x 和 y 可以有自变量与因变量之分，但也有不少双变量资料，其散点图是明显呈线性的，却并不能区别自变量和因变量，两个变量间为不分主从的平行关系。如某品种玉米果穗的穗长和穗粗的关系，我们既不能认为穗粗决定穗长，也不能认为穗长决定穗粗，穗长与穗粗之间是平行关系。在这种情况下，如果并不需要由 x 来估计 y，而仅仅是了解 x 和 y 是否确有相关、相关的性质（正相关或负相关）及相关关系的密切程度，则首先应算出表示 x 和 y 间线性相关密切程度及其性质的统计数，即相关系数。衡量两个变量之间的线性回归模型拟合效果也可用相关系数。一般以 ρ 表示总体相关系数，以 r 表示样本相关系数。

（三）相关性质的确定和相关程度的度量

1. 相关的性质

一个变量的变异程度的度量基础是各个观测值与平均数的差数的平方和 $\sum(x-\bar{x})^2$，在这里，双变量相关关系的密切程度及其性质的度量的基础也是各个观测值与平均数的差数的平方和，只不过是双变量离均差的乘积的和 $\sum^{n}(x-\bar{x})(y-\bar{y})$，其用符号 SP 来表示。SP 是用来描述两个变量间相互联系的最基本的统计值，SP 值的正负可用来表示相关的性质，其大小可用来表示相关关系的密切程度。SP 值的绝对值越大，说明两变量之间的相互联系程度越密切；绝对值越小，说明两变量之间的相互联系越小；如果等于或接近 0，则说明二者不相关。

将图 6-6-1(a)和(b)中的直角坐标系的原点移到点$(\bar{x},\bar{y})$，散点分别用直线 l_1 和 l_2 来近似表示。图(a)中直线 l_1 上的点的 y 值随着 x 值增大而增大，变量的 x 值与 y 值呈正相关。直线 l_1 通过坐标系的第Ⅰ、Ⅲ象限。

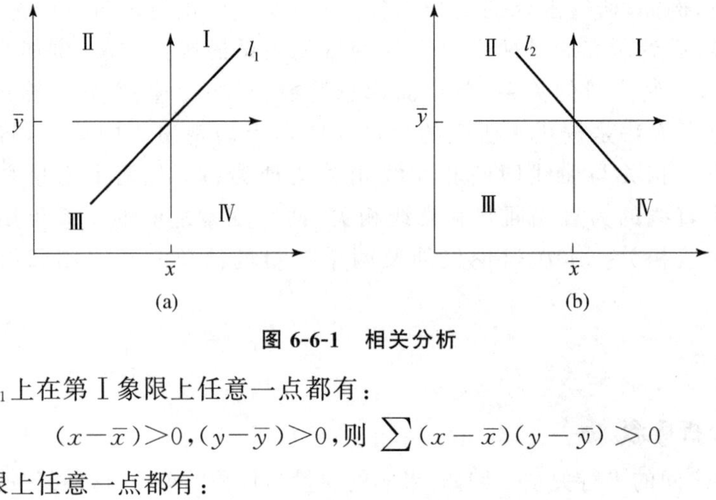

图 6-6-1　相关分析

对于直线 l_1 上在第Ⅰ象限上任意一点都有：

$$(x-\bar{x})>0,(y-\bar{y})>0,\text{则} \sum(x-\bar{x})(y-\bar{y})>0$$

在第Ⅲ象限上任意一点都有：

$$(x-\overline{x})<0,(y-\overline{y})<0,\text{则} \sum(x-\overline{x})(y-\overline{y})>0$$

也就是说在直线 l_1 上的点有：$\sum(x-\overline{x})(y-\overline{y})>0$ 的特性。

图(b)中直线 l_2 上的点的 y 值随着 x 值增大而减小，变量的 x 值与 y 值呈负相关。直线 l_2 通过坐标系的第Ⅱ、Ⅳ象限。

对于直线 l_2 上在第Ⅱ象限上任意一点都有：

$$(x-\overline{x})<0,(y-\overline{y})>0,\text{则} \sum(x-\overline{x})(y-\overline{y})<0$$

在第Ⅳ象限，直线 l_2 上任意一点都有：

$$(x-\overline{x})>0,(y-\overline{y})<0,\text{则} \sum(x-\overline{x})(y-\overline{y})<0$$

也就是说在直线 l_2 上的点有：$\sum(x-\overline{x})(y-\overline{y})<0$ 的特性。

$\sum(x-\overline{x})(y-\overline{y})$ 是两个变量离均差的乘积之和，简称为乘积和，记作 SP_{xy}，通过以上讨论可以得出：两个线性相关变量，在正相关时，其乘积和(SP_{xy})大于零，在负相关时，其乘积和(SP_{xy})小于零。

2. 相关程度的度量

在生产实践中，我们不仅关心两个相关变量的性质，更关心两个相关变量的关系密切程度，其可用相关系数 r 表示。

$$r=\frac{\sum(x-\overline{x})(y-\overline{y})/(n-1)}{S_xS_y}=\frac{\sum(x-\overline{x})(y-\overline{y})/(n-1)}{\sqrt{\frac{\sum(x-\overline{x})^2}{n-1}\times\frac{\sum(y-\overline{y})}{n-1}}}$$

$$=\frac{\sum(x-\overline{x})(y-\overline{y})}{\sqrt{\sum(x-\overline{x})^2(y-\overline{y})^2}}=\frac{SP}{\sqrt{SS_x\cdot SS_y}}$$

通过以上讨论，我们得出相关系数 r 的计算公式为：

$$r=\frac{SP_{xy}}{\sqrt{SS_x\cdot SS_y}}$$

式中：SP_{xy} 为两个变量的乘积和；SS_x 为 x 变量的平方和；SS_y 为 y 变量的平方和。在实际应用中，为了计算方便，该公式常书写成如下形式：

$$r=\frac{\sum xy-\frac{\sum x\sum y}{n}}{\sqrt{\left[\sum x^2-\frac{\left(\sum x\right)^2}{n}\right]\left[\sum y^2-\frac{\left(\sum y\right)^2}{n}\right]}}$$

相关系数反映了变量之间的相关关系的密切程度，具有以下特点。

(1)r 值介于 -1 与 1 之间。相关系数的绝对值越大，变量之间的相关关系越强。当 $|r|=1$ 时，则表明 x 与 y 完全线性相关；当 $r=1$ 时，称为完全正相关；而 $r=-1$ 时，称为完全负相关。在生物界，完全相关的变量是很少见到的。

(2)当 $r=0$ 时，变量间的相关称为零相关，表示 x 与 y 的样本观测值之间没有线性关系。

(3)在大多数情况下，$0<|r|<1$，即 x 与 y 的样本观测值之间存在着一定的线性相关关系；当 $r>0$ 时，x 与 y 为正相关；当 $r<0$ 时，x 与 y 为负相关。当 $|r|\geqslant 0.66$ 时，变量间的相关

为强相关;当 $0.33 \leqslant |r| < 0.66$ 时,变量间的相关为中等强度相关;当 $|r| < 0.33$ 时,变量间的相关为弱相关。

(4)r 是对变量之间线性相关关系的度量,$r=0$ 只是表明两个变量之间不存在线性相关关系,它并不意味着 x 与 y 之间不存在其他类型的关系。对于二者之间可能存在的非线性相关关系,需要利用其他指标进行分析。

(四)相关系数假设检验

当两变量互不相关时,理论上的相关系数 r 值应为 0,但由于抽样误差存在,从 $\rho=0$ 的总体中抽得的样本的 r 值并不一定为 0。所以,为了判断 r 值所代表的总体是否确有线性相关,必须测定样本 r 值来自 $\rho=0$ 的总体的概率。只有在这一概率小于 0.05 时,才能冒 5%以下的风险,推断这个样本所属的总体是有线性相关的。相关系数的显著性检验的方法很多,在这里我们介绍 t 检验法。

(1)提出假设　这是检验一个样本相关系数 r 所来自的总体相关系数 ρ 是否为 0,所以应假设 $H_0:\rho=0$,对 $H_A:\rho\neq 0$。

(2)规定显著水平　$\alpha=0.05$ 或 $\alpha=0.01$。

(3)检验计算　在 H_0 正确的前提下,计算 t 值,计算公式为:

$$t=\frac{r}{S_r}$$

其中 S_r 的计算公式为:

$$S_r=\sqrt{\frac{1-r^2}{n-2}}$$

此 t 值遵循 $\nu=n-2$ 的 t 分布。

(4)推断　计算出 t 值后,与 t 值表中的 t_α 相比较,以确定样本的 t 值在 t 分布中出现的概率,此 t 值遵循 $\nu=n-2$ 的 t 分布。如果实得的 $|t|<t_{0.05}$,$P\geqslant 0.05$,则接受 H_0,可认为两变量间无相关关系;如果实得的 $t_{0.05}\leqslant|t|<t_{0.01}$,$P<0.05$,则接受 H_A,认为两变量间存在显著相关关系;如果实得的 $|t|\geqslant t_{0.01}$,$P<0.01$,则接受 H_A,认为两变量间存在极显著相关关系。

(五)相关系数计算案例

【例 6-6-1】试计算表 6-6-1 资料某地 5 月中旬降水量与 6 月上、中旬黏虫发生量的相关系数和决定系数。

表 6-6-1　某地 5 月中旬降水量与 6 月上、中旬黏虫发生量关系表

年份	x 降水量/mm	y 黏虫发生量(头/100 m²)	x^2	y^2	xy
1	46.10	355.00	2 125.21	126 025.00	16 365.50
2	31.90	251.00	1 017.61	63 001.00	8 006.90
3	55.40	388.00	3 069.16	150 544.00	21 495.20
4	30.60	123.00	936.36	15 129.00	3 763.80

续表 6-6-1

年份	x 降水量/mm	y 黏虫发生量（头/100 m^2）	x^2	y^2	xy
5	50.60	377.00	2 560.36	142 129.00	19 076.20
6	24.80	53.00	615.04	2 809.00	1 314.40
7	40.20	359.00	1 616.04	128 881.00	14 431.80
8	28.60	103.00	817.96	10 609.00	2 945.80
总和	308.20	2 009.00	12 757.74	639 127.00	87 399.60
平均数	38.53	251.13	1 594.72	79 890.88	10 924.95

根据表 6-6-1 中的观测值直接算得到以下数据：$\sum x = 308.200\ 0$，$\sum x^2 = 12\ 757.740\ 0$，$\sum y = 2\ 009.000\ 0$，$\sum y^2 = 639\ 127.000$，$\sum xy = 87\ 399.600\ 0$，$n=8$，然后，依据公式分别计算 SS_x，SS_y，SP 值，具体如下。

$$SS_x = \sum x^2 - \frac{(\sum x)^2}{n} = 12\ 757.740\ 0 - \frac{(308.200\ 0)^2}{8} = 884.335\ 0$$

$$SS_y = \sum y^2 - \frac{(\sum y)^2}{n} = 639\ 127.000\ 0 - \frac{(2\ 009.000\ 0)^2}{8} = 134\ 616.875\ 0$$

$$SP = \sum xy - \frac{\sum x \sum y}{n} = 87\ 399.600\ 0 - \frac{308.200\ 0 \times 2\ 009.000\ 0}{8} = 10\ 002.875$$

将相关二级数据代入相关系数与决定系数公式，得：

$$r = \frac{100\ 002.875}{\sqrt{884.335 \times 134\ 616.875}} = 0.916\ 8$$

$$r^2 = (0.916\ 8)^2 = 0.840\ 5$$

以上结果说明，某地 5 月中旬降水量与 6 月上、中旬黏虫发生量成正相关，即 5 月中旬降水量越大，6 月上、中旬黏虫发生量越多。

根据 $r=0.916\ 8$，进行显著性检验：

$$S_r = \sqrt{\frac{1-(0.916\ 8)^2}{8-2}} = 0.163\ 0$$

$$t = 0.916\ 8/0.163\ 0 = 5.622\ 8$$

查 t 值表，$t_{0.01}=3.707$，实得 $|t|=5.622\ 8>t_{0.01}$，所以原假设 $H_0:\rho=0$ 被否定，备择假设 $H_A:\rho\neq 0$ 被接受，即 r 在 $\alpha=0.01$ 水平上显著。即此 $r=0.916\ 8$ 说明某地 5 月中旬降水量与 6 月上、中旬黏虫发生量间是有极显著相关关系的，且 5 月中旬降水量越多，6 月上、中旬黏虫发生量也越多。

仔细观察本例，本例 $t=5.622\ 8$ 和该资料在【例 6-6-3】做回归系数的假设检验时的 $t=5.622\ 8$ 完全相同。这不是偶然巧合，而是必然结果。因为对于同一资料来说，无论是对相关系数进行显著性检验，还是对回归系数进行显著性检验，都是检验该总体相关关系存在的可能性的大小，即相关系数线性回归的显著性和线性相关的显著性一定等价。所以在实践应用中，如回归的显著性已检验,相关的显著性就无须再检验;反之亦然。因此,在回归与相关分析的计算程序上,一般先算相关系数并对其进行检验(我们进行相关系数的假设检验时,一般用最简便的查 r 值表的方法),如其显著可再进行回归分析,且回归不需再做假设检验;如其不显著就不必再计算下去。

对于相关系数作显著性检验时,计算 S_r 和 t 值比较麻烦,可直接利用相关系数 r 值表,r 值表列出了不同自由度下样本的相关系数达到显著和极显著的临界值。直接将样本相关系数 r 与和 $r_{0.01}$ 相比较即可确定是否显著。当 $|r|<r_{0.05}$ 为不显著,表明 x 和 y 无相关关系;当 $r_{0.05}\leqslant|r|<r_{0.01}$,为显著;$|r|\geqslant r_{0.01}$,为极显著,无论显著还是极显著均表明 x 和 y 有相关关系。这是最简便的相关系数假设检验的方法。

如本例,$r=0.916\ 8$ 查 r 值表,当 $\nu=8-2=6$ 时,$r_{0.05}=0.707$,$r_{0.01}=0.834$,实得,$|r|=0.916\ 8>r_{0.01}$,故 $P<0.01$,所以在 $\alpha=0.01$ 水平上否定 $H_0:\rho=0$,接受 $H_A:\rho\neq0$,相关系数极显著,表明某地5月中旬降水量与6月上、中旬黏虫发生量间是有极显著线性相关的。

二、回归分析

(一)回归分析基础知识

前面计算的相关系数,只表示两个变量间相关关系的性质和相关程度,而不能反映出两者之间数量上的变化。然而,在生产实践中,通常需要用一个变量的变化去估测另外一个变量的变化。回归分析是将两个随机变量置于直角坐标系中,找到一条能够近似表示两个随机变量的回归曲线,建立该曲线的回归方程,并通过回归方程用一个变量的变化估测另一个变量的变化。

(二)简单直线回归方差的确立

如果两个变量在散点图上呈直线趋势,要从 x 的数量变化来预测或估计 y 的数量变化,则首先要采用直线回归方程来描述。简单的直线回归关系可借助数学上的二元一次方程式 $y=a+bx$ 来表示,在统计中写成如下方程式:

$$\hat{y}=a+bx$$

上式读作"y 依 x 的直线回归方程"。其中 x 是自变量;$\hat{y}$ 是和 x 的量相对应的因变量的点估计值;a 为回归截距,是 $x=0$ 时的 $\hat{y}$ 值,即回归直线在 y 轴上的截距;b 为回归系数,是 x 每增加一个单位数时,$\hat{y}$ 平均地将要增加($b>0$ 时)或减少($b<0$ 时)的单位数。

要使 $\hat{y}=a+bx$ 能够最好地代表 y 和 x 在数量上的互变关系,根据最小平方法,必须使 $Q=\sum_1^n(y-\hat{y})^2=\sum_1^n(y-a-bx)^2$ 为最小,因此,分别对 a 和 b 求偏导数并令其为0,即可获得正规方程组:

$$\begin{cases}an+b\sum x=\sum y\\ a\sum x+b\sum x^2=\sum xy\end{cases}$$

解得:

$$a=\overline{y}-b\overline{x}$$

$$b=\frac{\sum xy-\frac{1}{n}\sum x\sum y}{\sum x^2-\frac{1}{n}\left(\sum x^2\right)}=\frac{\sum(x-\overline{x})(y-\overline{y})}{\sum(x-\overline{x})^2}=\frac{SP}{SS_x}$$

式中：$\sum(x-\overline{x})(y-\overline{y})$ 是 x 的离均差和 y 的离均差的乘积之和，简称乘积和，记作 SP；式中的 $\sum(x-\overline{x})^2$ 是 x 的离均差平方和，记作 SS_x。将算得的 a 和 b 值代入式 $\hat{y}=a+bx$，即可保证 Q 最小，同时使 $\sum(y-\hat{y})=0$。Q 就是误差的一种度量，称为离回归平方和。

a 值和 b 值均可正可负，随具体资料而异。如图 6-6-2 所示，当 $a>0$ 时，表示回归直线在Ⅰ、Ⅱ象限交于 y 轴；当 $a<0$ 时，表示回归直线在Ⅲ、Ⅳ象限交于 y 轴；当 $b>0$ 时，为正相关，表示 y 随 x 的增大而增大，随 x 的减小而减小；当 $b<0$ 时，为负相关，表示 y 随 x 的增大而减小；当 $b=0$ 或和 0 的差异不显著时，直线回归关系不能成立，表明 y 的变异和 x 的取值大小无关。

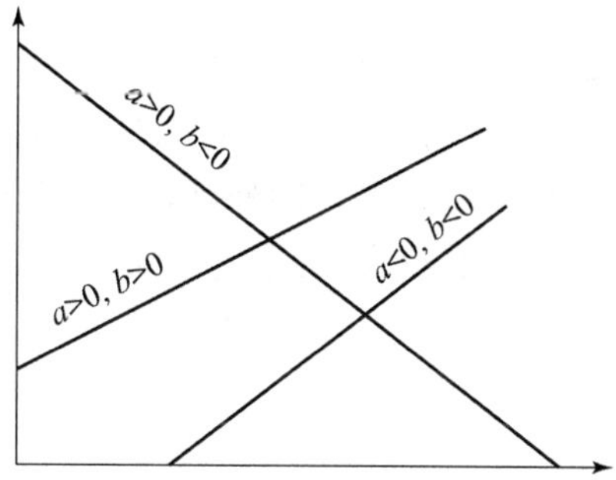

图 6-6-2　直线回归方差的图像

以上是 a 值和 b 值的统计学解释。在具体问题中，a 值和 b 值将有专业上的实际意义。

$$\hat{y}=(\overline{y}-b\overline{x})+bx=\overline{y}+b(x-\overline{x})$$

由上式可知，当 $x=\overline{x}$ 时，则必有 $\hat{y}=\overline{y}$，所以回归直线一定通过$(\overline{x},\overline{y})$坐标点。在绘制回归方程图时可作为判断直线图是否正确的标准。

（三）直线回归方程的计算

下面以一个示例说明回归统计数计算的过程。根据表 6-6-1 中的观测值直接算得到以下数据：$\sum x=308.2000$，$\sum x^2=12\ 757.7400$，$\sum y=2\ 009.0000$，$\sum y^2=639\ 127.000$，$\sum xy=87\ 399.6000$，$n=8$。

然后，由一级数据算得 5 个二级数据：

$$SS_x=\sum x^2-\frac{\left(\sum x\right)^2}{n}=12\ 757.7400-(308.2000)^2/8=884.3350$$

$$SS_y=\sum y^2-\frac{\left(\sum y\right)^2}{n}=639\ 127.0000-(2\ 009.0000)^2/8=134\ 616.8750$$

$$SP=\sum xy-\frac{\sum x\sum y}{n}=87\ 399.6000-(308.2000\times 2\ 009.0000)/8=10\ 002.875$$

$$\overline{x}=\frac{\sum x}{n}=308.2000/8=38.5250$$

$$\overline{y}=\frac{\sum y}{n}=2\ 009.0000/8=251.1250$$

进而计算得：

$$b=\frac{SP}{SS_x}=10\ 002.875/884.335\ 0=11.311\ 2\ [\text{头}/(100\ \text{m}^2\cdot\text{mm})]$$

$$a=\overline{y}-b\overline{x}=251.125\ 0-(11.311\ 2\times 38.525\ 0)=-184.638\ 3\ (\text{头}/100\ \text{m}^2)$$

故表 6-6-1 资料的回归方程应为：

$$\hat{y}=(\overline{y}-b\overline{x})=-184.638\ 3+11.311\ 2x$$

或化简成：

$$\hat{y}=(\overline{y}-b\overline{x})=-184.6+11.3x$$

上述直线回归方程中回归系数和回归截距的意义为：当 5 月中旬降水量(x)每增加 1 mm 时，6 月上、中旬黏虫发生量平均将增加 11.3 头/100 m^2。由于 x 变量的实测区间为[24.8，55.4]，当 $x<24.8$ 或 >55.4 时，y 的变化是否还符合 $\hat{y}=-184.6+11.3x$ 的规律，观察数据中未曾得到任何信息。所以，在应用 $\hat{y}=-184.6+11.3x$ 进行预测时，需限定 x 的区间为[24.8，55.4]；如要在 $x<24.8$ 或 >55.4 的区间外延，则必须有新的依据。

如果原来的 x 变量或 y 变量数值较大，为了计算方便，可以减去一数值，或除一数值，或除某一数值，或又减又除，总之原来的 x 变成 x'，原来的 y 变成 y'，最后计算的 a、b 值与上面的直接法完全相同，这里就不再详细计算。

（四）直线回归方程的图示

直线回归图包括散点图和回归直线的图象，它可以直接醒目地表示 x 和 y 的数量关系，也便于进行需要的预测。

制作直线回归图时，首先以 x 为横坐标，以 y 为纵坐标构建直角坐标系（横、纵坐标皆需标明名称和单位且横、纵坐标总长度之比约为 5∶4 或 6∶5）；然后取 x 坐标上的一个小值 x_1 代入回归方程得 $\hat{y}_1$，取一个大值 x_2 代入回归方程得 $\hat{y}_2$，连接坐标点(x_1，$\hat{y}_1$)和(x_2，$\hat{y}_2$)即成一条回归直线。如例 6-6-1 资料，以 $x_1=24.8$ 代入回归方程得 $\hat{y}_1=95.64$；以 $x_2=55.4$ 代入回归方程得 $\hat{y}_2=441.42$。在图 7-3 上确定(24.8，95.64)和(55.4，441.42)这两个点，再用直线连接，即为 $\hat{y}=-184.6+11.3x$ 的直线图象。注意：此直线必通过点($\overline{x}$，$\overline{y}$)，它可作为制图是否正确的核对。最后，将实测的各对(x_i，y_i)数值也用坐标点标于图 6-6-3 上，并在直线旁边写上回归方程式。

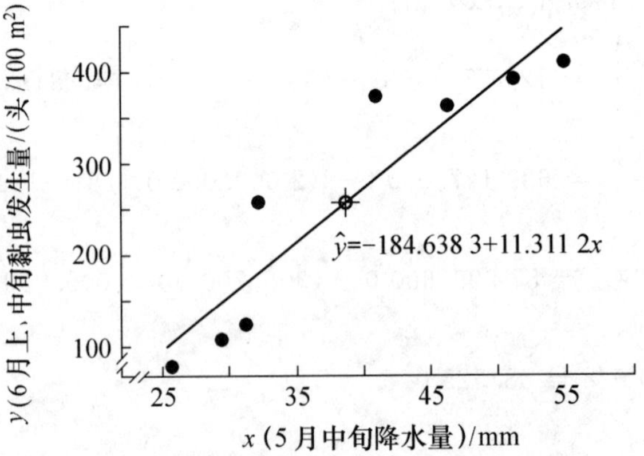

图 6-6-3　5 月中旬降水量和 6 月上、中旬黏虫发生量的关系

图 6-6-3 中的回归直线是 8 个观察坐标点的代表，它不仅表示了例 6-6-1 资料的基本趋势，也便于预测。如某年降水量为 40 mm 时，则在图 6-6-3 上可查到 6 月上、中旬黏虫发生量为 267 头/100 m^2 左右，这和将 $x=40$ 代入原方程得到 $\hat{y}=-184.6+11.3x=267.4$ 是基本一致的。当然，这种估计仍然有随机误差，下面再做介绍。

（五）直线回归的计算机应用

将【例 6-6-1】试计算表 6-6-1 资料录入 Excel 空白工作簿中，选择“数据（工具）”菜单中的“数据分析”命令，在“数据分析“列表中选择“回归”，单击“确定”按钮（图 6-6-4），在随即弹出的“回归”对话框中，输入选项区中设定“X 值输入区域”“Y 值输入区域”，并在数据区域中选择选定区域中有无数据标志，在输出选项区中选择相应选项，如在本工作表中输出结果则选择“输出区域”，如在其他工作表中输出结果则选择“新工作表组”，如在其他工作簿中输出结果则选择“新工作簿”；在残差选项区，选定残差、线性拟合图两个选项，然后单击“确定”按钮即弹出汇总结果。

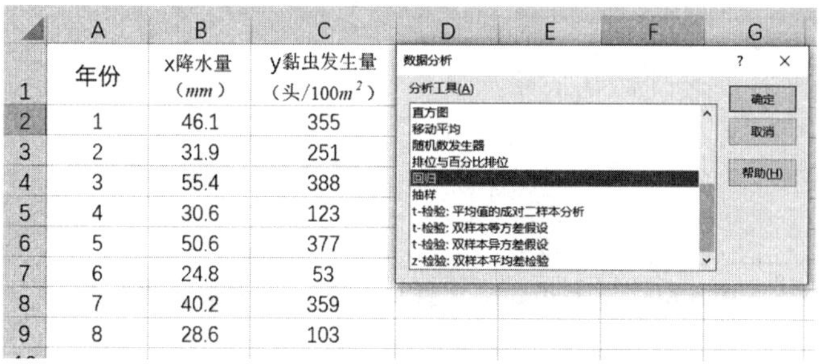

直线回归分析
Excel 操作视频

图 6-6-4　原始数据及数据分析对话框

从图 6-6-6 可以看出，关系数（r）为 0.916 78、决定系数为 0.840 49。查 r 值表，当 $\nu=n-2=6$ 时，$r_{0.05}=0.707$，$r_{0.01}=0.834$，实得 $|r|=0.916\ 8>r_{0.01}$，所以 $P<0.01$，故否定原假设 H_0，接受备择假设 H_A，相关系数极显著，表明 x 与 y 高度相关；然后列回归方程式，从输出结果中读出回归系数（b）为 11.311 2、回归截距（a）为 -184.64，并列回归方程：

$$\hat{y}=-184.64+11.311\ 2x$$

图 6-6-5　数据分析对话框

	A	B	C	D	E	F	G	H	I
2									
3	回归统计								
4	Multiple R	0.91678							
5	R Square	0.84049							
6	Adjusted R Square	0.81391							
7	标准误差	59.8227							
8	观测值	8							
9									
10	方差分析								
11		df	SS	MS	F	gnificance F			
12	回归分析	1	113144	113144	31.6156	0.00135			
13	残差	6	21472.5	3578.75					
14	总计	7	134617						
15									
16		Coefficient	标准误差	t Stat	P-value	Lower 95%	Upper 95%	下限 95.0%	上限 95.0%
17	Intercept	-184.64	80.334	-2.2984	0.06124	-381.21	11.9319	-381.21	11.9319
18	X Variable 1	11.3112	2.01167	5.62277	0.00135	6.38879	16.2336	6.38879	16.2336
19									
20									
21									
22	RESIDUAL OUTPUT								
23									
24	观测值	预测 Y	残差						
25	1	336.807	18.1928						
26	2	176.188	74.8116						
27	3	442.001	-54.001						
28	4	161.484	-38.484						
29	5	387.708	-10.708						
30	6	95.879	-42.879						
31	7	270.071	88.9288						
32	8	138.862	-35.862						

图 6-6-6　5 月中旬降水量与 6 月上、中旬黏虫发生量

（六）直线回归显著性检验

仔细观察上述直线回归图可见，并不是所有的散点都恰好落在回归直线上，即说明用回归直线的估计值 $\hat{y}$ 与实际调查所得 y 值是有一定的偏差的，这种偏差我们用回归估计标准误差（$S_{y/x}$）来表示。

$$S_{y/x}=\sqrt{\frac{Q}{n-2}}=\sqrt{\frac{\sum(y-\hat{y})^2}{n-2}}$$

各个观察点越靠近回归直线，则 $S_{y/x}$ 越小（极端地说，当各观察点都落在回归直线上时，$S_{y/x}=0$，而实际工作中是不存在的）；各观察点在回归线上下分散得越远，则 $S_{y/x}$ 越大。故样本的 $S_{y/x}$ 是回归精确度的度量，$S_{y/x}$ 越小，由回归方程估计 y 的精确性越高。

计算 $S_{y/x}$ 非常麻烦，主要在于求 Q。直接计算不仅步骤多、工作量大，而且若数字小数保留位数不够，会引入较大的计算误差。为简化过程，可从下面恒等式得出：

$$Q=\sum(y-\hat{y})^2=SS_y-\frac{(SP)^2}{SS_x}$$

【例 6-6-2】试计算由表 6-6-1 资料获得的回归方程的估计标准误。

$$Q=134\ 616.887\ 50=\frac{(10\ 002.875\ 0)^2}{884.335\ 0}=21\ 472.525\ 6$$

据公式 6-6-5 得

$$S_{y/x}=\sqrt{\frac{Q}{n-2}}=\sqrt{\frac{214\ 725\ 256}{8-2}}=59.822\ 7$$

上述计算表明，当用回归方程 $\hat{y}=-184.6+11.3x$，由 5 月中旬降水量预测 6 月上、中旬黏虫发生量时，每 100 m^2 有一个 59.822 7 头的估计标准误。它的统计学意义是：在($\hat{y}\pm$59.822 7)区间内约有 68.27%个观察点，在($\hat{y}\pm$109.645 4)区间内约有 95.45%个观察点。即在回归关系确定存在的情况下，可用已建立的直线方程或直线图来进行预测，但预测结果将有一个变动范围。

(七)直线回归假设检验

假如 x 变量和 y 变量总体间并不存在直线回归关系，但由 n 对观测值(x_i，y_i)也可以根据上面介绍的方法求得一个直线回归方程 $\hat{y}=a+bx$。显然，这样的回归方程所反应的两个变量间的直线关系是不真实的。所以，对于样本的回归方程，应测定其来自无直线回归关系总体的概率大小。只有当这种概率非常小，如 α 小于 0.05 或 0.01 时，我们才能冒较小的风险确认其所代表的总体存在着直线回归关系。对回归关系的显著性一般采用 t 检验。

若总体不存在直线回归关系，那么总体回归系数 $\beta=0$；若总体存在直线回归关系，则 $\beta\neq0$，所以对直线回归的假设检验为 $H_0:\beta=0$，对 $H_A:\beta\neq0$。

回归系数 b 的标准误 S_b 为：

$$S_b=\sqrt{\frac{S_{y/x}^2}{\sum(x-\bar{x})^2}}=\frac{S_{y/x}}{\sqrt{SS_x}}$$

而

$$t=\frac{b-\beta}{S_b}$$

因 $H_0:\beta=0$，所以 $t=\dfrac{b}{S_b}$

该值遵循 $\nu=n-2$ 的 t 分布，故由 t 值即可得知样本回归系数 b 来自 $\beta=0$ 总体的概率大小。

【例 6-6-3】试检验【例 6-6-1】资料回归关系的显著性。

在【例 6-6-1】和【例 6-6-2】中已算得 $b=11.311\ 2$，$SS_x=884.335\ 0$，$S_{y/x}=59.822\ 7$，故有：

$$S_b=\frac{59.822\ 7}{\sqrt{884.335\ 0}}=2.011\ 7$$

$$t=\frac{11.311\ 2}{2.011\ 7}=5.622\ 8$$

查 t 值表，$t_{0.05}=2.447$，$t_{0.01}=3.707$。

实得 $|t|=5.622\ 8>t_{0.01}$，表明在 $\beta=0$ 的总体中因抽样误差而获得现有样本的概率 $P<0.01$。所以应该否定 $H_0:\beta=0$，而接受 $H_A:\beta\neq0$，即认为 5 月中旬降水量与 6 月上、中旬黏虫发生量之间是有真实直线回归关系的，或者说此 $b=11.311\ 2$ 是极显著的。

(八)相关与回归分析的应用注意事项

回归分析与相关分析在生产实践及科学研究领域中已得到了广泛的应用，但在实际工作中却容易被误用或做出错误的解释。为了正确地应用直线回归分析和相关分析这一工具，必须注意以下几点。

1. 变量间是否存在相关

相关和回归分析毕竟是处理变量间关系的数学方法，在将这些方法应用于生产实践及科学研究时要考虑到研究对象本身的客观实际情况，如变量间是否存在直线相关以及在什么条件下会发生直线相关，求出的直线回归方程是否有意义，某性状作为自变量或因变量的确定等，都必须由相应的专业知识来决定，并且还要到生产实践中去检验。如果不以一定的科学依据为前提，把不相关的资料随意凑到一起做回归分析或相关分析，那就犯了根本性的错误。

2. 其余变量尽量保持一致

自然界各种事物间的相互联系和相互制约，一个变量的变化通常会受到许多其他变量的影响，因此，在研究两个变量间关系时，要求其余变量应尽量保持在同一水平上，否则，相关分析和回归分析可能会导致完全虚假的结果。

3. 观测值要尽可能多

在进行直线相关与回归分析时，两个变量成对观测值应尽可能多一些，这样可以提高分析的精确性，一般至少有 5 对以上的观测值。同时变量 x 的取值范围要尽可能大一些，这样才容易发现两个变量间的变化关系。

4. 外推要谨慎

直线相关与回归分析一般是在一定取值区间内对两个变量间的关系进行描述，超出这个区间，变量间关系类型可能会发生改变，所以回归预测必须限制在自变量 x 的取值区间以内，外推要谨慎，否则会得出错误的结果。

5. 一个显著的回归方程并不一定具有实践上的预测意义

如一个资料中 x、y 两个变量间的相关系数 $r=0.5$，在 $df=24$ 时，$r_{0.01(24)}=0.496$，$r>r_{0.01(24)}$，表明相关关系显著。而 $r^2=0.25$，即 x 变量或 y 变量的总变异能够通过 y 变量或 x 变量以直线回归的关系来估计的比重只占 25%，其余的 75% 的变异无法借助直线回归来估计。

技能训练 6-1　顺序排列试验结果统计分析

一、目的

掌握顺序排列试验结果统计方法及注意事项；能根据给出的资料独立地进行顺序排列试验结果统计，同时能对统计结果进行合理分析。

二、用具

直尺、铅笔、装有 Excel 软件的计算机及输出设备。

三、资料

【资料 1】大白菜品种比较试验，对比设计，3 次重复，阶梯式排列，小区田间排列和小区产量(kg)如下图所示。试进行产量分析。

Ⅰ	A 16	CK 14	B 13	C 14	CK 15	D 12	E 15	CK 12	F 13
Ⅱ	C 13	CK 14	D 11	E 13	CK 13	F 14	A 18	CK 13	B 13
Ⅲ	E 16	CK 14	F 14	A 17	CK 14	B 14	C 14	CK 15	D 13

大白菜品种比较试验田间布置图

【资料 2】有一柑橘品系比较试验，12 个品系和 1 个对照品种，其代号分别为 1、2、…、12 和 CK。单株小区，间比设计，每隔 4 个品系设一对照(CK)，4 次重复。所得小区产量(kg)如下表所示。试做分析。

柑橘品种比较试验(间比法)产量结果

品系代号	重复			
	Ⅰ	Ⅱ	Ⅲ	Ⅳ
CK_1	67	54	48	43
1	65	61	52	50
2	64	67	60	58
3	71	58	62	61
4	66	60	60	57
CK_2	68	62	60	58
1	70	73	60	62
2	71	69	55	58
3	84	83	85	80
4	81	74	68	72
CK_3	75	70	62	64
1	73	84	70	72
2	70	69	76	75

续表

品系代号	重复			
	Ⅰ	Ⅱ	Ⅲ	Ⅳ
3	74	71	62	65
4	73	74	69	73
CK_4	60	72	54	58

四、实施步骤

1. 教师布置任务，分组，每6～8名学生一组；每组学生根据所给资料按照具体的方法、步骤等进行计算，并对结果进行分析。

2. 教师提供数据资料，学生以组为单位进行计算。

3. 根据计算结果得出结论。

五、考核内容与评分标准

序号	考核内容	评分标准	分值	得分
1	工作态度	学习积极主动、严谨细致、实事求是	10	
2	知识储备	熟悉计算过程	10	
3	数据整理与输入	将田间试验数据输入Excel表格中，数据输入准确无误	10	
		数据格式正确，便于后续计算	5	
4	计算准确性	正确计算各品种对邻近对照产量的百分比	5	
		正确计算矫正产量	10	
		正确计算相对生产力	10	
5	数据分析与决策	根据计算结果确定品种或品系的位次，位次排列准确	10	
		分析合理，能够正确解释数据	10	
		能够根据数据提出合理的建议或结论	10	
6	增值性评价	坚守公平公正的信念，能严格按照公平公正的原则行事；能讲好老一辈科学家的感人故事，传承和弘扬老一辈科学家的奉献精神	10	

技能训练 6-2 随机排列试验结果统计分析

一、目的

掌握多个处理的完全随机设计与随机区组设计试验结果资料分析的方法步骤，能自己编辑 Excel 函数公式进行平方和、自由度、方差、F 值的计算（或利用计算器完成上述运算）并进行正确多重比较，会解读方差分析和多重比较的结果。

二、用具

多样本单变量资料：练习纸、铅笔、装有 Excel 软件的计算机及输出设备（或计算器）。

三、资料

【资料 1】有一玉米播期试验，随机区组设计，重复 3 次，G 为对照，小区计产面积 30 m^2，其田间布置及小区产量结果（kg）如下图所示。

Ⅰ	B 29.7	G 21.0	D 24.0	E 22.0	C 27.6	A 30.5	F 22.4
Ⅱ	E 22.4	C 25.2	A 33.2	F 23.9	D 24.9	B 28.5	G 21.8
Ⅲ	A 31.1	F 21.0	B 27.9	C 28.1	G 23.0	E 23.0	D 27.2

玉米播期试验田间布置图

【资料 2】测定 4 种种植密度下金皇后玉米的千粒重（g）各 4 次，得结果如下表所列，试对 4 种种植密度下的千粒重进行分析。

金皇后玉米不同密度的千粒重

种植密度/（株/667 m^2）	千粒重/g			
2 000	249	258	256	251
4 000	238	244	246	236
6 000	214	227	221	218
8 000	210	204	200	210

【资料 3】果树施肥与灌溉试验。施肥（A）有 5 个水平，A_1 为（50 g/株），A_2 为（100 g/株），A_3 为（150 g/株），A_4 为（175 g/株），A_5 为（200 g/株）；灌溉（B）有 2 个水平，B_1 为滴灌，B_2 为喷灌，5 株为一个小区，重复 2 次，随机区组设计，结果如下表所列。

苹果新品种施肥试验结果

处理	区组	
	Ⅰ	Ⅱ
A_1B_1	32	39
A_1B_2	39	40
A_2B_1	50	49
A_2B_2	61	53
A_3B_1	57	61
A_3B_2	68	67
A_4B_1	57	59
A_4B_2	74	73
A_5B_1	53	54
A_5B_2	71	72

【资料 4】有 4 个小麦新品系，进行完全随机盆栽试验，其苗高（cm）结果如下，试做分析。

小麦新品系的苗高 cm

品系	观测值（x）								
	1	2	3	4	5	6	7	8	9
甲	12	10	16	16	12	18	14	12	18
乙	8	10	12	14	12	16			
丙	14	16	13	16	10	15	14		
丁	16	18	20	16	14	16	18	18	

【资料 5】玉米 5 个杂交种和一个 CK 品种比较试验，随机区组设计，4 次重复，小区计产面积 66 m^2，田间排列与小区产量（kg）如下，试做方差分析。

Ⅰ	E 40.5	CK 37.2	D 34.8	A 34.8	B 33.6	C 43.2
Ⅱ	A 36	CK 41.4	D 42.0	C 40.8	B 32.4	E 43.8
Ⅲ	A 40.2	C 39.6	B 34.8	E 46.8	D 43.2	CK 39.6
Ⅳ	A 36.0	C 42.0	B 45.6	E 37.8	D 36.6	CK 44.4

玉米品种试验田间排列与产量

【资料 6】对 A、B、C、D、E 等 5 个杂交水稻品种($k=5$)的干物质积累过程进行测定，每次品种随机取两个($m=2$)样点，每点 5 株($n=5$)，其中一次的结果如下，试做分析。

杂交水稻品种干物质质量资料

品系代号	样点	干物质质量/(g/株)				
A	1	7.8	8.9	9.2	11.4	10.5
	2	12.1	10.6	8.7	9.9	10.1
B	1	7.4	8.8	8.9	7.8	9.8
	2	6.2	6.6	5.3	7.5	8.1
C	1	12.6	10.2	11.4	11.8	12.1
	2	15.2	15.1	12.3	12.5	12.9
D	1	5.8	4.7	6.6	7.4	7.9
	2	6.4	6.8	8.1	7.2	7.9
E	1	13.8	15.1	13.4	12.6	16.6
	2	11.7	17.2	15.6	15.1	15.8

四、实施步骤

1. 教师布置任务，分组，每 6～8 名学生一组；每组学生根据所给资料按照具体的方法、步骤等进行计算，并对结果进行分析。

2. 教师提供数据资料，学生以组为单位进行计算。

3. 根据计算结果得出结论。

五、考核内容与评分标准

序号	考核内容	评分标准	分值	得分
1	工作态度	学习积极主动、严谨细致、实事求是	5	
2	知识储备	熟悉计算过程	5	
3	数据整理与输入	将田间试验数据输入到 Excel 表格中，数据输入准确无误，数据格式正确	10	
		正确编辑平方和、自由度、方差的 Excel 函数，正确计算 F 值	10	
	数据分析	根据资料类型，正确选择分析方法	5	
		分析表格式正确，信息完整	5	
		计算结果正确	5	
	多重比较计算	正确计算 SE 值	5	
		正确查表并计算 LSR_α 值或 LSD_α 值	5	

续表

序号	考核内容	评分标准	分值	得分
3	多重表制作	多重比较表格式正确，信息完整	5	
		比较结果准确	10	
4	结果解读与结论	正确解读方差分析结果	10	
		正确解读多重比较结果	10	
		结论合理，能够反映数据分析的实际情况	5	
5	增值评价	坚守公平公正的信念，能严格按照公平公正的原则行事；能讲好老一辈科学家的感人故事，传承和弘扬老一辈科学家的奉献精神	5	

技能训练 6-3　直线回归与相关分析

一、目的

掌握直线回归与相关分析方法及注意事项；能根据给出的资料独立地进行直线回归与相关分析，并给出合理的结论。

二、用具

直尺、铅笔、绘图纸、计算器及必要的参考资料。

三、资料

【资料】某虫情观测站对二化螟越冬幼虫 4 月份化蛹高峰日与 2—3 月平均气温的和做了连续 6 年的观测，资料如下表所示。试进行回归分析。

二化螟越冬幼虫 4 月份化蛹高峰日与 2—3 月平均气温的和观测表

年份	2—3 月平均气温的和(x)/℃	4 月份化蛹高峰日(y)
1	34.4	19 号
2	39.6	6 号
3	42.9	1 号
4	38.7	10 号
5	40.3	1 号
6	38.9	8 号

四、实施步骤

1. 教师布置任务，分组，每6～8名学生一组；每组学生根据所给资料按照具体的方法、步骤等进行计算，并对结果进行分析。

2. 教师提供数据资料，学生以组为单位进行计算，求出相关系数和决定系数，并查r值表，提出假设。

3. 列回归方程式，绘出回归曲线并标定实际相关点。

五、考核内容与评分标准

序号	考核内容	评分标准	分值	得分
1	工作态度	学习积极主动、严谨细致、实事求是	5	
2	知识储备	熟悉计算过程	5	
3	数据整理与输入	数据录入准确无误。数据格式正确，便于后续分析	5	
4	数据分析	正确选择“数据分析”工具中的“回归”命令	5	
		正确输入x值和y值的区域	5	
		正确设置输出选项，正确选择残差和线性拟合图选项	5	
5	相关系数显著性检验	正确读取相关系数和决定系数	5	
		正确查表并比较相关系数的显著性	5	
		正确得出统计结论	5	
6	回归方程式列写	正确读取回归系数和回归截距	5	
		正确列出回归方程式	5	
7	回归直线图绘制与标定	正确绘制回归直线图	5	
		正确预测	5	
		正确解释x与y的关系	5	
8	结果解读与结论	正确解释回归分析结果	10	
		正确解读多重比较结果	10	
		结论合理，能够反映数据分析的实际情况	5	
9	增值评价	在实训过程中展现出的科学态度、创新思维和对知识的深入理解。坚守公平公正的信念，能严格按照公平公正的原则行事	5	

自测练习

一、单选题

1. 试验研究中通常使用的小概率标准为(　　)。

A. 0.05 或 0.01　　B. 0.05 或 0.1　　C. 0.5 或 0.1　　D. 0.005 或 0.001

2.(　　)又称最短显著极差法，简称 *SSR* 或 *LSR* 法，是目前应用比较广泛的一种检验方法。

A. 新复极差法　　B. 最小显著差数法

3. 多重比较结果的表示方法中，(　　)十分直观，但在处理数较多时占篇幅较大，一般仅在采用 *LSD* 法对处理与对照进行比较时使用。

A. 梯形表法　　B. 标记字母法

4. 试验 A 因素具有 a 个水平，B 因素具有 b 个水平，共 ab 个处理处合，每一处理有 r 个观测值，于是资料共有(　　)个观测值。

A. ab　　B. ar　　C. br　　D. abr

5. 有一双变量资料，x 和 y 的直线相关系数 $r=-0.62$，经假设检验接受 $H_0:\beta=0$，则表明(　　)。

A. x 与 y 呈直线负相关　　B. x 与 y 无直线相关关系

C. x 随 y 的增大而增大　　D. x 与 y 呈直线正相关

6. 在差数的右上角标(　　)“*”，表示差异极显著。

A. 1 个　　B. 2 个　　C. 3 个　　D. 4 个

二、判断题

1. 最小显著差数法，又称 *LSD* 法或 *PLSD* 法，是多重比较中最基本的方法。(　　)
2. 如果试验有 k 个处理，n 次重复，则共有 nk 个观测值。(　　)
3. 方差和均方的意义不同。(　　)
4. 在多重比较中最精确的是 *LSD* 法，其次是 *LSR* 法。(　　)
5. 方差分析中，$F<1$，无须查 F 值表，即应接受 H_0。(　　)
6. 同一资料相关系数 r 为正值，而回归系数 b 有可能为负值。(　　)
7. 同一资料相关系数 r 和回归系数 b 都是带有单位的。(　　)
8. 直线回归的估计标准误差 S_y 是回归精确度的重要统计数。S_y 越小，由回归方程估计 y 的精确度越高。(　　)
9. 直观分析法也称极差分析法，该法计算简便，直观，简单易懂，是正交试验结果分析中常用的方法。(　　)
10. 变量 x 和 y 有自变量与因变量之分，但也有不少双变量资料，其散点图是明显呈线性的，却并不能区别自变量和因变量。两个变量间为不分主从的平行关系。(　　)

三、简答题

1. F 检验的方法分为哪几步？如何根据检验计算结果进行推断？
2. 最小显著差数法与新复极差法的主要区别是什么？

3. 简要说明方差分析过程中 *LSD* 法的具体步骤。

4. 简要说明多重比较标记字母法的具体步骤。

四、计算题

1. 下表给出了黄芩品系比较试验的小区根重观测结果，对比设计，3 次重复，试做分析。

黄芩品系比较试验小区根重

品系代号	各重复小区根重/(kg/20 m^2)		
	Ⅰ	Ⅱ	Ⅲ
CK	6.7	6.5	6.7
A	6.7	6.6	6.7
B	6.8	7.0	6.8
CK	5.7	5.4	5.7
C	6.2	6.4	6.2
D	6.1	6.1	6.1
CK	5.6	5.6	5.6
E	5.7	5.5	5.7
F	5.7	5.5	5.7
CK	5.2	5.4	5.2

2. 下表为水稻品系鉴定试验的小区产量观测结果，间比设计，3 次重复，试做分析。

水稻品系鉴定试验的小区产量

品系代号	各重复小区产量/(kg/20 m^2)		
	Ⅰ	Ⅱ	Ⅲ
CK	22.0	21.8	18.9
A	22.9	23.8	22.7
B	24.2	23.8	23.9
C	20.3	20.1	29.3
D	19.5	21.2	21.7
CK	21.6	22.8	23.1
E	51.9	19.8	23.5
F	23.4	24.9	25.7
G	23.5	25.0	24.6
H	19.1	20.7	18.8
CK	20.1	23.8	19.4
I	25.1	27.8	20.2
J	29.1	28.7	30.0
K	25.9	25.1	22.9
L	21.3	22.6	21.0
CK	19.8	20.7	24.4

3. 为了解几个玉米新品种的最佳肥料用量，现进行品种与施肥量的两因素试验。品种分为 A_1、A_2、A_3 等 3 个水平；肥料分为 4 个水平，即：B_1（N：135 kg/hm²、P_2O_5：45 kg/hm²、K_2O：120 kg/hm²）、B_2（N：270 kg/hm²、P_2O_5：90 kg/hm²、K_2O：240 kg/hm²）、B_3（N：405 kg/hm²、P_2O_5：135 kg/hm²、K_2O：360 kg/hm²）、B_4（N：540 kg/hm²、P_2O_5：180 kg/hm²、K_2O：480 kg/hm²）；全试验共有 12 个处理（水平组合），随机区组设计，重复 3 次，小区计产面积 25m²，收获时测得各处理总产量（kg）整理后如下图所示，试做分析。

	A	B	C	D	E	F	G
1	处理		区　组			T_t	$\bar{x}_t$
2			I	II	III		
3	A_1	B_1	16.1	16.3	16.1	48.5	16.17
4		B_2	18.7	18.3	19.0	56.0	18.67
5		B_3	17.3	17.1	16.6	51.0	17.00
6		B_4	12.3	12.3	12.3	36.9	12.30
7	A_2	B_1	12.8	12.1	12.0	36.9	12.30
8		B_2	16.7	16.9	16.2	49.8	16.60
9		B_3	17.5	18.3	17.9	53.7	17.90
10		B_4	16.2	16.6	16.4	49.2	16.40
11	A_3	B_1	11.8	11.6	11.7	35.1	11.70
12		B_2	18.5	17.7	18.2	54.4	18.13
13		B_3	15.1	14.4	15.2	44.7	14.90
14		B_4	10.3	10.3	10.3	30.9	10.30
15	T_r		183.3	181.9	181.9	T=547.1	$\bar{x}$=15.20
16	a=	3	b=	4	n=	3	

玉米不同品种施肥试验产量结果处理

项目六　自测练习答案

项目七
试验总结

知识目标：

- 理解试验总结报告撰写的重要性；
- 掌握试验数据收集、整理和分析的方法；
- 掌握试验总结报告的结构和撰写技巧。

能力目标：

- 能够独立完成试验数据的整理；
- 能够撰写思路清晰、逻辑性强的试验总结报告；
- 能够根据试验结果提出合理的建议和改进措施。

素质目标：

- 具有严谨的科学态度和细致的工作习惯；
- 具有批判性思维、创新意识及团队协作精神。

任务一　试验数据的整理与分析

一、试验数据的整理

试验数据的整理是指对试验过程中收集到的原始数据进行系统化、规范化处理的过程。这个过程包括数据的筛选、分类、汇总和分析，以便更清晰、准确地反映试验结果。

试验数据的整理是科学研究和数据分析中的一个关键步骤。整理后的数据更容易进行比较分析，无论是在不同时间点、不同试验条件还是不同研究之间。清晰的数据整理有助于研究人员更好地理解数据背后的含义，从而进行有效的解释和推断。良好的数据整理也可以减少数据分析过程中的时间和资源消耗，提高研究效率。数据收集、数据检查与核对、数据分类是试验数据整理的基本步骤。

（一）数据收集

从试验中收集所有相关的数据，包括试验观察、测量结果、调查问卷、田间调查等。试验观察就是直接从试验过程中获得的观察结果，如化学反应的颜色变化，不同土壤类型和肥力水平对作物根系发展、植株高度的影响，作物在盐碱、低温、高温等逆境条件下的生长表现等。测量结果就是通过科学仪器或工具得到的定量数据，如温度、压力、质量、体积等。调查问卷就是通过问卷调查收集的定性或定量数据，常用于社会科学、市场研究等领域。田间调查对于评估作物健康状况、产量潜力以及农业管理措施的效果至关重要，它涉及在农作物生长的自然环境中收集有关作物生长、土壤条件、气候因素、病虫害以及其他农业管理实践的数据。

数据收集是整个研究过程的起点，没有准确和全面的数据，后续的分析和结论都会受到影响。因此，我们在数据收集过程中一定要认真细致，传承和弘扬范福仁老先生振兴祖国农业的壮志豪情，以满腔热忱投身于科研与教学的广阔天地，脚踏实地，从原始材料征集、育种目标确定、田间试验设计到实施，以及工作总结，每一个环节都亲临现场，身体力行，一丝不苟，以严谨的态度和扎实的行动，为农业科研事业筑牢根基。

思政园地

（二）数据检查与核对

在进行数据的检查与核对时，我们的目标是确保数据的完整性和正确性，这是科学研究的基石。完整性要求数据应全面覆盖所需信息，避免遗漏或重复；正确性则要求数据在测量、记录和归并过程中的准确性。在检查过程中，专业知识的应用至关重要，特别是对于异常值的识别，这些异常值可能是由多种因素引起的。一旦发现问题，我们应立即采取措施，包括删除或补齐数据，更正错误，甚至在必要时进行复查或重新试验。

（三）数据分类

将数据按照特定的标准进行分类。一般来说，数据分类的标准有以下几类：

（1）时间　按照数据收集的时间顺序或时间段进行分类，如年度、季度、月份或特定日期。

（2）地点　根据数据收集的地理位置进行分类，如不同地区、城市或农田。

（3）试验条件　按照试验的不同条件进行分类，如不同的温度、湿度、光照强度等。

（4）作物品种　在农业研究中，可以根据不同的作物品种或遗传特性进行分类。

（5）处理组别　在试验设计中，根据试验组和对照组等不同的处理条件进行分类。

数据分类是数据整理不可或缺的一部分，它不仅提高了数据的可管理性和可分析性，而且为深入理解数据和得出科学结论奠定了基础。通过数据分类，研究者能够更有效地探索数据，发现有价值的信息，并为决策提供支持。

二、试验数据的分析

试验数据分析在科学研究和实际应用中扮演着至关重要的角色。试验数据整理之后，可对试验数据进行分析。在分析试验数据过程中，先要对数据进行汇总。所谓数据汇总，就是对同一类别的数据进行求和、平均值、最大值、最小值等统计操作。汇总的目的是减少数据的复杂性，突出关键信息，以便分析和解释。将汇总后的数据通过图或表格的形式展现出来，即数据可视化。数据可视化可以更直观地展示数据的分布及趋势，便于分析者快速理解数据。在数据汇总环节，应确保汇总的数据准确无误，避免数据录入错误或处理过程中的计算错误。

试验数据汇总之后，可以对试验数据进行统计分析。例如，可使用描述性统计来概括和总结整理后的数据的主要特征，如均值、中位数、标准差、数值范围等；可使用推断性统计方法（如假设检验、置信区间的估计等)来从样本数据推断总体特征。数据分析是科学研究和决策过程中的核心环节,它可以帮助我们从大量数据中提取有价值的信息,发现规律,验证假设,并做出合理的预测。

三、试验数据的解释

基于试验数据的分析结果,我们可对数据进行解释,得出结论及提出建议。

例如,我们正在进行一项研究,目的是评估品种 A 和品种 B 作物在特定的种植密度、肥水条件和自然环境条件下的产量表现。分析结果显示,品种 A 在中等种植密度和充足肥水条件下产量最高,但在干旱条件下表现不佳。品种 B 在高密度种植条件下产量较低,但在干旱条件下相对稳定。为此,我们可以得出以下结论:

①品种 A 可能更适合在肥水充足的环境中种植,需要良好的灌溉系统支持;

②品种 B 可能具有更好的抗旱性,适合在肥水资源有限的地区种植;

③种植密度和肥水管理应根据作物品种和当地气候条件进行调整。

基于上述数据解释及结论,我们可以提出以下建议:

①选择适合当地气候和土壤条件的作物品种;

②根据作物品种的特性调整种植密度和肥水管理措施。

需要说明的是,在解释数据时,要考虑数据收集和分析过程中可能存在的局限性,如样本大小、偏差、测量误差等。基于当前研究的局限性和发现,可考虑后续研究的方向和方法。

任务二　试验总结报告撰写

试验结束后,试验数据整理与分析完毕,通常要求研究人员撰写一份全面反映试验过程、实施情况及创新发现的文档,以便对试验结果进行准确评估和有效利用。这种文档被称为试验总结报告或科技论文。撰写试验总结报告的过程能够锻炼研究人员的科学写作能力、逻辑思维和批判性思考。试验总结报告可以让其他研究人员能够了解、讨论并利用试验成果,促进知识的共享与传播;也可以为管理者和实践者提供决策支持,帮助他们做出更加科学合理的决策。试验总结报告不仅是试验成果的展示平台,也是科研工作不可或缺的一环。

试验总结报告的结构应当清晰、系统,通常包括以下几个核心部分,每部分的撰写要点如下:

一、标题

标题是试验总结报告的名称,它应该简洁明了地反映出试验总结报告的研究内容、主题或科学问题。标题对于吸引读者的注意力和传达试验总结报告的核心思想至关重要。

标题应简练、清晰、确切,避免过于笼统或宽泛。例如,《不同氮肥施用方式对水稻产量的影响》《植物激素在果实成熟过程中的作用机制》《农业机器人技术在作物管理中的应用》《植物生长调节剂对作物生长的影响》《植物病害生物防治与化学防治的比较研究》《基因编辑技术在改良玉米抗虫性中的应用》等标题,既简洁又清晰。

二、作者署名

在标题下方注明作者姓名和工作单位。对于集体完成的试验总结报告，作者应按贡献大小排序（通常第一作者贡献最大），且所有作者的工作单位应写全称。并且要确保所有作者的姓名和工作单位的拼写准确无误。

三、摘要及关键词

摘要是一篇试验总结报告的简短概述，应简短、精练、准确、清晰、完整、客观，通常包括研究的目的、方法、结果和结论四个部分。摘要写作的基本要点如下。

(1)目的　应明确指出研究的主要目标或问题。

(2)方法　简要描述研究采用的方法或技术。

(3)结果　概述研究的主要发现或数据。

(4)结论　简述研究结果的意义和可能的应用。

关键词一般设置3～5个，应能体现出试验总结报告的研究范围。

四、正文

正文通常包括以下几个部分：

1. 引言

介绍试验研究的背景、目的、范围、方法和依据。写作引言时应谨慎评价，避免自夸，长度应适宜，一般为300～500字。

2. 材料和方法

在撰写材料和方法部分时，应详细列出所用试验材料的品种、来源和数量，确保试验的可重复性。详细描述试验所用仪器的型号、试剂名称等信息。明确试验的类型、地点、时间和其他关键条件，以展示试验设计的严谨性。提供详细的试验流程，以确保试验的准确性。列出所有需要测量的指标和相应的方法，以及使用的测量工具。

此外，如果数据需要统计分析，还要介绍所用的统计分析的方法。

3. 结果

应清晰地展示试验结果，包括关键数据和观察到的现象，并进行定性、定量分析。写作时应围绕主题，选择有说服力的材料，确保内容层次分明、条理有序，并合理使用表格、图、公式等辅助表述，使试验结果更加直观易懂。同时，要使用准确、专业的语言描述结果和分析。

4. 讨论

写作时措辞要严谨，避免模棱两可。可探讨研究结果背后的可能机制，将它们与现有的理论和文献进行比较和联系，指出相似之处和差异。也可探讨研究结果对实践领域的潜在影响和应用。基于当前研究的局限性和发现，可提出未来研究的方向和建议。清晰、深入、有说服力的讨论，可为读者提供对研究结果全面的理解。

5. 结论

在结论部分可简洁地重申研究的主要发现。不要引入新的论点或数据。不要从研究结果中过度推断或得出超出数据支持的结论。应使用简洁明了的语言，避免冗长和复杂的句子。

五、参考文献

在撰写试验总结报告时，参考文献是不可或缺的组成部分。参考文献通常在试验总结报告的末尾列出。在参考文献部分，应列出所有在研究中引用的文献，并确保引用文献的完整性和准确性。参考文献书写格式应符合 GB/T 7714—2015《信息与文献参考文献著录规则》。

技能训练 7-1 试验总结报告撰写

一、目的

掌握试验总结报告撰写的方法；能根据给出的试验资料进行整理，并形成试验总结报告。

二、用具

笔、纸、计算器等工具，以及必要的参考资料。

三、资料

【资料】有一项大豆品种对比试验，该试验对 3 个大豆品种（A、B、C）的生育期和产量性状进行了研究。研究发现，A 终花日期为 8 月 10 日；B 终花日期为 7 月 21 日，C 终花日期为 8 月 26 日；A 每株粒数为(71.1±1.5)粒，B 每株粒数为(73.4±2.7)粒，C 每株粒数为(80.6±1.1)粒，A、B、C 每株粒数比较差异有统计学意义($P<0.05$)，SNK 检验两两比较差异均有统计学意义($P<0.05$)；A 实际产量为(152.2±11.4) kg/亩，B 实际产量为(160.9±6.3) kg/亩，C 实际产量为(218.5±9.8) kg/亩，A、B、C 实际产量比较差异有统计学意义($P<0.05$)，SNK 检验两两比较差异均有统计学意义($P<0.05$)。

四、实施步骤

将学生分组，每组 3～5 人。以组为单位，参考上述资料，进行试验总结报告的撰写。要求学生掌握试验总结报告的写法，能把在实际工作中研究的问题总结出来。实施步骤如下：

(1)资料收集与整理　应首先参阅上述提供的资料，这些资料为撰写试验总结报告提供了基础信息和指导。可以通过网络、期刊查询，图书借阅等途径，自行搜集与上述大豆品种比较试验相关的补充资料。需要对收集到的资料进行整理，以便后续的分析。

(2)理解与分析　需要深入理解所收集资料的内容，分析资料中的试验方法、结果及其科学意义。应学会批判性思维，对所收集与整理的资料进行评估。

(3)撰写准备　应根据试验总结报告的结构要求，制定写作大纲，明确报告的各个部分及其主要内容。

(4)报告撰写　应按照既定大纲，撰写试验总结报告。试验总结报告应包含引言、材料与方法、结果、讨论、结论、参考文献等关键部分。要求在试验总结报告中清晰表达研究问题、研究过程和研究成果，确保逻辑性和条理性。

(5)审阅与修改　完成初稿后，应进行自我审阅，检查报告的语言表达、数据准确性和格式规范。鼓励进行互评，以发现并改进报告中的不足之处。

（6）提交与反馈　将最终版本的试验总结报告提交给教师。教师对学生的试验总结报告进行评阅，向学生提供反馈意见，帮助学生进一步掌握试验总结报告的写作技巧。

五、考核内容和评分标准

序号	考核内容	评分标准	分值	得分
1	工作态度	小组成员能够迅速、高效地完成任务；组内成员的角色和责任分配清晰，每个成员都明确自己的任务；组内成员之间展现出良好的沟通和协作	10	
2	工具准备	笔、纸、计算器等工具准备完备，齐全	10	
3	报告内容	内容完整，包含摘要、引言、材料与方法、结果、讨论、结论和参考文献等	15	
		试验设计科学合理，方法描述详细准确，试验步骤清晰可行	15	
		数据收集和处理准确，统计分析得当，试验结果清晰呈现，图表规范	15	
		能够联系理论和实际进行讨论，基于试验结果得出合理的结论	15	
4	书写和格式	语言流畅，格式规范，图表和文本美观，无书写错误	10	
5	增值性评价	准确使用专业术语；坚守公平公正的信念，能严格按照公平公正的原则行事；能讲好老一辈科学家的感人故事，传承和弘扬老一辈科学家的奉献精神	10	

自 测 练 习

一、单选题

1. 试验总结报告的正文的第一部分通常是（　　）。

A. 摘要　　B. 引言　　C. 结果　　D. 讨论

2. 在撰写试验总结报告时，（　　）不是必须包含的内容。

A. 试验目的　　B. 试验方法　　C. 试验结果　　D. 试验假设

3. 试验总结报告中的数据分析部分应该（　　）。

A. 只包含原始数据　　B. 只包含统计结果

C. 包含原始数据和统计分析　　D. 不包含任何数据

4. 以下（　　）不是试验总结报告中讨论部分的常见内容。

A. 结果的解释　　B. 结果与既往研究的比较
C. 研究的局限性　　D. 试验的具体步骤

5. 试验总结报告的结论部分应该(　　)。
A. 简单总结主要发现　　B. 重复引言部分的内容
C. 提出新的研究问题　　D. 参考文献

6. 在撰写试验总结报告时,以下(　　)不是引用参考文献的正确做法。
A. 引用与研究主题密切相关的文献　　B. 引用最新的研究成果
C. 引用非正式出版的资料作为主要参考　　D. 按照特定格式列出所有引用的文献

7. 试验总结报告中图表的作用是(　　)。
A. 增加报告的装饰性　　B. 直观展示试验数据
C. 替代文字描述　　D. 隐藏试验中的错误

8. 试验报告中的摘要应该(　　)。
A. 非常详细,包含所有试验步骤
B. 简短,总结研究目的、方法、主要结果和结论
C. 只包含试验结果和结论
D. 只包含试验目的和背景

二、多选题

1. 以下(　　)是提高试验总结报告可读性的建议。
A. 使用简单易懂的语言　　B. 保持一致的格式和风格
C. 避免使用专业术语　　D. 适当使用图表和列表

2. 在撰写试验总结报告中的材料与方法部分时,以下(　　)的信息是必要的。
A. 试验材料的详细描述　　B. 试验设备的型号和规格
C. 试验过程的详细步骤　　D. 试验环境的条件

3. 试验总结报告中的结果部分应该包括(　　)。
A. 试验数据的统计分析　　B. 试验数据的原始记录
C. 试验结果的图表展示　　D. 试验结果的口头描述

4. 在撰写试验总结报告时,以下(　　)的行为是符合学术诚信的。
A. 正确引用他人的研究成果　　B. 避免抄袭和剽窃
C. 公开声明所有合作者的贡献　　D. 忽略参考文献的引用

5. 撰写试验总结报告中的结论部分时,以下(　　)做法是不正确的。
A. 重申试验目的　　B. 概括主要发现
C. 提出研究背景　　D. 详细描述试验过程

6. 引用参考文献时,应该注意(　　)。
A. 引用文献的准确性　　B. 引用文献的相关性
C. 不需引用最新的研究成果　　D. 引用文献的数量越多越好

三、判断题

1. 试验总结报告的摘要应该包含试验的所有细节。(　　)
2. 试验总结报告的材料和方法部分不需要描述试验的具体步骤。(　　)
3. 在试验总结报告的讨论部分,应该只讨论试验结果的正面意义。(　　)

4. 试验总结报告中的图表只是为了美化报告，没有实际的信息传递作用。（　　）

5. 试验总结报告的写作风格应该保持客观和科学，避免使用第一人称。（　　）

6. 试验总结报告的参考文献可以随意排序，不必遵循特定的格式。（　　）

7. 如果研究得到了外部资金或赞助，包括研究基金或赞助商的支持，应在试验总结报告中加入致谢部分，并在致谢部分中提及这些支持。（　　）

四、简答题

1. 在试验总结报告中，为什么需要详细描述试验材料和方法？

2. 描述试验总结报告中结果部分的写作要点。

3. 在撰写试验总结报告的讨论部分时，应如何引用文献？

4. 简述撰写试验总结报告摘要部分的关键要素。

5. 为什么在试验总结报告中需要对数据进行统计分析？

6. 在撰写试验总结报告时，应如何处理试验中的意外发现？

项目七　自测练习答案

拓展选修

拓展一　卡方(χ^2)检验

一、卡方(χ^2)概念

卡方(χ^2)检验主要是判断计数资料在某种假设下，其实际观察所得的次数与理论次数间的差异是由于误差造成的还是本质原因造成的。例如，判断某种植物两对相对形状的遗传是否为独立遗传，就可以运用卡方(χ^2)适合性检验来进行检测和判断。

如果理论次数与实际观察次数完全符合，$\chi^2=0$，但也因实际调查过程中可能存在的取样误差导致理论次数与实际观测值次数之间的差异，影响对真实结果的判断。如果理论次数与实际次数差异纯属误差造成，则差异小，χ^2值也大，差异一般应在误差允许范围内；如果存在本质差异，理论次数与实际次数差异较大，χ^2分布并进行差异显著性分析。χ^2值的基本计算公式为：

$$\chi^2=\sum_{i=1}^{k}\frac{(O_i-E_i)^2}{E_i}$$

式中：O为实际观察次数，E为理论次数，k为组数，此公式在自由度$\nu\geqslant 2$时适用。

二、卡方(χ^2)分布及连续矫正

1. 卡方(χ^2)分布

理论研究证明，χ^2分布为正偏态分布，其分布特点如下：

(1)χ^2分布没有负值，均在$0\sim+\infty$，即在$\chi^2=0$的右边，为正偏态分布。

(2)χ^2分布为连续性分布，而不是间断性的。

(3)χ^2分布曲线是一组曲线。每一个不同的自由度都有一条相应的χ^2分布曲线。

(4)χ^2分布的偏斜度随自由度ν不同而变化。当$\nu=1$时偏斜最厉害，ν增大则曲线逐渐趋向对称而接近正态分布曲线，当$\nu\rightarrow+\infty$时，则为正态分布，图 8-1-1 为几个不同自由度的χ^2分布曲线。

附表 8 列出了不同自由度时χ^2的单尾(右尾)概率表，可供次数资料的χ^2检验使用。

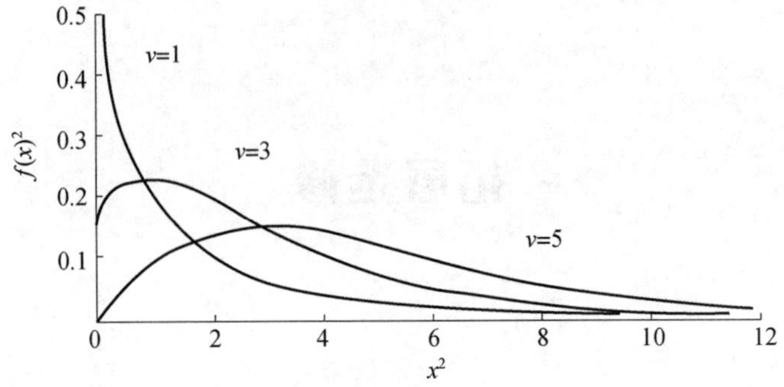

图 8-1-1　不同自由度的 χ^2 分布

2. 卡方(χ^2)连续性矫正

χ^2分布是连续的，而次数资料则是间断的，由非连续性资料算得的 χ^2 值有偏大的趋势，其在 $\nu=1$ 时，需做适当的矫正，才能符合理论分布。这种矫正称为连续性矫正，其方法是：在计算观察次数与理论次数的偏差时，将各偏差的绝对值都减去$\frac{1}{2}$，即$|O-E|-\frac{1}{2}$。这样可以使概率值接近分布的真实概率。矫正后的 χ^2 用 χ_c^2 表示，即

$$\chi_c^2=\sum_{i=1}^{k}\frac{\left(|O_i-E_i|-\frac{1}{2}\right)^2}{E_i}$$

一般 $\nu=1$ 的样本，在计算 χ^2 值时，必须作连续性矫正，而对 $\nu\geqslant 2$ 的样本则可以不作连续性矫正。

3. 卡方(χ^2)检验

χ^2差异显著性检验主要包括适合性检验和独立性检验两大类，检验原理基本同于总体平均数假设检验。χ^2的差异显著性检验包括以下步骤：

(1)提出假设　H_0：观察次数与理论次数的差异由取样误差所引起；对 H_A：观察次数与理论次数间存在真实差异。

(2)规定显著水平　显著水平一般取 $\alpha=0.05$ 或 $\alpha=0.01$。

(3)检验计算　在原假设正确的前提下，计算 χ^2 值。

根据自由度选择公式计算 χ^2值后，按自由度 $\nu=n-1$ 查 χ^2 值表(附表 8)，将计算得的 χ^2值与 $\chi^2_{\alpha,\nu}$进行比较，$P<\alpha$，否定 H_0，即认为观察次数与理论次数差异为真实差异，达到差异显著或差异极显著。

在实际应用时，往往不计算具体的概率值。若实得的 $\chi^2>\chi^2_{\alpha,\nu}$，$H_0$ 被否定；若实得的 $\chi^2\leqslant\chi^2_{\alpha,\nu}$则 H_0 被接受，即认为观察次数与理论次数相符。

【例 8-1-1】根据检验方法步骤列出表格(表 8-1-1)，计算观察株数总和(O)，根据相同总和数按 3：1 比例计算各项理论数(E)。

表 8-1-1　两种桃杂交 F_2 代遗传检验

果皮茸毛	观察株数 O	理论株数 E	$O-E$	$\left(\|O-E\|-\frac{1}{2}\right)^2/E$
有毛	132	126	6	0.240 1

续表 8-1-1

果皮茸毛	观察株数 O	理论株数 E	$O-E$	$\left(\lvert O-E\rvert-\frac{1}{2}\right)^2/E$
无毛	36	42	−6	0.720 2
总数	168	168	0	0.960 3

检验步骤：

(1)提出假设　H_0：有毛与无毛的比例为 3∶1，即桃果皮茸毛受一对基因控制；对 H_A：不符合 3∶1 分离规律。

(2)规定显著水平　$\alpha=0.05$。

(3)检验计算　分别计算表中各项观察株数与理论株数之差($O-E$)；再分别计算表中各项观察株数与理论株数之差的平方与理论株数之商 $\left(\lvert O-E\rvert-\frac{1}{2}\right)^2/E$；最后计算总和 χ_c^2。即：

$$\chi_c^2=\sum_{i=1}^{k}\frac{\left(\lvert O_i-E_i\rvert-\frac{1}{2}\right)^2}{E_i}=0.960\ 3$$

查值 χ^2 表，当 $\nu=k-1=1$ 时，$\chi_{0.05}^2=3.84$。

(4)实得 $\chi_c^2=0.960\ 3<\chi_{0.05}^2$，所以接受原假设 H_0，说明桃果皮茸毛有无性状受一对相对基因控制，符合 3∶1 的分离遗传比例。

三、适合性检验

比较试验数据与理论假设是否符合的假设检验为适合性检验。这类试验在研究工作中应用广泛，目的在于探究试验结果是否符合某种理论假设，其特点是理论假设有一定的理论比例，由于试验结果表现的种类多少不同，所用的检验方式也不同。**【例 8-1-1】**实际上就是两组试验资料的适合性检验，以下则介绍多组资料适合性检验，试验结果多于两种情况的资料的检验为多组试验资料的适合性检验，多组资料的自由度 $\nu=k-1\geqslant 2$，在计算 χ^2 值时不必做连续性矫正。

【例 8-1-2】玉米籽粒的甜与非甜性状由一对等位基因控制，胚乳的有色和无色性状受另一对等位基因控制，根据遗传试验结果，以纯种有色、非甜个体与无色、甜质个体杂交，F_1 代表现有色、非甜性状，其与双隐性个体测交一代出现了 4 种表现型，试检验试验结果是否符合 1∶1∶1∶1 的孟德尔遗传测交比率，即判断这两对等位基因是否彼此独立遗传。

根据检验方法步骤列出表格(表 8-1-2)，计算观察粒数(O)总和，根据相同总和数按 1∶1∶1∶1 比例计算各项理论粒数(E)。

表 8-1-2　玉米两对基因遗传的适合检验(测交)

表现型	观察粒数 O	理论粒数 E	$O-E$	$(O-E)^2$	$(O-E)^2/E$
有色、非甜	65	76.5	−11.5	132.25	1.728 8
有色、甜	72	76.5	−4.5	20.25	0.264 7

续表 8-1-2

表现型	观察粒数 O	理论粒数 E	$O-E$	$(O-E)^2$	$(O-E)^2/E$
无色、非甜	80	76.5	3.5	12.25	0.160 1
无色、甜	89	76.5	12.5	156.25	2.042 5
总和	306	306	0		3.973 9

检验步骤：

（1）提出假设　H_0：测交一代比例符合 1∶1∶1∶1，两对相对性状受两对各自独立的等位基因所控制，属独立遗传；对 H_A：不符合 1∶1∶1∶1 的分离比例。

（2）规定显著水平　$\alpha=0.01$。

（3）检验计算　分别计算表中各项观察粒数与理论粒数之差（$O-E$）；再分别计算表中各项观察粒数与理论粒数之差的平方与理论粒数之商 $(O-E)^2/E$，即 χ^2 值；最后计算 χ^2 总和。即：

$$\chi^2=\sum_{i=1}^{k}\frac{(O_i-E_i)^2}{E_i}=3.973\ 9$$

查 χ^2 值表，当 $\nu=k-1=4-1=3$ 时，$\chi^2_{0.01}=11.34$。

（4）推断　实得 $\chi^2=3.973\ 9<\chi^2_{0.01}$，所以接受原假设 H_0，说明玉米的两对相对性状测交一代的分离比例符合 1∶1∶1∶1 的孟德尔独立遗传比例，两对相对性状分别由两对相互独立的等位基因控制，是独立遗传。

【例 8-1-3】水稻稃尖色泽的有无和籽粒糯性各受一对等位基因控制，以纯种有色、非糯个体与无色、糯性个体杂交，F_1 代表现有色、非糯性状，F_2 代出现了 4 种表现型，有色、非糯 491 株，有色、糯 76 株，无色、非糯 90 株，无色、糯 86 株。试检验试验结果是否符合 9∶3∶3∶1 的孟德尔遗传自交比率，即判断这两对等位基因是否彼此独立遗传。

根据检验方法步骤列出表格（表 8-1-3），计算观察株数（O）总和，根据相同总和数按 9∶3∶3∶1 比例计算各项理论株数（E）。

表 8-1-3　水稻两对基因遗传的适合检验（自交）

表现型	观察株数 O	理论株数 E	$O-E$	$(O-E)^2$	$(O-E)^2/E$
有色、非糯	491	417.94	73.06	5 337.763 6	12.7716
有色、糯	76	139.31	−63.31	4 008.156 1	28.771 5
无色、非糯	90	139.31	−49.31	2 431.476 1	17.453 7
无色、糯	86	46.44	39.56	1 564.993 6	33.699 2
总 和	743	743	0		92.696 0

（1）提出假设　H_0：F_2 代比例符合 9∶3∶3∶1，两对相对性状受两对各自独立的等位基因所控制，属独立遗传；对 H_A：不符合 9∶3∶3∶1 的分离比例。

（2）规定显著水平　$\alpha=0.01$。

(3)检验计算　分别计算表中各项观察株数与理论株数之差$(O-E)$;再分别计算表中各项观察株数与理论株数之差的平方与理论株数之商$(O-E)2/E$,即 χ^2 值;最后计算 χ^2 总和。即:

$$\chi^2=\sum_{i=1}^{k}\frac{(O_i-E_i)^2}{E_i}=92.6960$$

查 χ^2 值表,当 $\nu=k-1=4-1=3$ 时,$\chi^2_{0.01}=11.34$。

(4)推断　实得 $\chi^2=92.696>\chi^2_{0.01}$,所以否定原假设 H_0,说明水稻的两对相对性状 F_2 代比例不符合 9∶3∶3∶1,两对相对性状受同一对同源染色体上具连锁关系的两对等位基因控制,是连锁遗传关系。

四、独立性检验

(一)独立性检验的意义

独立性检验是检验两个或两个以上变量间是彼此独立还是相互影响的一种统计检验方法,其实质是对次数资料相关关系的研究。独立性检验的自由度随变量各自分组数的不同而不同。设横行分 r 组,纵行分 c 组,则自由度 $\nu=(r-1)\times(c-1)$。

(二)独立性检验列联表

1. 2×2 表的独立性检验

横行 $R=2$ 组、纵行 $C=2$ 组的相依表称为 2×2 相依表,简称 2×2 表。2×2 表的一般形式如表 8-1-4 所示。在进行独立性检验时,其自由度 $\nu=(2-1)\times(2-1)=1$,故计算 χ^2 值时需作连续性矫正。

表 8-1-4　2×2 表的一般形式

分组	1	2	横行总和
1	O_{11}	O_{12}	R_1
2	O_{21}	O_{22}	R_2
纵行总和	C_1	C_2	n

由上所述,其理论次数计算方法为:每一实测值相应的理论次数等于对应组的总和相乘除以总次数,并且,由于每组的理论次数的总和必等于其组实测值的总和,因此,求出其中一个理论次数后,可用组总和数减去已求出的理论次数,即可得另一个理论次数。

根据公式可得

$$\chi_c^2=\sum_{i=1}^{k}\frac{\left(|O_i-E_i|-\frac{1}{2}\right)^2}{E_i}$$

2×2 表的独立性检验也可不计算理论次数,而直接用实际观察次数计算 χ^2 值,从表 8-1-4 中各个次数可以得到

$$\chi_c^2=\frac{n\left(|O_{11}O_{22}-O_{12}O_{21}|-\frac{n}{2}\right)^2}{C_1C_2R_1R_2}$$

2. 2×C 表的独立性检验

2×C 表是指横行分为两组，纵行分为 C≥3 组的相依表资料。在进行独立检验时其自由度 $\nu=(2-1)\times(C-1)=C-1$，其一般形式如表 8-1-5 所示。

表 8-1-5　2×C 表的一般形式

横行因素	纵行因素						总计
	1	2	…	i	…	c	
1	O_{11}	O_{12}	…	O_{1i}	…	O_{1c}	R_1
2	O_{21}	O_{22}	…	O_{2i}	…	O_{2c}	R_2
总计	C_1	C_2	…	C_i	…	C_c	n

由于 $C-1\geq2$，故不需作连续性矫正。计算 χ^2 时，可以先计算各项理论值，用 χ^2 值的基本计算公式进行计算，也可以根据下式免去理论值的计算。

$$\chi^2=\frac{n^2}{R_1R_2}\left[\sum\left(\frac{O_{1i}^2}{C_i}\right)-\frac{R_1^2}{n}\right]$$

3. R×C 表的独立性检验

R×C 是指 R 和 C 均≥3 的计数资料，其 $\nu=(R-1)\times(C-1)>2$，故不需要进行连续性矫正，其一般形式如表 8-1-6 所示。

表 8-1-6　R×C 表的一般形式

横行因素	纵行因素						总计
	1	2	…	i	…	c	
1	O_{11}	O_{12}	…	O_{1i}	…	O_{1c}	R_1
2	O_{21}	O_{22}	…	O_{2i}	…	O_{2c}	R_2
⋮	⋮	⋮	…	⋮	…	⋮	⋮
j	O_{j1}	O_{j2}	…	O_{ji}	…	O_{jc}	R_j
⋮	⋮	⋮	…	⋮	…	⋮	⋮
R	O_{r1}	O_{r2}	…	O_{ri}	…	O_{rc}	R_r
总计	C_1	C_2	…	C_i	…	C_c	n

在进行显著性检验时，可以用基本公式计算，也可以不计算理论值而利用下式直接计算 χ^2 值。

$$\chi^2=n\left[\sum\left(\frac{O_{ij}^2}{R_iC_j}\right)-1\right]$$

【例 8-1-4】在防治小麦散黑穗病试验中，调查种子经过灭菌处理的小麦发病穗数和未发病穗数分别为 26 和 50，未灭菌处理的小麦发病穗数和未发病穗数分别为 184 和 200。试分析种子灭菌与否和散黑穗病的穗数多少是否有关。（横行 $R=2$、纵行 $C=2$，独立性检验，需做连续

性矫正)

根据检验方法步骤列出表格(表 8-1-7),并分别计算种子灭菌与未灭菌总和、发病穗数和未发病穗数总和,根据检验原理分别计算出各项相应的理论数,如既灭菌也发病的理论数 P 的计算方法为:

$$P=460\times P_1\times P_2=460\times(76/460)\times(210/460)=34.7$$

其他各项的理论次数均可按此法计算,也可以求出其中一个理论次数后,用该组总和数减去已求出的理论次数,即可得另一个理论次数(如未灭菌发病次数的理论数为 210－34.7＝175.3),并填入表 8-1-7 中。

表 8-1-7　防治小麦散黑穗病观察结果

处理项目	种子灭菌	种子未灭菌	总计
发病穗数	26(34.7)	184(175.3)	210
未发病穗数	50(41.3)	200(208.7)	250
总数	76	384	460

检验步骤:

(1)提出假设　H_0:种子灭菌与否和散黑穗病穗数多少无关,即两者相互独立。H_A:种子灭菌与否和散黑穗病穗数多少有关。

(2)规定显著水平　$\alpha=0.05$。

(3)检验计算　根据公式可得

$$\chi_c^2=\sum_{i=1}^{k}\frac{\left(|O_i-E_i|-\frac{1}{2}\right)^2}{E_i}=4.267$$

查 χ^2 值表,当 $\nu=1$ 时,$\chi^2_{0.05}=3.84$。

(4)推断　实得 $\chi_c^2=4.267>\chi^2_{0.05}$,所以应否定 H_0,而接受 H_A。即说明种子灭菌与否和散黑穗病发病的高低有关,也就是说灭菌对防治小麦散黑穗病有一定的效果。

【例 8-1-5】为了解某苹果开花花期不同与坐果的关系,调查立夏前的第一批花 200 朵,坐果 72 个,立夏至小满第二批花 150 朵,坐果 48 个,小满以后第三批花 50 朵,坐果 3 个,问坐果高低与开花期是否有关?(横行 $R=2$、纵行 $C\geqslant3$ 独立性检验,由于 $C-1\geqslant2$,故不需作连续性矫正)

根据检验方法步骤列出表格(表 8-1-8),并分别计算出每批次未坐果花朵数,根据检验原理分别计算出各项相应的理论数,填入表 8-1-8,方法同【例 8-1-4】。

检验步骤:

(1)提出假设　H_0:开花期不同对苹果坐果率的影响是相同的,即坐果率与开花期早晚无关;对 H_A:两者有关。

(2)规定显著水平　$\alpha=0.01$。

(3)检验计算　根据公式可得

$$\chi^2=\sum_{i=1}^{k}\frac{(O_i-E_i)^2}{E_i}=17.18$$

查 χ^2 值表，当 $\nu=2$ 时，$\chi^2_{0.01}=9.21$。

(4)推断　实得 $\chi^2=17.18>\chi^2_{0.01}=9.21$，所以否定原假设 H_0，说明开花期与坐果率有关，开花期极显著地影响坐果率。

表 8-1-8　苹果开花期与坐果关系相依表

项目	立夏前	立夏至小满	小满后	横行总和
坐果花数	72(61.5)	48(46.125)	3(15.375)	123
未坐果花数	128(138.5)	102(103.875)	47(34.625)	277
总计	200	150	50	400

拓展二　SPSS 统计分析软件的应用

现代的数据统计分析工作要与大量的数据打交道，涉及到繁杂的计算和图表的绘制，如果离开统计软件几乎是无法快速完成。因此在准确理解和掌握了各种统计方法的原理及其在 Excel 中的应用之后，我们再来了解一下 SPSS 统计分析软件的应用，从而提高统计分析效率。

我们常见的统计软件有 SAS、SPSS、MINITAB、EXCEL 等，这些统计软件的功能和作用大同小异，各自有所侧重。其中的 SAS 和 SPSS 是目前在大型企业、各类院校以及科研机构中较为流行的两种统计软件，特别是 SPSS 软件，其界面友好、功能强大、易学、易用，包含了几乎全部尖端的统计分析方法，具备完善的数据定义、操作管理和开放的数据接口以及灵活而美观的统计图表制作功能。

SPSS 软件具有完善的数据转换接口，可以方便地和 Windows 其他应用程序进行数据共享和交换，可以读取 Excel、Aecess、FoxPr、ASCI 数据文件，其统计结果也可保存为多种格式；具有丰富的内部函数和统计功能，默认在结果输出窗口显示菜单操作的语句，菜单与语句操作互相结合、互相补充，使 SPSS 可以完成更为复杂的统计分析任务；具有强大的统计图表绘制和编辑功能，交互式图形更为美观大方，输出的报表形式灵活，编辑方便易行。下面我们通过实例来了解一下 SPSS 软件的应用。

利用 SPSS 统计分析软件进行 t 检验操作视频

一、t 检验

【**例 8-2-1**】两个水稻品种的茎秆长度如表 8-2-1 所示，试比较两个品种的茎秆长度差异是否显著。

表 8-2-1　两个水稻品种的茎秆长度

A 品种	90.0	87.0	89.0	86.5	91.5	94.0	89.5	88.5	85.0	91.0
B 品种	84.5	87.0	88.0	82.0	84.0	82.0	84.5	86.0	82.0	87.5

具体操作步骤：

(1)按提示安装 SPSS 软件（略，具体见软件安装向导）。

(2)打开 SPSS 软件。

(3)在 SPSS 软件中,点击下方"变量视图",在"变量视图"中根据表 8-2-1 输入相应内容,并输入值标签(图 8-2-1)。然后点击"数据视图",按图 8-2-2 格式整理好原始数据(1 代表 A 品种,2 代表 B 品种)。

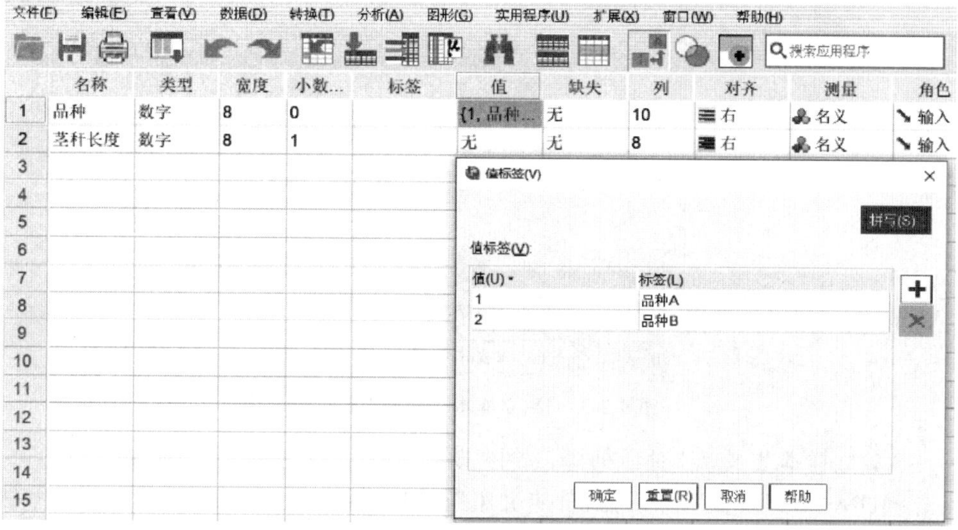

图 8-2-1 "变量视图"输入

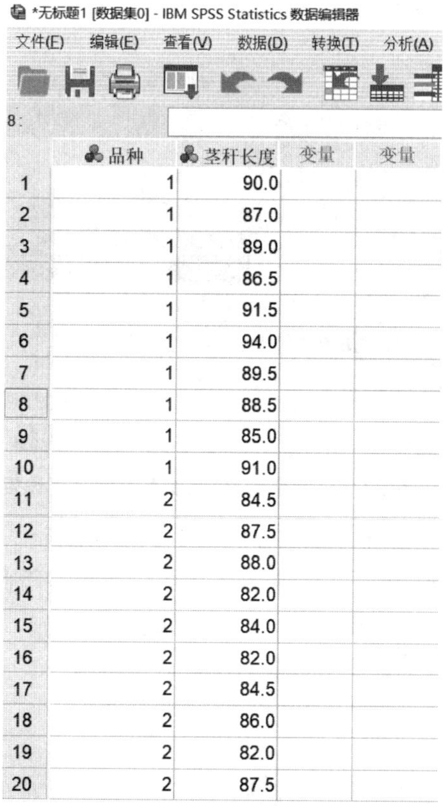

	品种	茎秆长度	变量	变量
1	1	90.0		
2	1	87.0		
3	1	89.0		
4	1	86.5		
5	1	91.5		
6	1	94.0		
7	1	89.5		
8	1	88.5		
9	1	85.0		
10	1	91.0		
11	2	84.5		
12	2	87.5		
13	2	88.0		
14	2	82.0		
15	2	84.0		
16	2	82.0		
17	2	84.5		
18	2	86.0		
19	2	82.0		
20	2	87.5		

图 8-2-2 两个水稻品种茎秆长度数据录入

(4)单击“数据”，点击“分析”中的“比较平均值和比例”，再点击“独立样本 T 检验”，弹出“独立样本 T 检验”对话框(图 8-2-3)。

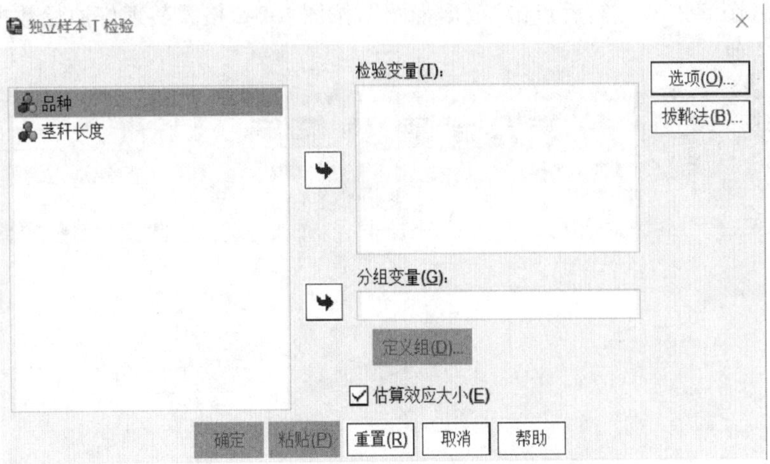

图 8-2-3 “独立样本 T 检验”对话框

(5)在“独立样本 T 检验”对话框中，选中“茎秆长度”，点击进入“检验变量”，选中“品种”，点击进入“分组变量”；然后点击“定义组”，“组 1”中输入 1，“组 2”中输入 2，点击继续(图 8-2-4)。

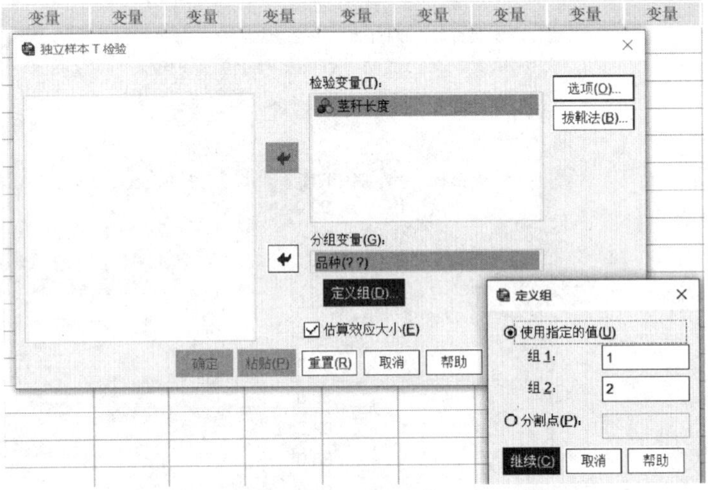

图 8-2-4 检验变量、分组变量及定义组设定

(6)点击“确定”，软件输出结果见图 8-2-5。

(7)结果分析。因方差检验中，显著性 $P=0.874>0.05$，因此不能拒绝方差相等的原假设，表示符合方差相等(同质)的假设。t 检验中，显著性 $P<0.01$，表明两个水稻品种的茎秆长度有极显著差异。

利用 SPSS 统计软件进行方差分析操作视频

二、方差分析

【例 8-2-2】三个水稻品种的千粒重数据见表 8-2-2，试对品种间的千粒重差异显著性行进检验。

➡ T-检验

组统计

	品种	个案数	平均值	标准差	标准误差平均值
茎秆长度	1	10	89.200	2.6373	.8340
	2	10	84.750	2.3124	.7312

独立样本检验

		莱文方差等同性检验		平均值等同性t检验						
									差值95%置信区间	
		F	显著性	t	自由度	显著性(双尾)	平均值差值	标准误差差值	下限	上限
茎秆长度	假定等方差	.026	.874	4.012	18	.001	4.4500	1.1092	2.1197	6.7803
	不假定等方差			4.012	17.698	.001	4.4500	1.1092	2.1168	6.7832

图 8-2-5　两个水稻品种茎秆长度 *t* 检验输出结果

表 8-2-2　三个水稻品种的千粒重　　g

A 品种	28.25	30.12	29.10	29.83	30.25	28.25	28.65	27.19	27.96	29.16
B 品种	24.40	24.00	25.10	24.70	25.05	24.30	25.47	24.51	27.31	24.67
C 品种	29.35	30.60	30.35	31.30	32.55	29.25	30.50	30.42	29.49	28.51

具体操作步骤如下：

(1)在 excel 表中将表 8-2-2 的数据转化为竖列，然后打开 SPSS，点击下方“数据视图”将数据整理到 SPSS 软件中(图 8-2-6)，其中 1 代表 A 品种，2 代表 B 品种，3 代表 C 品种(图 8-2-7)。

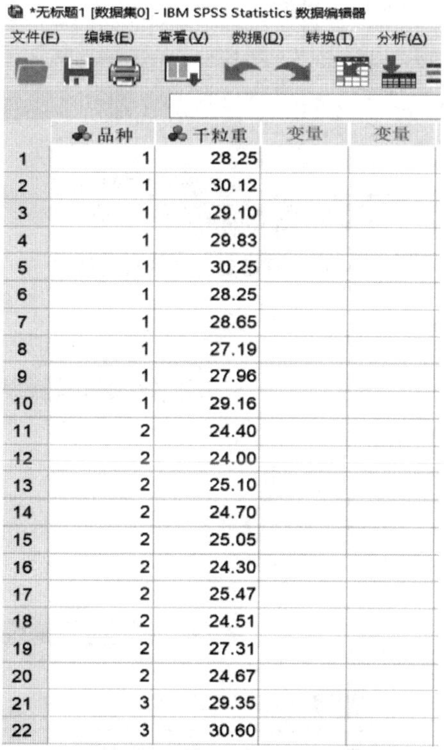

	品种	千粒重	变量	变量
1	1	28.25		
2	1	30.12		
3	1	29.10		
4	1	29.83		
5	1	30.25		
6	1	28.25		
7	1	28.65		
8	1	27.19		
9	1	27.96		
10	1	29.16		
11	2	24.40		
12	2	24.00		
13	2	25.10		
14	2	24.70		
15	2	25.05		
16	2	24.30		
17	2	25.47		
18	2	24.51		
19	2	27.31		
20	2	24.67		
21	3	29.35		
22	3	30.60		

图 8-2-6　3 个水稻品种千粒重

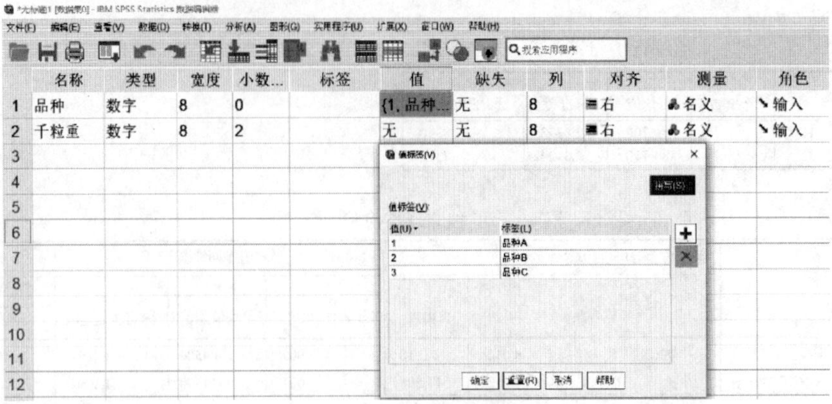

图 8-2-7 “变量视图”输入

（2）点击下方“变量视图”，在“变量视图”中根据表 8-2-2 内容输入相应数据，并输入“值标签”（图 8-2-7）（1 代表 A 品种，2 代表 B 品种，3 代表 C 品种）。

（3）单击“数据视图”，点击“分析”中的“比较均值和比例”，再点击“单因素 ANOVA”，弹出单因素方差分析对话框（图 8-2-8）。选中“千粒重”，点击进入“因变量列表”，选中“品种”，点击进入“因子”（图 8-2-9）。

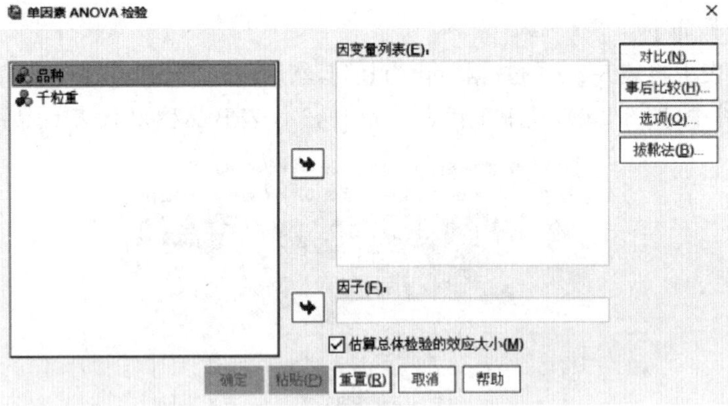

图 8-2-8 单因素方差分析对话框

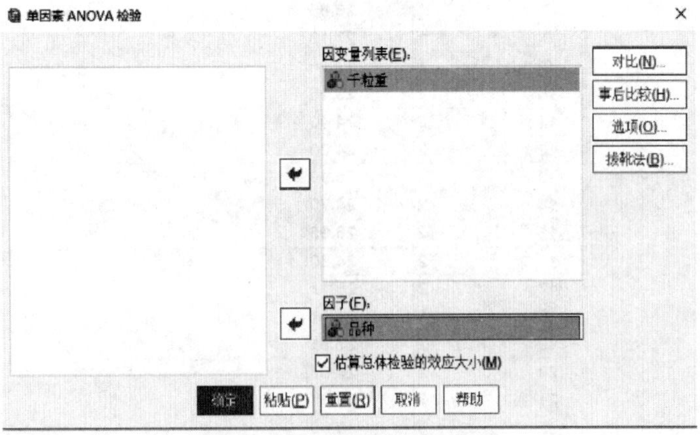

图 8-2-9 确定因变量和因子

(4)点击“事后比较”,在“事后比较”话框中,选择合适的“多重比较”方法,如 *LSD*(图 8-2-10)。

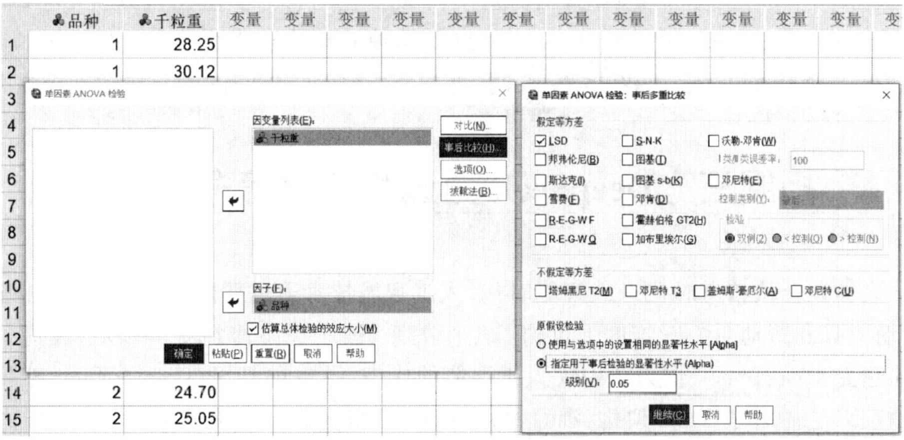

图 8-2-10 “变量视图”输入

(5)点击“继续”,再点击“确定”,结果见图 8-2-11。

ANOVA

千粒重

	平方和	自由度	均方	F	显著性
组间	150.444	2	75.222	70.385	<.001
组内	28.856	27	1.069		
总计	179.300	29			

ANOVA 效应大小[a]

		点估算	95% 置信区间 下限	95% 置信区间 上限
千粒重	Eta 方	.839	.684	.889
	Epsilon 方	.827	.661	.881
	Omega 方固定效应	.822	.653	.877
	Omega 方随机效应	.698	.485	.781

a. Eta 方和 Epsilon 方是根据固定效应模型进行估算。

事后检验

多重比较

因变量: 千粒重

LSD

(I) 品种	(J) 品种	平均值差值 (I-J)	标准误差	显著性	95% 置信区间 下限	95% 置信区间 上限
品种A	品种B	3.92500*	.46233	<.001	2.9764	4.8736
	品种C	-1.35600*	.46233	.007	-2.3046	-.4074
品种B	品种A	-3.92500*	.46233	<.001	-4.8736	-2.9764
	品种C	-5.28100*	.46233	<.001	-6.2296	-4.3324
品种C	品种A	1.35600*	.46233	.007	.4074	2.3046
	品种B	5.28100*	.46233	<.001	4.3324	6.2296

*. 平均值差值的显著性水平为 0.05。

图 8-2-11 三个水稻品种千粒重的单因素方差分析结果

(6)结果分析。从图 8-2-11 的方差分析结果中可以看出，$F=70.385$，$P<0.01$，差异有显著性，可认为不同品种的千粒重不同，还需进一步做多重比较。多重比较分析中，A 品种与 B 品种的差异显著性 $P=0.000<0.01$，A 品种与 C 品种的差异显著性 $P=0.007<0.01$，B 品种与 C 品种的差异显著性 $P=0.000<0.01$，表明 3 个品种千粒重间的差异均达到极显著水平。

拓展三　DeepSeek 为试验统计等多领域赋能

随着人类社会从信息时代进入智能时代，人工智能技术通过智能化、数字化和生态化在劳动者、劳动工具和劳动对象三维度上重构了生产关系，被广泛渗透到众多领域，促进了未来产业生态的建立。DeepSeek 作为新一代人工智能的代表，是一种基于 Transformer 架构的生成式 AI 大模型，它融合了 MoE 架构、混合精度训练、分布式优化等先进技术，具备强大的文本生成、多模态处理和任务定制化能力。DeepSeek 以其特有的开源性、交互性和多模性，充分彰显人工智能作为通用技术的新范式，可以低成本地广泛应用于产业端、流通端、消费端等各个领域以及生产、生活不同场景，在实现了人工智能普及化、普惠化的同时，为未来产业生态的形成提供了重要的技术条件、应用场景和生态保障。

一、DeepSeek 在试验统计分析上的应用

DeepSeek 作为一款先进的人工智能工具，在试验统计分析中展现出强大的功能和广泛的应用场景，从试验设计、数据收集、数据整理、统计分析到结果可视化与报告，涵盖了试验研究的各个阶段，极大地提高了试验统计分析的效率和准确性，为科学决策提供了有力支持。

在试验设计方面，DeepSeek 可基于已有文献和数据，通过对相关文献的深度分析，为研究人员提供试验参数设置，从而提高试验的统计功效和效率，为实验方案优化提供指导。在试验样本采集方面，DeepSeek 可以利用算法根据试验目标和已有的数据分布，优化样本选择，以确保试验结果的可靠性和可推广性；在试验数据处理方面，数据预处理是一个重要的环节，DeepSeek 可提供强大的数据预处理功能，自动识别和处理数据中的缺失值、异常值等问题，并支持数据的标准化、归一化等操作，使数据更加规范，为后续统计分析做好准备。

在数据统计分析方面，DeepSeek 作为一种高效的统计学工具，供描述性统计、推断性统计、假设检验、回归分析、聚类分析等一系列先进统计分析方法，被广泛应用于数据分析和数据挖掘等领域；在结果可视化与报告方面，DeepSeek 可以生成高质量的数据可视化图表，可以更加直观地展示研究结果，也能够根据数据自动生成各种图表，如柱状图、折线图等；基于分析结果，DeepSeek 能自动生成详细的分析报告，显著提升了试验的效率和质量。

二、DeepSeek 在农业上的应用

DeepSeek 在农业领域应用广泛，其农业大模型具有多层次、多模块的复杂架构，汇聚了多源异构数据，综合运用了多种人工智能技术，既横向覆盖育种、精准种植、养殖、病虫草害诊断预警、智能决策、智慧农机控制等关键环节，又纵向深入生产加工、仓储物流、数字营销等流程，

在诸多场景发挥着关键作用。

种子是农业的“芯片”，种业是国家战略性、基础性核心产业。DeepSeek 通过基因数据建模与强化学习算法，可预测不同基因组合的抗病性、产量及适应性，帮助科研人员快速筛选优势植株，缩短育种周期，这不仅提高了育种效率，还降低了成本，对保障国家粮食安全和推动种业振兴具有重要意义。

在精准种植领域，基于深度学习的作物生长模拟方法逐渐兴起。如荔枝的“全周期生长模型”融合了 AI、图像识别、数字孪生等技术，能够预测产量、上市时间等；在养殖业，如渔业中构建基于 DeepSeek 的渔业智能体，优化了渔业生产的核心环节，为精准管理养殖、优化育种、病害防控及资源管理评估等环节提供智能化新范式。

农作物病虫害是制约农业生产的重要因素之一，因病害诊断不及时、不准确，每年造成粮食损失近 500 亿斤，经济作物损失 350 多亿斤。为解决这一问题，基于大模型的病虫害预警方法应运而生，如“图知农业病虫害大模型”，融合了图像识别等技术，能够第一时间全面获取虫情，并准确识别出具体病虫害，其诊断精度可达 90%以上。此外，它还能对病虫害发生趋势、发生面积与发生程度进行预测和预警。

在农情决策方面，将遥感数据与大模型技术相结合，为农业生产提供了强大的智能支持。通过卫星和无人机等遥感技术，能够获取农田的覆盖度、作物生长状况等关键信息。这些数据与大模型技术融合后，可以实现农情的智能感知，提供更加精准且动态调整的决策方案，从而提高决策精度。

在智慧农机控制领域，大模型技术的应用显著提升了农机的自主作业能力。通过融合视觉、雷达等多源感知数据，大模型能够构建农田环境的语义地图，从而显著增强对复杂农田环境的理解能力。这种多模态感知技术不仅能够提供丰富的环境信息，还能通过优势互补，提高感知的准确性和可靠性，如中国农业大学研发的拖拉机自主作业系统，平均作业效率提高 30%以上。

三、DeepSeek 在教育上的应用

《中国教育现代化 2035》和《教育强国建设规划纲要（2024—2035 年）》等政策文件已将现代技术特别是人工智能技术定位为助力信息化时代教育变革的重要创新驱动力。在此背景下，DeepSeek 作为我国自主研发的人工智能系统，凭借其强大的语义理解、数据分析和决策推理能力，为教育领域带来了全方位的创新应用，涵盖学业智能辅导、个性化学习、教学资源生成、学术研究、教学评价、教育管理及辅助决策等多个方面，在提升教学效率、促进个性化学习、助力学术研究、提升教育治理水平等方面展现出巨大的潜力。同时，DeepSeek 作为融合深度学习算法、海量数据挖掘及自然语言处理技术的智能化教育支持平台，其技术优势与教育场景的耦合效应日益凸显，特别是在实现思想政治教育精准化供给、动态化评估与个性化引导方面展现出独特价值。DeepSeek 以大量中文语料展开训练并实施开源策略，对高校思想政治教育具有更广泛、更深刻的影响力，能够丰富和创新高校思想政治教育资源，提升学生学习的积极性、主动性和创造性，并营造良好的思想政治教育环境。

未来，随着多模态融合、强化学习和本地化部署等技术的不断进步，DeepSeek 将在教育领域发挥更大的作用，推动教育智能化的发展。

四、DeepSeek 在医药业上的应用

随着国产人工智能大模型 DeepSeek 的爆火，医疗行业也积极引入这一先进的智能工具，推动医疗服务的智能化升级。据不完全统计，上海交通大学医学院附属上海市第六人民医院、成都市第一人民医院、湖南省人民医院、山西医科大学第一医院、深圳大学附属华南医院、复旦大学附属华山医院、北京大学第一医院、山东大学齐鲁医院等多家医疗机构已完成 DeepSeek 本地化部署，核心应用场景涵盖病理与影像分析智能化、临床决策与病历管理、患者服务与流程再造等多个领域。

DeepSeek 凭借其卓越的数据处理和深度学习能力，在影像识别方面，DeepSeek 可精准分析医学影像，快速发现早期病变，助力医生及时诊断；在药物研发领域，DeepSeek 可加速新药筛选与优化，有效缩短研发周期并降低成本；在患者服务上，无论是诊疗流程、政策解读还是常见病症咨询，患者都能迅速得到专业反馈，显著提升医疗服务质量和效率；在辅助诊断方面，DeepSeek 借助认知大模型技术，结合国内外权威临床指南和专家共识，助力医疗团队快速制定患者诊后管理路径，为患者提供个性化康复计划、健康指导及在线健康咨询，满足全病程管理需求。

随着 AI 技术的不断发展，医学大模型将在未来的医疗实践中发挥越来越重要的作用。但也要确保其应用的安全性和有效性，国家卫生健康委印发的《卫生健康行业人工智能应用场景参考指引》明确指出，人工智能在医疗健康领域的应用应定位为“辅助”。

五、DeepSeek 在制造业上的应用

在当今数字化浪潮的推动下，DeepSeek 凭借其强大的技术实力和创新应用，正成为驱动制造业转型升级的重要力量，并引领传统制造业向智能化、网络化、绿色化和高端化方向转型升级。如在汽车行业，DeepSeek 的应用尤为广泛，据不完全统计，比亚迪、吉利、奇瑞、长安、东风等 20 余家主流车企已接入 DeepSeek－R1 大模型。此外，汽车产业链上游的供应商也积极采用 DeepSeek 技术，以提升生产效率和产品质量。

DeepSeek 通过数据采集、分析与应用，挖掘数据的内在价值，为制造企业提供精准的决策支持，同时优化制造流程，推动产品质量和运营效率的整体提升。此外，还能基于设备运行数据的分析，构建可预先识别设备潜在故障并发出预警的预测性维护模型，从而减少停机时间，降低维护费用。

六、DeepSeek 在金融业上的应用

DeepSeek 作为新一代人工智能技术体系，凭借其融合知识推理、多模态交互与混合专家等关键能力，成为金融机构数字化、智能化转型升级的技术引擎，为金融业注入强大动力和活力，在金融行业的多个细分领域都展现出强大的应用潜力，如在银行网点重塑业务流程、创新服务模式、优化客户体验、提升决策效率等方面提供了有力的支撑。

据不完全统计，截至 2025 年 2 月，已有近百家银行、基金和保险金融机构官宣部署或接入 DeepSeek，涵盖银行、保险公司、券商、公募基金等多个领域。随着 DeepSeek 在金融科技领域的广泛应用，技术风险和金融风险可能会衍生叠加，威胁数据安全、网络安全以及金融稳定性，需要构建新的监管范式，形成以科技和法律双维结构的监管范式，并加强跨部门协作，形成监

管合力，以确保金融科技的健康发展。

七、DeepSeek 在销售行业上的应用

DeepSeek 在销售行业的应用广泛且深入，涵盖了从客户分析、销售流程自动化、个性化推荐、销售预测等多个方面。DeepSeek 可以通过整合多源数据，运用机器学习算法，能够精准分析历史销售数据、市场趋势和消费者行为，帮助企业优化库存、制定营销策略，提升销售业绩和客户满意度；通过自然语言处理技术，提供智能客服，提升客户体验。

DeepSeek 在农业、政务、教育、医药业、制造业、金融业以及销售行业等领域的应用，展示了其强大的潜力和广泛的应用前景。随着技术的不断进步和应用的不断深入，DeepSeek 有望在更多的领域中发挥更大的作用，推动社会的智能化发展。

附　录

附表 1　10 000 个随机数字表

	0～4	5～9	10～14	15～19	20～24	25～29	30～34	35～39	40～44	45～49
0	69 479	20 203	64 858	58 027	92 125	25 769	91 020	19 017	06 865	45 793
1	43 550	95 280	25 371	63 134	91 795	04 327	18 350	04 593	20 311	08 899
2	12 271	24 230	08 707	43 481	17 334	67 856	97 106	12 900	91 939	66 103
3	94 703	94 152	57 694	14 914	31 170	66 944	25 232	96 261	57 783	31 265
4	04 051	28 703	73 205	77 210	90 113	22 023	06 477	81 616	87 905	58 613
5	73 082	25 324	04 865	34 032	57 885	56 316	45 124	14 269	14 057	80 634
6	68 215	34 212	69 125	56 820	32 696	94 500	99 963	03 416	38 866	00 632
7	27 477	74 994	62 837	37 709	16 710	00 366	87 921	49 650	24 268	15 209
8	33 662	53 403	57 140	31 246	09 510	96 528	13 474	09 219	32 061	83 378
9	55 747	30 600	63 738	65 899	77 232	73 740	38 120	40 392	02 527	90 484
10	21 443	76 144	45 297	59 690	41 652	84 109	73 318	22 778	64 230	32 440
11	08 749	69 715	49 765	05 470	63 483	96 463	96 992	49 998	73 315	19 940
12	39 717	67 213	72 317	93 377	27 468	90 470	08 405	94 253	73 246	27 819
13	49 891	23 700	31 028	28 573	50 474	91 131	75 869	69 721	59 286	08 870
14	87 459	15 662	63 761	75 073	52 705	57 526	58 093	46 485	77 813	39 459
15	17 529	18 120	58 446	31 015	84 240	56 454	64 176	92 211	91 706	96 071
16	40 718	65 903	61 500	67 149	40 373	81 901	89 972	66 104	39 990	02 527
17	26 761	93 706	78 909	10 925	89 290	44 961	37 845	94 789	24 472	27 844
18	21 886	49 805	67 101	13 424	45 905	13 817	09 100	24 174	65 612	32 262
19	06 121	87 948	87 603	62 536	64 601	31 538	28 673	54 281	56 219	02 655
20	62 443	44 359	95 513	13 636	20 390	07 390	31 732	08 321	69 093	43 283
21	61 237	33 740	68 290	13 359	80 269	84 288	17 599	32 510	08 456	67 080
22	28 470	97 662	16 926	48 135	36 436	47 389	65 556	17 226	13 938	65 581
23	12 083	82 858	44 158	84 126	24 727	84 438	67 953	42 372	32 128	85 126
24	47 426	87 118	07 068	38 901	19 828	74 729	47 552	66 355	01 876	46 908
25	18 907	26 180	48 571	69 187	36 495	06 006	25 583	97 304	87 670	22 338
26	00 567	29 559	30 838	77 836	84 443	07 650	75 673	22 330	19 224	62 930
27	19 745	84 117	30 328	68 178	74 320	99 280	62 184	24 838	09 822	72 954
28	84 699	14 647	09 253	35 599	20 243	77 498	56 256	57 396	82 255	16 199
29	00 065	34 069	26 525	28 894	90 827	96 852	09 901	25 633	44 622	62 063

续附表 1

	0～4	5～9	10～14	15～19	20～24	25～29	30～34	35～39	40～44	45～49
30	22 367	88 952	65 655	55 220	27 453	44 950	60 051	11 866	69 098	36 535
31	55 601	87 263	47 923	55 216	88 910	74 925	16 691	12 714	48 327	34 557
32	53 046	82 252	58 280	74 600	91 906	46 831	54 940	43 314	77 087	73 086
33	47 276	29 027	97 992	20 023	33 326	47 147	38 552	34 572	15 550	01 826
34	73 725	37 740	17 745	63 068	95 809	57 541	33 293	77 691	55 271	70 489
35	22 626	26 119	68 872	49 561	01 376	27 343	54 249	47 930	46 755	32 666
36	55 602	67 670	31 282	07 691	38 728	50 130	18 292	91 306	51 603	40 125
37	37 260	16 946	99 599	28 761	15 156	86 150	85 831	52 747	41 880	17 338
38	14 102	90 472	97 971	04 398	79 821	59 381	66 389	79 922	14 856	47 143
39	84 128	14 124	72 666	43 438	06 010	78 685	32 474	50 318	81 119	23 482
40	49 083	86 721	92 944	64 061	52 605	64 972	96 187	12 566	66 789	36 910
41	22 511	07 760	60 027	85 306	82 524	35 107	96 667	17 819	52 803	78 690
42	94 083	87 865	04 596	23 381	79 582	73 562	72 685	12 882	13 524	01 269
43	83 634	89 939	41 162	20 263	12 401	23 190	14 769	74 397	25 326	86 359
44	44 942	80 177	71 485	79 856	48 403	29 079	24 259	35 037	41 757	65 224
45	11 663	26 827	86 318	88 931	85 599	74 428	52 831	00 505	13 161	76 955
46	11 195	44 112	80 904	37 039	65 630	13 399	02 399	42 596	82 361	37 545
47	33 088	90 839	94 022	29 002	20 707	06 298	13 675	46 191	51 381	78 982
48	18 317	14 764	79 522	01 075	80 977	18 213	65 350	61 732	54 691	82 788
49	98 486	57 840	58 774	96 347	24 953	84 037	23 914	46 812	28 211	31 089
50	06 815	38 577	61 359	40 035	54 729	49 238	50 420	34 964	66 847	83 349
51	95 106	28 832	90 503	63 774	64 014	96 165	28 408	69 822	96 923	43 673
52	13 320	25 478	36 774	91 833	57 724	79 252	23 985	35 602	41 756	57 761
53	52 689	29 724	77 491	19 396	01 112	36 060	22 154	15 068	40 024	39 111
54	62 006	11 045	92 817	28 666	00 894	88 144	12 022	22 957	45 503	24 914
55	09 274	68 125	04 738	92 756	82 824	03 722	94 107	21 854	91 852	89 422
56	89 534	31 371	51 142	82 667	29 088	87 688	67 017	91 275	62 556	68 299
57	70 765	70 037	19 455	91 226	77 318	90 793	52 829	43 853	29 734	77 296
58	64 301	32 528	66 259	39 774	61 932	92 374	75 346	52 088	09 937	50 836
59	02 435	62 353	13 797	85 713	21 901	71 499	42 615	80 378	66 025	12 163
60	01 021	61 858	75 284	51 470	12 167	98 753	39 578	10 825	11 626	01 678
61	02 126	76 439	28 392	02 011	66 119	63 084	60 188	28 105	00 793	39 549
62	32 719	91 212	10 679	09 192	15 037	63 121	71 817	17 267	32 957	19 345
63	50 406	81 155	64 984	49 404	21 268	30 499	62 771	95 247	74 642	70 920
64	29 437	26 591	28 096	39 980	91 477	15 126	43 384	44 077	57 320	83 405

续附表 1

	0～4	5～9	10～14	15～19	20～24	25～29	30～34	35～39	40～44	45～49
65	76 582	25 697	73 104	20 231	58 582	18 759	87 615	90 744	54 904	86 907
66	57 478	45 956	79 372	04 740	25 327	77 127	50 643	87 266	59 325	26 246
67	94 447	99 984	95 869	35 836	80 653	55 773	58 090	60 143	35 034	94 255
68	52 648	62 339	97 183	02 620	84 925	60 543	71 974	46 377	26 275	20 350
69	40 068	57 170	43 084	17 041	72 380	78 565	37 855	12 146	23 698	77 010
70	39 360	70 168	98 544	49 394	73 221	81 597	82 921	46 538	26 247	48 061
71	16 055	23 902	60 160	57 310	14 958	38 767	04 437	19 303	17 339	05 838
72	45 077	34 583	18 022	17 197	32 896	53 890	28 819	32 109	31 877	89 605
73	76 273	72 623	90 072	22 335	46 165	75 739	02 920	06 582	44 497	05 042
74	86 653	60 277	47 043	03 739	48 337	20 909	24 251	96 332	63 839	67 943
75	18 432	01 447	66 910	92 062	64 553	71 577	16 268	59 200	01 129	72 902
76	50 867	97 291	15 047	77 412	91 236	19 279	17 539	02 289	33 053	26 895
77	53 358	03 087	59 853	50 404	46 419	46 229	46 319	72 893	63 286	96 314
78	08 053	85 864	11 702	44 418	78 997	04 915	74 713	16 658	92 623	34 856
79	36 765	42 431	56 411	27 060	34 227	70 897	81 667	12 263	74 293	91 297
80	03 290	94 564	08 250	72 871	48 113	51 110	50 817	31 303	01 342	67 655
81	66 205	11 788	41 580	14 631	93 284	16 031	30 780	72 156	57 655	50 956
82	32 819	30 265	54 408	01 332	31 089	20 972	38 360	56 185	82 169	15 499
83	90 979	77 700	73 358	91 571	08 061	20 186	63 633	03 095	84 859	82 827
84	88 921	89 801	80 110	85 726	72 269	50 765	08 056	19 206	58 491	82 784
85	86 187	63 622	58 033	82 404	41 957	11 139	44 343	21 130	26 622	22 552
86	87 924	00 998	35 784	52 725	47 447	45 965	43 953	96 469	72 909	87 371
87	64 114	25 683	38 995	31 009	40 910	07 955	89 745	22 570	45 402	65 072
88	81 187	72 413	80 944	55 435	20 743	94 384	99 283	57 935	24 047	80 908
89	41 937	71 895	56 727	01 141	70 395	92 134	18 470	47 196	86 882	68 774
90	44 250	38 323	06 694	46 207	02 288	10 380	90 267	96 306	03 793	03 215
91	24 792	84 086	46 878	42 324	72 118	71 229	59 087	14 044	23 970	87 703
92	05 710	34 066	94 264	19 317	99 928	40 553	54 471	17 452	72 262	29 862
93	08 570	29 135	07 927	82 488	58 083	35 783	03 352	08 913	68 049	92 381
94	05 758	08 375	30 553	55 884	71 254	71 756	06 596	30 917	78 233	32 374
95	70 356	27 269	52 909	37 372	97 475	29 257	63 540	76 615	00 995	82 423
96	95 857	62 775	90 114	04 715	58 352	49 129	19 021	95 006	46 513	33 208
97	78 017	47 526	89 247	03 344	00 917	90 394	25 450	17 466	22 717	68 818
98	78 714	42 232	76 779	24 651	20 259	26 320	71 974	34 035	01 493	88 900
99	90 620	39 366	50 797	55 748	04 754	42 454	09 683	35 558	02 286	02 713

续附表 1

	50～54	55～59	60～64	65～69	70～74	75～79	80～84	85～89	90～94	95～99
0	51 756	60 782	81 023	09 595	82 784	21 108	34 328	12 118	87 373	08 711
1	74 300	49 986	18 846	02 589	51 815	87 783	41 513	97 148	82 333	18 287
2	68 035	52 369	18 540	33 186	99 893	17 997	90 110	73 215	85 670	25 604
3	20 919	36 807	44 195	79 910	09 258	85 945	32 334	50 771	44 951	47 067
4	34 590	68 506	25 292	87 351	99 046	70 416	83 795	57 554	18 695	43 388
5	29 870	64 234	85 931	20 620	28 272	27 103	96 340	95 169	54 047	23 281
6	04 735	97 310	37 943	36 178	69 364	81 127	56 048	00 854	16 660	32 568
7	40 844	87 734	68 735	02 333	85 026	49 257	26 623	12 180	27 413	73 488
8	78 433	33 049	99 867	81 578	26 161	36 401	70 242	78 925	37 764	77 777
9	24 897	76 206	56 681	29 431	50 953	86 813	42 623	06 689	98 972	39 355
10	22 338	54 838	11 735	68 642	98 716	29 235	15 279	59 288	24 094	99 267
11	19 442	42 611	76 394	55 838	18 333	97 290	18 649	42 921	73 394	44 809
12	48 959	71 850	54 781	17 435	43 624	12 713	28 622	46 685	98 366	82 302
13	47 063	71 208	70 069	98 935	32 733	35 858	74 266	41 327	64 519	71 376
14	46 073	82 634	13 685	89 028	15 188	80 889	19 762	50 138	43 095	26 222
15	08 545	72 755	61 430	33 578	09 510	83 071	64 357	50 386	81 621	81 869
16	45 947	57 693	69 743	75 749	59 519	96 540	51 721	33 571	40 376	61 627
17	27 331	25 331	28 792	75 219	57 980	34 504	66 670	61 232	99 329	34 744
18	57 608	77 283	68 550	42 350	62 913	08 080	42 207	68 509	46 764	33 035
19	72 284	60 286	21 955	48 267	65 536	23 964	33 839	01 203	25 221	68 581
20	71 405	11 788	39 407	93 756	97 553	79 250	19 853	74 161	25 497	99 476
21	34 462	64 586	66 968	63 255	74 380	69 171	43 053	42 025	53 686	70 174
22	41 001	39 138	42 773	43 430	26 981	44 432	99 689	97 607	87 447	68 255
23	57 108	32 713	17 768	53 947	99 124	95 864	20 797	54 936	45 018	75 352
24	98 326	61 300	82 066	20 512	54 377	68 018	42 144	53 409	25 405	66 211
25	30 588	93 446	63 619	37 905	45 250	28 633	20 733	33 595	19 716	44 460
26	64 725	52 615	08 811	55 353	63 106	91 450	03 728	34 506	04 452	36 627
27	00 351	45 385	38 720	36 511	77 594	37 500	85 805	85 796	31 633	63 592
28	94 354	48 138	21 669	04 795	99 185	95 294	62 416	62 869	00 558	79 370
29	57 244	60 066	59 308	28 789	28 339	12 873	70 658	75 584	54 123	11 795
30	20 222	57 994	72 163	98 855	78 668	25 913	48 264	02 746	12 465	75 220
31	55 178	54 110	16 377	79 699	35 635	27 480	64 467	21 836	61 347	01 401
32	30 288	90 266	70 555	12 637	22 735	14 059	02 882	33 346	21 901	69 243
33	83 604	63 973	26 271	55 712	19 759	13 765	02 547	10 899	58 170	65 903
34	96 986	38 488	79 680	15 055	58 795	51 282	78 415	32 474	61 873	80 119

续附表 1

	50～54	55～59	60～64	65～69	70～74	75～79	80～84	85～89	90～94	95～99
35	38 893	34 464	48 658	48 272	18 581	01 448	37 172	40 784	07 900	85 512
36	05 445	38 508	08 430	11 483	98 299	91 139	11 276	60 289	46 196	34 577
37	29 614	85 339	95 761	81 394	87 119	38 805	00 235	37 547	83 204	58 411
38	52 536	24 773	79 954	62 679	49 401	25 338	42 387	10 589	68 761	09 203
39	47 512	65 001	60 878	67 221	79 207	55 141	84 578	77 750	01 847	57 103
40	05 415	62 092	65 364	25 380	41 306	91 348	28 844	28 404	56 997	17 918
41	44 003	00 307	68 396	20 138	59 824	20 641	16 124	77 307	67 030	31 092
42	82 181	76 883	43 315	80 663	01 961	39 293	15 325	69 525	63 148	69 268
43	39 429	95 751	05 547	97 373	34 078	93 573	39 888	72 441	92 139	45 818
44	79 113	64 079	48 509	58 544	30 627	15 388	69 294	77 246	68 284	01 599
45	95 443	83 158	18 312	79 965	96 198	53 293	91 782	87 641	00 567	95 529
46	09 319	59 150	04 021	75 659	72 351	23 288	42 375	76 276	30 163	57 633
47	67 854	35 025	02 454	90 575	45 257	03 078	28 212	02 118	63 291	08 319
48	83 185	84 831	67 380	30 014	36 376	71 340	84 630	00 593	25 193	83 222
49	59 577	90 210	29 216	49 918	61 229	32 726	70 482	28 472	11 017	84 908
50	58 368	02 126	48 401	28 021	60 854	75 667	66 594	50 991	36 363	39 618
51	06 092	90 114	91 538	59 405	98 023	68 746	14 285	29 526	39 837	16 301
52	54 760	86 290	30 434	33 184	71 236	45 588	06 635	88 319	76 299	34 001
53	65 617	54 825	47 657	84 561	33 598	21 609	77 784	13 922	42 127	38 331
54	15 921	25 686	15 414	26 386	15 355	60 946	68 691	35 693	00 586	02 759
55	09 331	10 966	22 892	06 849	93 088	83 416	50 594	70 992	99 286	82 701
56	21 296	92 475	53 306	48 530	29 771	92 795	93 814	28 756	13 519	25 743
57	46 661	27 750	53 455	56 472	74 715	45 470	36 319	43 800	86 751	55 052
58	01 537	70 230	40 647	71 656	87 739	36 509	83 010	11 531	01 018	18 879
59	26 043	70 972	85 377	34 638	35 949	90 071	03 314	14 709	39 623	33 584
60	01 192	52 170	99 633	80 310	26 626	23 637	94 694	86 016	43 013	15 714
61	40 078	42 383	93 248	89 334	29 320	71 682	32 488	99 324	38 589	84 215
62	25 161	47 936	28 572	77 450	12 219	17 118	03 027	63 877	75 612	64 922
63	24 713	55 748	12 497	06 503	01 395	83 497	31 443	17 662	83 520	57 255
64	11 857	37 471	29 619	63 401	81 175	42 479	53 762	15 883	10 533	99 800
65	52 981	76 808	39 161	20 117	94 489	17 357	66 436	37 067	52 344	80 644
66	64 478	77 461	89 888	04 412	30 649	75 522	21 963	90 617	06 921	16 198
67	17 043	36 944	29 949	24 070	08 830	71 736	01 369	71 379	66 980	59 608
68	20 961	93 920	97 113	43 655	20 626	49 910	66 133	97 513	54 638	69 376
69	02 394	54 750	70 214	96 223	20 349	90 299	51 540	90 720	42 246	05 881

续附表 1

	50～54	55～59	60～64	65～69	70～74	75～79	80～84	85～89	90～94	95～99
70	82 622	88 429	34 592	72 786	38 648	01 702	44 978	62 563	15 423	47 329
71	51 111	79 684	57 597	53 882	83 804	08 900	95 625	99 481	98 014	76 453
72	16 602	73 633	71 248	87 693	64 354	26 281	73 590	10 767	64 600	93 171
73	06 628	50 270	29 422	82 251	37 786	22 622	78 213	06 671	57 786	32 902
74	49 510	99 179	92 938	32 030	45 629	46 372	65 013	45 131	38 921	05 919
75	34 821	24 518	08 196	94 036	76 370	87 851	03 910	77 159	76 252	55 836
76	69 976	50 096	44 668	59 120	83 985	70 935	02 997	62 060	32 944	73 334
77	13 279	38 649	10 682	45 773	00 559	95 034	98 989	68 330	35 431	84 025
78	41 629	47 076	07 558	50 735	88 044	48 780	39 716	16 093	12 764	37 073
79	97 392	48 990	89 864	91 518	25 438	07 430	41 673	64 358	42 070	42 517
80	97 913	48 698	71 573	22 704	82 570	94 934	72 853	00 742	34 948	86 054
81	64 818	71 890	94 092	61 097	07 284	79 581	62 561	15 147	87 726	29 670
82	97 950	76 534	03 301	30 494	97 434	77 811	28 625	42 694	10 120	67 744
83	39 919	28 856	42 760	11 923	86 890	54 692	00 376	61 652	40 955	96 599
84	43 628	25 933	31 177	42 916	38 303	94 761	08 590	88 319	70 165	82 436
85	90 369	04 751	22 896	32 959	87 650	84 662	54 346	98 689	90 887	77 975
86	58 134	84 081	81 312	09 906	88 636	25 441	97 606	00 350	32 980	00 440
87	65 333	55 056	85 496	19 842	79 394	22 870	27 560	22 546	60 115	30 995
88	16 968	01 809	62 444	05 715	89 871	44 854	29 686	14 439	72 665	71 841
89	77 359	85 831	60 333	01 106	81 105	79 535	50 201	34 060	47 320	43 131
90	60 220	34 550	18 669	90 105	36 432	26 111	50 141	85 190	90 172	43 349
91	25 292	06 552	65 466	62 933	84 915	30 662	19 529	91 618	85 940	54 237
92	66 285	02 668	69 005	66 841	46 724	05 523	33 504	87 574	39 871	80 351
93	96 850	99 877	65 088	77 729	04 932	30 567	23 599	10 249	80 538	61 750
94	42 915	63 588	05 474	53 165	22 668	31 607	87 033	67 181	37 940	95 435
95	14 440	42 061	63 504	59 088	13 341	75 938	11 785	75 993	12 201	77 426
96	81 410	90 242	95 555	30 826	15 975	50 556	76 656	95 135	64 544	41 876
97	02 016	29 554	02 265	22 761	02 218	15 269	53 856	18 960	58 160	37 503
98	75 432	19 336	13 693	79 346	33 239	27 470	50 927	99 675	42 531	32 425
99	34 544	27 732	13 186	64 106	16 007	80 687	20 379	82 437	30 681	78 824

附表 2　累积正态分布 $F_N(u)$ 值表

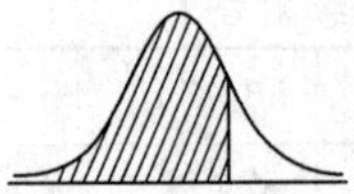

u	−0.09	−0.08	−0.07	−0.06	−0.05	−0.04	−0.03	−0.02	−0.01	−0.00
−3.0	0.00100	0.00104	0.00107	0.00111	0.00114	0.00118	0.00122	0.00126	0.00131	0.00135
−2.9	0.001 39	0.001 44	0.001 49	0.001 54	0.001 59	0.001 64	0.001 69	0.001 75	0.001 81	0.001 87
−2.8	0.001 93	0.001 99	0.002 05	0.002 12	0.002 19	0.002 26	0.002 33	0.002 40	0.002 48	0.002 56
−2.7	0.002 64	0.002 72	0.002 80	0.002 89	0.002 98	0.003 07	0.003 17	0.003 26	0.003 36	0.003 47
−2.6	0.003 57	0.003 68	0.003 79	0.003 91	0.004 02	0.004 15	0.004 27	0.004 40	0.004 53	0.004 66
−2.5	0.004 80	0.004 94	0.005 08	0.005 23	0.005 39	0.005 54	0.005 70	0.005 87	0.006 04	0.006 21
−2.4	0.006 39	0.006 57	0.006 76	0.006 95	0.007 14	0.007 34	0.007 55	0.007 76	0.007 98	0.008 20
−2.3	0.008 42	0.008 66	0.008 89	0.009 14	0.009 39	0.009 64	0.009 90	0.010 17	0.010 44	0.010 72
−2.2	0.011 01	0.011 30	0.011 60	0.011 91	0.012 22	0.012 55	0.012 87	0.013 21	0.013 55	0.013 90
−2.1	0.014 26	0.014 63	0.015 00	0.015 39	0.015 78	0.016 18	0.016 59	0.017 00	0.017 43	0.017 86
−2.0	0.018 31	0.018 76	0.019 23	0.019 70	0.020 18	0.020 68	0.021 18	0.021 69	0.022 22	0.022 75
−1.9	0.023 30	0.023 85	0.024 42	0.025 00	0.025 59	0.026 19	0.026 80	0.027 43	0.028 07	0.028 72
−1.8	0.029 38	0.030 05	0.030 74	0.031 44	0.032 16	0.032 88	0.033 62	0.034 38	0.035 15	0.035 93
−1.7	0.036 73	0.037 54	0.038 36	0.039 20	0.040 06	0.040 93	0.041 82	0.042 72	0.043 63	0.044 57
−1.6	0.045 51	0.046 48	0.047 46	0.048 46	0.049 47	0.050 50	0.051 55	0.052 62	0.053 70	0.054 80
−1.5	0.055 92	0.057 05	0.058 21	0.059 38	0.060 57	0.061 78	0.063 01	0.064 26	0.065 52	0.066 81
−1.4	0.068 11	0.069 44	0.070 78	0.072 15	0.073 53	0.074 93	0.076 36	0.077 80	0.079 27	0.080 76
−1.3	0.082 26	0.083 79	0.085 34	0.086 91	0.088 51	0.090 12	0.091 76	0.093 42	0.095 10	0.096 80
−1.2	0.098 53	0.100 27	0.102 04	0.103 83	0.105 65	0.107 49	0.109 35	0.111 23	0.113 14	0.115 07
−1.1	0.117 02	0.119 00	0.121 00	0.123 02	0.125 07	0.127 14	0.129 24	0.131 36	0.133 50	0.135 67
−1.0	0.137 86	0.140 07	0.142 31	0.144 57	0.146 86	0.149 17	0.151 51	0.153 86	0.156 25	0.158 66
−0.9	0.161 09	0.163 54	0.166 02	0.168 53	0.171 06	0.173 61	0.176 19	0.178 79	0.181 41	0.184 06
−0.8	0.186 73	0.189 43	0.192 15	0.194 89	0.197 66	0.200 45	0.203 27	0.206 11	0.208 97	0.211 86
−0.7	0.214 76	0.217 70	0.220 65	0.223 63	0.226 63	0.229 65	0.232 70	0.235 76	0.238 85	0.241 96
−0.6	0.245 10	0.248 25	0.251 43	0.254 63	0.257 85	0.261 09	0.264 35	0.267 63	0.270 93	0.274 25
−0.5	0.277 60	0.280 96	0.284 34	0.287 74	0.291 16	0.294 60	0.298 06	0.301 53	0.305 03	0.308 54
−0.4	0.312 07	0.315 61	0.319 18	0.322 76	0.326 36	0.329 97	0.333 60	0.337 24	0.340 90	0.344 58
−0.3	0.348 27	0.351 97	0.355 69	0.359 42	0.363 17	0.366 93	0.370 70	0.374 48	0.378 28	0.382 09
−0.2	0.385 91	0.389 74	0.393 58	0.397 43	0.401 29	0.405 17	0.409 05	0.412 94	0.416 83	0.420 74
−0.1	0.424 65	0.428 58	0.432 51	0.436 44	0.440 38	0.444 33	0.448 28	0.452 24	0.456 20	0.460 17
−0.0	0.464 14	0.468 12	0.472 10	0.476 08	0.480 06	0.484 05	0.488 03	0.492 02	0.496 01	0.500 00

续附表 2

u	0.00	0.01	0.02	0.03	0.04	0.05	0.06	0.07	0.08	0.09
0.0	0.500 00	0.503 99	0.507 98	0.511 97	0.515 95	0.519 94	0.523 92	0.527 90	0.531 88	0.535 86
0.1	0.539 83	0.543 80	0.547 76	0.551 72	0.555 67	0.559 62	0.563 56	0.567 49	0.571 42	0.575 35
0.2	0.579 26	0.583 17	0.587 06	0.590 95	0.594 83	0.598 71	0.602 57	0.606 42	0.610 26	0.614 09
0.3	0.617 91	0.621 72	0.625 52	0.629 30	0.633 07	0.636 83	0.640 58	0.644 31	0.648 03	0.651 73
0.4	0.655 42	0.659 10	0.662 76	0.666 40	0.670 03	0.673 64	0.677 24	0.680 82	0.684 39	0.687 93
0.5	0.691 46	0.694 97	0.698 47	0.701 94	0.705 40	0.708 84	0.712 26	0.715 66	0.719 04	0.722 40
0.6	0.725 75	0.729 07	0.732 37	0.735 65	0.738 91	0.742 15	0.745 37	0.748 57	0.751 75	0.754 90
0.7	0.758 04	0.761 15	0.764 24	0.767 30	0.770 35	0.773 37	0.776 37	0.779 35	0.782 30	0.785 24
0.8	0.788 14	0.791 03	0.793 89	0.796 73	0.799 55	0.802 34	0.805 11	0.807 85	0.810 57	0.813 27
0.9	0.815 94	0.818 59	0.821 21	0.823 81	0.826 39	0.828 94	0.831 47	0.833 98	0.836 46	0.838 91
1.0	0.841 34	0.843 75	0.846 14	0.848 49	0.850 83	0.853 14	0.855 43	0.857 69	0.859 93	0.862 14
1.1	0.864 33	0.866 50	0.868 64	0.870 76	0.872 86	0.874 93	0.876 98	0.879 00	0.881 00	0.882 98
1.2	0.884 93	0.886 86	0.888 77	0.890 65	0.892 51	0.894 35	0.896 17	0.897 96	0.899 73	0.901 47
1.3	0.903 20	0.904 90	0.906 58	0.908 24	0.909 88	0.911 49	0.913 09	0.914 66	0.916 21	0.917 74
1.4	0.919 24	0.920 73	0.922 20	0.923 64	0.925 07	0.926 47	0.927 85	0.929 22	0.930 56	0.931 89
1.5	0.933 19	0.934 48	0.935 74	0.936 99	0.938 22	0.939 43	0.940 62	0.941 79	0.942 95	0.944 08
1.6	0.945 20	0.946 30	0.947 38	0.948 45	0.949 50	0.950 53	0.951 54	0.952 54	0.953 52	0.954 49
1.7	0.955 43	0.956 37	0.957 28	0.958 18	0.959 07	0.959 94	0.960 80	0.961 64	0.962 46	0.963 27
1.8	0.964 07	0.964 85	0.965 62	0.966 38	0.967 12	0.967 84	0.968 56	0.969 26	0.969 95	0.970 62
1.9	0.971 28	0.971 93	0.972 57	0.973 20	0.973 81	0.974 41	0.975 00	0.975 58	0.976 15	0.976 70
2.0	0.977 25	0.977 78	0.978 31	0.978 82	0.979 32	0.979 82	0.980 30	0.980 77	0.981 24	0.981 69
2.1	0.982 14	0.982 57	0.983 00	0.983 41	0.983 82	0.984 22	0.984 61	0.985 00	0.985 37	0.985 74
2.2	0.986 10	0.986 45	0.986 79	0.987 13	0.987 45	0.987 78	0.988 09	0.988 40	0.988 70	0.988 99
2.3	0.989 28	0.989 56	0.989 83	0.990 10	0.990 36	0.990 61	0.990 86	0.991 11	0.991 34	0.991 58
2.4	0.991 80	0.992 02	0.992 24	0.992 45	0.992 66	0.992 86	0.993 05	0.993 24	0.993 43	0.993 61
2.5	0.993 79	0.993 96	0.994 13	0.994 30	0.994 46	0.994 61	0.994 77	0.994 92	0.995 06	0.995 20
2.6	0.995 34	0.995 47	0.995 60	0.995 73	0.995 85	0.995 98	0.996 09	0.996 21	0.996 32	0.996 43
2.7	0.996 53	0.996 64	0.996 74	0.996 83	0.996 93	0.997 02	0.997 11	0.997 20	0.997 28	0.997 36
2.8	0.997 44	0.997 52	0.997 60	0.997 67	0.997 74	0.997 81	0.997 88	0.997 95	0.998 01	0.998 07
2.9	0.998 13	0.998 19	0.998 25	0.998 31	0.998 36	0.998 41	0.998 46	0.998 51	0.998 56	0.998 61
3.0	0.998 65	0.998 69	0.998 74	0.998 78	0.998 82	0.998 86	0.998 89	0.998 93	0.998 96	0.999 00

附表 3　正态离差 u_α 值表(双尾)

$$\alpha=1-\frac{1}{\sqrt{2\pi}}\int_{-u_\alpha}^{u_\alpha} e^{-\frac{u^2}{2}}du$$

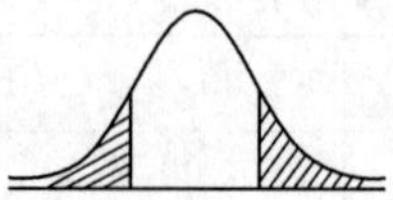

α	0.01	0.02	0.03	0.04	0.05	0.06	0.07	0.08	0.09	0.10
0.00	2.575 829	2.326 348	2.170 090	2.053 749	1.959 964	1.880 794	1.811 911	1.750 686	1.695 398	1.644 854
0.10	1.598 193	1.554 774	1.514 102	1.475 791	1.439 531	1.405 072	1.372 204	1.340 755	1.310 579	1.281 552
0.20	1.253 565	1.226 528	1.200 359	1.174 987	1.150 349	1.126 391	1.103 063	1.080 319	1.058 122	1.036 433
0.30	1.0152 22	0.9944 58	0.9741 14	0.9541 65	0.9345 89	0.9153 65	0.8964 73	0.8778 96	0.8596 17	0.8416 21
0.40	0.823 894	0.806 421	0.789 192	0.772 193	0.755 415	0.738 847	0.722 479	0.706 303	0.690 309	0.674 490
0.50	0.658 838	0.643 345	0.628 006	0.612 813	0.597 760	0.582 842	0.568 051	0.553 385	0.538 836	0.524 401
0.60	0.510 073	0.495 850	0.481 727	0.467 699	0.453 762	0.439 913	0.426 148	0.412 463	0.398 855	0.385 320
0.70	0.371 856	0.358 459	0.345 126	0.331 853	0.318 639	0.305 481	0.292 375	0.279 319	0.266 311	0.253 347
0.80	0.240 426	0.227 545	0.214 702	0.201 893	0.189 118	0.176 374	0.163 658	0.150 969	0.138 304	0.125 661
0.90	0.113 039	0.100 434	0.087 845	0.075 270	0.062 707	0.050 154	0.037 608	0.025 069	0.012 533	0.000 000

附表 4 t 值表(双尾)

$P(|t|>t_{\alpha})=\alpha$

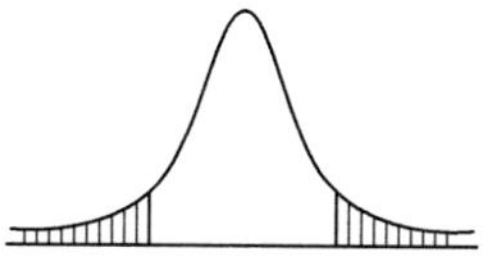

自由度	概率值(P)								
ν	0.500	0.400	0.200	0.100	0.05	0.025	0.010	0.005	0.001
1	1.000	1.376	3.078	6.314	12.706	25.452	63.657	127.321	636.619
2	0.816	1.061	1.886	2.920	4.303	6.205	9.925	14.089	31.599
3	0.765	0.978	1.638	2.353	3.182	4.177	5.841	7.453	12.924
4	0.741	0.941	1.533	2.132	2.776	3.495	4.604	5.598	8.610
5	0.727	0.920	1.476	2.015	2.571	3.163	4.032	4.773	6.869
6	0.718	0.906	1.440	1.943	2.447	2.969	3.707	4.317	5.959
7	0.711	0.896	1.415	1.895	2.365	2.841	3.499	4.029	5.408
8	0.706	0.889	1.397	1.860	2.306	2.752	3.355	3.833	5.041
9	0.703	0.883	1.383	1.833	2.262	2.685	3.250	3.690	4.781
10	0.700	0.879	1.372	1.812	2.228	2.634	3.169	3.581	4.587
11	0.697	0.876	1.363	1.796	2.201	2.593	3.106	3.497	4.437
12	0.695	0.873	1.356	1.782	2.179	2.560	3.055	3.428	4.318
13	0.694	0.870	1.350	1.771	2.160	2.533	3.012	3.372	4.221
14	0.692	0.868	1.345	1.761	2.145	2.510	2.977	3.326	4.140
15	0.691	0.866	1.341	1.753	2.131	2.490	2.947	3.286	4.073
16	0.690	0.865	1.337	1.746	2.120	2.473	2.921	3.252	4.015
17	0.689	0.863	1.333	1.740	2.110	2.458	2.898	3.222	3.965
18	0.688	0.862	1.330	1.734	2.101	2.445	2.878	3.197	3.922
19	0.688	0.861	1.328	1.729	2.093	2.433	2.861	3.174	3.883
20	0.687	0.860	1.325	1.725	2.086	2.423	2.845	3.153	3.850
21	0.686	0.859	1.323	1.721	2.080	2.414	2.831	3.135	3.819
22	0.686	0.858	1.321	1.717	2.074	2.405	2.819	3.119	3.792
23	0.685	0.858	1.319	1.714	2.069	2.398	2.807	3.104	3.768
24	0.685	0.857	1.318	1.711	2.064	2.391	2.797	3.091	3.754
25	0.684	0.856	1.316	1.708	2.060	2.385	2.787	3.078	3.725
26	0.684	0.856	1.315	1.706	2.056	2.379	2.779	3.067	3.707
27	0.684	0.855	1.314	1.703	2.052	2.373	2.771	3.057	3.690
28	0.683	0.855	1.313	1.701	2.048	2.368	2.763	3.047	3.674
29	0.683	0.854	1.311	1.699	2.045	2.364	2.756	3.038	3.659
30	0.683	0.854	1.310	1.697	2.042	2.360	2.750	3.030	3.646
35	0.682	0.852	1.306	1.690	2.030	2.342	2.724	2.996	3.591
40	0.681	0.851	1.303	1.684	2.021	2.329	2.704	2.971	3.551
45	0.680	0.850	1.301	1.679	2.014	2.319	2.690	2.952	3.520
50	0.679	0.849	1.299	1.676	2.009	2.311	2.678	2.937	3.496
55	0.679	0.848	1.297	1.673	2.004	2.304	2.668	2.925	3.476
60	0.679	0.848	1.296	1.671	2.000	2.299	2.660	2.915	3.460
70	0.678	0.847	1.294	1.667	1.994	2.291	2.648	2.899	3.435
80	0.678	0.846	1.292	1.664	1.990	2.284	2.639	2.887	3.416
90	0.677	0.846	1.291	1.662	1.987	2.280	2.632	2.878	3.402
100	0.677	0.845	1.290	1.660	1.984	2.276	2.626	2.871	3.390
110	0.677	0.845	1.289	1.659	1.982	2.272	2.621	2.865	3.381
120	0.677	0.845	1.289	1.658	1.980	2.270	2.617	2.860	3.373
∞	0.6745	0.8416	1.2816	1.6448	1.9600	2.2414	2.5758	2.8070	3.2905

附表 5 5%(上)和 1%(下) F 值表(单尾)

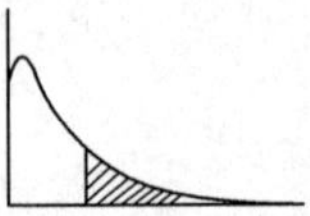

ν_2	ν_1 1	2	3	4	5	6	7	8	9	10	11	12
1	161.45	199.50	215.71	224.58	230.16	233.99	236.77	238.88	240.54	241.88	242.98	243.91
	4 052.18	4 999.50	5 403.35	5 624.58	5 763.65	5 858.99	5 928.36	5 981.07	6 022.47	6 055.85	6 083.32	6 106.32
2	18.51	19.00	19.16	19.25	19.30	19.33	19.35	19.37	19.38	19.40	19.40	19.41
	98.50	99.00	99.17	99.25	99.30	99.33	99.36	99.37	99.39	99.40	99.41	99.42
3	10.13	9.55	9.28	9.12	9.01	8.94	8.89	8.85	8.81	8.79	8.76	8.74
	34.12	30.82	29.46	28.71	28.24	27.91	27.67	27.49	27.35	27.23	27.13	27.05
4	7.71	6.94	6.59	6.39	6.26	6.16	6.09	6.04	6.00	5.96	5.94	5.91
	21.20	18.00	16.69	15.98	15.52	15.21	14.98	14.80	14.66	14.55	14.45	14.37
5	6.61	5.79	5.41	5.19	5.05	4.95	4.88	4.82	4.77	4.74	4.70	4.68
	16.26	13.27	12.06	11.39	10.97	10.67	10.46	10.29	10.16	10.05	9.96	9.89
6	5.99	5.14	4.76	4.53	4.39	4.28	4.21	4.15	4.10	4.06	4.03	4.00
	13.75	10.92	9.78	9.15	8.75	8.47	8.26	8.10	7.98	7.87	7.79	7.72
7	5.59	4.74	4.35	4.12	3.97	3.87	3.79	3.73	3.68	3.64	3.60	3.57
	12.25	9.55	8.45	7.85	7.46	7.19	6.99	6.84	6.72	6.62	6.54	6.47
8	5.32	4.46	4.07	3.84	3.69	3.58	3.50	3.44	3.39	3.35	3.31	3.28
	11.26	8.65	7.59	7.01	6.63	6.37	6.18	6.03	5.91	5.81	5.73	5.67
9	5.12	4.26	3.86	3.63	3.48	3.37	3.29	3.23	3.18	3.14	3.10	3.07
	10.56	8.02	6.99	6.42	6.06	5.80	5.61	5.47	5.35	5.26	5.18	5.11
10	4.96	4.10	3.71	3.48	3.33	3.22	3.14	3.07	3.02	2.98	2.94	2.91
	10.04	7.56	6.55	5.99	5.64	5.39	5.20	5.06	4.94	4.85	4.77	4.71
11	4.84	3.98	3.59	3.36	3.20	3.09	3.01	2.95	2.90	2.85	2.82	2.79
	9.65	7.21	6.22	5.67	5.32	5.07	4.89	4.74	4.63	4.54	4.46	4.40
12	4.75	3.89	3.49	3.26	3.11	3.00	2.91	2.85	2.80	2.75	2.72	2.69
	9.33	6.93	5.95	5.41	5.06	4.82	4.64	4.50	4.39	4.30	4.22	4.16
13	4.67	3.81	3.41	3.18	3.03	2.92	2.83	2.77	2.71	2.67	2.63	2.60
	9.07	6.70	5.74	5.21	4.86	4.62	4.44	4.30	4.19	4.10	4.02	3.96
14	4.60	3.74	3.34	3.11	2.96	2.85	2.76	2.70	2.65	2.60	2.57	2.53
	8.86	6.51	5.56	5.04	4.69	4.46	4.28	4.14	4.03	4.94	3.86	3.80
15	4.54	3.68	3.29	3.06	2.90	2.79	2.71	2.64	2.59	2.54	2.51	2.48
	8.68	6.36	5.42	4.89	4.56	4.32	4.14	4.00	3.89	3.80	3.73	3.67
16	4.49	3.63	3.24	3.01	2.85	2.74	2.66	2.59	2.54	2.49	2.46	2.42
	8.53	6.23	5.29	4.77	4.44	4.20	4.03	3.89	3.78	3.69	3.62	3.55
17	4.45	3.59	3.20	2.96	2.81	2.70	2.61	2.55	2.49	2.45	2.41	2.38
	8.40	6.11	5.18	4.67	4.34	4.10	3.93	3.79	3.68	3.59	3.52	3.46

续附表 5

ν_2	ν_1											
	1	2	3	4	5	6	7	8	9	10	11	12
18	4.41	3.55	3.16	2.93	2.77	2.66	2.58	2.51	2.46	2.41	2.37	2.34
	8.29	6.01	5.09	4.58	4.25	4.01	3.84	3.71	3.60	3.51	3.43	3.73
19	4.38	3.52	3.13	2.90	2.74	2.63	2.54	2.48	2.42	2.38	2.34	2.31
	8.18	5.93	5.01	4.50	4.17	3.94	3.77	3.63	3.52	3.43	3.36	3.30
20	4.35	3.49	3.10	2.87	2.71	2.60	2.51	2.45	2.39	2.35	2.31	2.28
	8.10	5.85	4.94	4.43	4.10	3.87	3.70	3.56	3.46	3.37	3.29	3.23
21	4.32	3.47	3.07	2.84	2.68	2.57	2.49	2.42	2.37	2.32	2.28	2.25
	8.02	5.78	4.87	4.37	3.04	3.81	3.64	3.51	3.40	3.31	3.24	3.17
22	4.30	3.44	3.05	2.82	2.66	2.55	2.46	2.40	2.34	2.30	2.26	2.23
	7.95	5.72	4.82	4.31	3.99	3.76	3.59	3.45	3.35	3.26	3.18	3.12
23	4.28	3.42	3.03	2.80	2.64	2.53	2.44	2.37	2.32	2.27	2.24	2.20
	7.88	5.66	4.76	4.26	3.94	3.71	3.54	3.41	3.30	3.21	3.14	3.07
24	4.26	3.40	3.01	2.78	2.62	2.51	2.42	2.36	2.30	2.25	2.22	2.18
	7.82	5.61	4.72	4.22	3.90	3.67	3.50	3.36	3.26	3.17	3.09	3.03
25	4.24	3.39	2.99	2.76	2.60	2.49	2.40	2.34	2.28	2.24	2.20	2.16
	7.77	5.57	4.68	4.18	3.85	3.63	3.46	3.32	3.22	3.13	3.06	2.99
26	4.23	3.37	2.98	2.74	2.59	2.47	2.39	2.32	2.27	2.22	2.18	2.15
	7.72	5.53	4.64	4.14	3.82	3.59	3.42	3.29	3.18	3.09	3.02	2.96
27	4.21	3.35	2.96	2.73	2.57	2.46	2.37	2.31	2.25	2.20	2.17	2.13
	7.68	5.49	4.60	4.11	3.78	3.56	3.39	3.26	3.15	3.06	2.99	2.93
28	4.20	3.34	2.95	2.71	2.56	2.45	2.36	2.29	2.24	2.19	2.15	2.12
	7.64	5.45	4.57	4.07	3.75	3.53	3.36	3.23	3.12	3.03	2.96	2.90
29	4.18	3.33	2.93	2.70	2.55	2.43	2.35	2.28	2.22	2.18	2.14	2.10
	7.60	5.42	4.54	4.04	3.73	3.50	3.33	3.20	3.09	3.00	2.93	2.87
30	4.17	3.32	2.92	2.69	2.53	2.42	2.33	2.27	2.21	2.16	2.13	2.09
	7.56	5.39	4.51	4.02	3.70	3.47	3.30	3.17	3.07	2.98	2.91	2.84
32	4.15	3.29	2.90	2.67	2.51	2.40	2.31	2.24	2.19	2.14	2.10	2.07
	7.50	5.34	4.46	3.97	3.65	3.43	3.26	3.13	3.02	2.93	2.86	2.80
34	4.13	3.28	2.88	2.65	2.49	2.38	2.29	2.23	2.17	2.12	2.08	2.05
	7.44	5.29	4.42	3.93	3.61	3.39	3.22	3.09	2.98	2.89	2.82	2.76
36	4.11	3.26	2.87	2.63	2.48	2.36	2.28	2.21	2.15	2.11	2.07	2.03
	7.40	5.25	4.38	3.89	3.57	3.35	3.18	3.05	2.95	2.86	2.79	2.72
38	4.10	3.24	2.85	2.62	2.46	2.35	2.26	2.19	2.14	2.09	2.05	2.02
	7.35	5.21	4.34	3.86	3.54	3.32	3.15	3.02	2.92	2.83	2.75	2.69
40	4.08	3.23	2.84	2.61	2.45	2.34	2.25	2.18	2.12	2.08	2.04	2.00
	7.31	5.18	4.31	3.83	3.51	3.29	3.12	2.99	2.89	2.80	2.73	2.66
42	4.07	3.22	2.83	2.59	2.44	2.32	2.24	2.17	2.11	2.06	2.03	1.99
	7.28	5.15	4.29	3.80	3.49	3.27	3.10	2.97	2.86	2.78	2.70	2.64

续附表 5

ν_2	ν_1											
	1	2	3	4	5	6	7	8	9	10	11	12
44	4.06	3.21	2.82	2.58	2.43	2.31	2.23	2.16	2.10	2.05	2.01	1.98
	7.25	5.12	4.26	3.78	3.47	3.24	3.08	2.95	2.84	2.75	2.68	2.62
46	4.05	3.20	2.81	2.57	2.42	2.30	2.22	2.15	2.09	2.04	2.00	1.97
	7.22	5.10	4.24	3.76	3.44	3.22	3.06	2.93	2.82	2.73	2.66	2.60
48	4.04	3.19	2.80	2.57	2.41	2.29	2.21	2.14	2.08	2.03	1.99	1.96
	7.19	5.08	4.22	3.74	3.43	3.20	3.04	2.91	2.80	2.71	2.64	2.58
50	4.03	3.18	2.79	2.56	2.40	2.29	2.20	2.13	2.07	2.03	1.99	1.95
	7.17	5.06	4.20	3.72	3.41	3.19	3.02	2.89	2.78	2.70	2.63	2.56
55	4.02	3.16	2.77	2.54	2.38	2.27	2.18	2.11	2.06	2.01	1.97	1.93
	7.12	5.01	4.16	3.68	3.37	3.15	2.98	2.85	2.75	2.66	2.59	2.53
60	4.00	3.15	2.76	2.53	2.37	2.25	2.17	2.10	2.04	1.99	1.95	1.92
	7.08	4.98	4.13	3.65	3.34	3.12	2.95	2.82	2.72	2.63	2.56	2.50
65	3.99	3.14	2.75	2.51	2.36	2.24	2.15	2.08	2.03	1.98	1.94	1.90
	7.04	4.95	4.10	3.62	3.31	3.09	2.93	2.80	2.69	2.61	2.53	2.47
70	3.98	3.13	2.74	2.50	2.35	2.23	2.14	2.07	2.02	1.97	1.93	1.89
	7.01	4.92	4.07	3.60	3.29	3.07	2.91	2.78	2.67	2.59	2.51	2.45
80	3.96	3.11	2.72	2.49	2.33	2.21	2.13	2.06	2.00	1.95	1.91	1.88
	6.96	4.88	4.04	3.56	3.26	3.04	2.87	2.74	2.64	2.55	2.48	2.42
100	3.94	3.09	2.70	2.46	2.31	2.19	2.10	2.03	1.97	1.93	1.89	1.85
	6.90	4.82	3.98	3.51	3.21	2.99	2.82	2.69	2.59	2.50	2.43	2.37
125	3.92	3.07	2.68	2.44	2.29	2.17	2.08	2.01	1.96	1.91	1.87	1.83
	6.84	4.78	3.94	3.47	3.17	2.95	2.79	2.66	2.55	2.47	2.39	2.33
150	3.90	3.06	2.66	2.43	2.27	2.16	2.07	2.00	1.94	1.89	1.85	1.82
	6.81	4.75	3.91	3.45	3.14	2.92	2.76	2.63	2.53	2.44	2.37	2.31
200	3.89	3.04	2.65	2.42	2.26	2.14	2.06	1.98	1.93	1.88	1.84	1.80
	6.76	4.71	3.88	3.41	3.11	2.89	2.73	2.60	2.50	2.41	2.34	2.27
400	3.86	3.02	2.63	2.39	2.24	2.12	2.03	1.96	1.90	1.85	1.81	1.78
	6.70	4.66	3.83	3.37	3.06	2.85	2.68	2.56	2.45	2.37	2.29	2.23
1 000	3.85	3.00	2.61	2.38	2.22	2.11	2.02	1.95	1.89	1.84	1.80	1.76
	6.66	4.63	3.80	3.34	3.04	2.82	2.66	2.53	2.43	2.34	2.27	2.20
∞	3.84	3.00	2.61	2.37	2.22	2.10	2.01	1.94	1.88	1.83	1.79	1.76
	6.64	4.61	3.79	3.33	3.02	2.81	2.65	2.52	2.41	2.33	2.25	2.19

续附表 5

ν_2	ν_1											
	14	16	20	24	30	40	50	75	100	200	500	2 000
1	245.36	246.46	248.01	249.05	250.10	251.14	251.77	252.62	253.04	253.68	254.06	254.19
	6 142.67	6 170.10	6 208.63	6 234.63	6 260.65	6 286.78	6 302.52	6 323.56	6 334.11	6 349.97	6 359.50	6 362.68
2	19.42	19.43	19.45	19.45	19.46	19.47	19.48	19.48	19.49	19.49	19.49	19.49
	99.43	99.44	99.45	99.46	99.47	99.47	99.48	99.49	99.49	99.49	99.50	99.50
3	8.71	8.69	8.66	8.64	8.62	8.59	8.58	8.56	8.55	8.54	8.53	8.53
	26.92	26.83	26.69	26.60	26.50	26.41	26.35	26.28	26.24	26.18	26.15	26.14
4	5.87	5.84	5.80	5.77	5.75	5.72	5.70	5.68	5.66	5.65	5.64	5.63
	14.25	14.15	14.02	13.93	13.84	13.75	13.69	13.61	13.58	13.52	13.49	13.47
5	4.64	4.60	4.56	4.53	4.50	4.46	4.44	4.42	4.41	4.39	4.37	4.37
	9.77	9.68	9.55	9.47	9.38	9.29	9.24	9.17	9.13	9.08	9.04	9.03
6	3.96	3.92	3.87	3.84	3.81	3.77	3.75	3.73	3.71	3.69	3.68	3.67
	7.60	7.52	7.40	7.31	7.23	7.14	7.09	7.02	6.99	6.93	6.90	6.89
7	3.53	3.49	3.44	3.41	3.38	3.34	3.32	3.29	3.27	3.25	3.24	3.23
	6.36	6.28	6.16	6.07	5.99	5.91	5.86	5.79	5.75	5.70	5.67	5.66
8	3.24	3.20	3.15	3.12	3.08	3.04	3.02	2.99	2.97	2.95	2.94	2.93
	5.56	5.48	5.36	5.28	5.20	5.12	5.07	5.00	4.96	4.91	4.88	4.87
9	3.03	2.99	2.94	2.90	2.86	2.83	2.80	2.77	2.76	2.73	2.72	2.71
	5.01	4.92	4.81	4.73	4.65	4.57	4.52	4.45	4.41	4.36	4.33	4.32
10	2.86	2.83	2.77	2.74	2.70	2.66	2.64	2.60	2.59	2.56	2.55	2.54
	4.60	4.52	4.41	4.33	4.25	4.17	4.12	4.05	4.01	3.96	3.93	3.92
11	2.74	2.70	2.65	2.61	2.57	2.53	2.51	2.47	2.46	2.43	2.42	2.41
	4.29	4.21	4.10	4.02	3.94	3.86	3.81	3.74	3.71	3.66	3.62	3.61
12	2.64	2.60	2.54	2.51	2.47	2.43	2.40	2.37	2.35	2.32	2.31	2.30
	4.05	3.97	3.86	3.78	3.70	3.62	3.57	3.50	3.47	3.41	3.38	3.37
13	2.55	2.51	2.46	2.42	2.38	2.34	2.31	2.28	2.26	2.23	2.22	2.21
	3.86	3.78	3.66	3.59	3.51	3.43	3.38	3.31	3.27	3.22	3.19	3.18
14	2.48	2.44	2.39	2.35	2.31	2.27	2.24	2.21	2.19	2.16	2.14	2.14
	3.70	3.62	3.51	3.43	3.35	3.27	3.22	3.15	3.11	3.06	3.03	3.02
15	2.42	2.38	2.33	2.29	2.25	2.20	2.18	2.14	2.12	2.10	2.08	2.07
	3.56	3.49	3.37	3.29	3.21	3.13	3.08	3.01	2.98	2.92	2.89	2.88
16	2.37	2.33	2.28	2.24	2.19	2.15	2.12	2.09	2.07	2.04	2.02	2.02
	3.45	3.37	3.26	3.18	3.10	3.02	2.97	2.90	2.86	2.81	2.78	2.76
17	2.33	2.29	2.23	2.19	2.15	2.10	2.08	2.04	2.02	1.99	1.97	1.97
	3.35	3.27	3.16	3.08	3.00	2.92	2.87	2.80	2.76	2.71	2.68	2.66
18	2.29	2.25	2.19	2.15	2.11	2.06	2.04	2.00	1.98	1.95	1.93	1.92
	3.27	3.19	3.08	3.00	2.92	2.84	2.78	2.71	2.68	2.62	2.59	2.58

续附表 5

ν_2	ν_1											
	14	16	20	24	30	40	50	75	100	200	500	2 000
19	2.26	2.21	2.16	2.11	2.07	2.03	2.00	1.96	1.94	1.91	1.89	1.88
	3.19	3.12	3.00	2.92	2.84	2.76	2.71	2.64	2.60	2.55	2.51	2.50
20	2.22	2.18	2.12	2.08	2.04	1.99	1.97	1.93	1.91	1.88	1.86	1.85
	3.13	3.05	2.94	2.86	2.78	2.69	2.64	2.57	2.54	2.48	2.44	2.43
21	2.20	2.16	2.10	2.05	2.01	1.96	1.94	1.90	1.88	1.84	1.83	1.82
	3.07	2.99	2.88	2.80	2.72	2.64	2.58	2.51	2.48	2.42	2.38	2.37
22	2.17	2.13	2.07	2.03	1.98	1.94	1.91	1.87	1.85	1.82	1.80	1.79
	3.02	2.94	2.83	2.75	2.67	2.58	2.53	2.46	2.42	2.36	2.33	2.32
23	2.15	2.11	2.05	2.01	1.96	1.91	1.88	1.84	1.82	1.79	1.77	1.76
	2.97	2.89	2.78	2.70	2.62	2.54	2.48	2.41	2.37	2.32	2.28	2.27
24	2.13	2.09	2.03	1.98	1.94	1.89	1.86	1.82	1.80	1.77	1.75	1.74
	2.93	2.85	2.74	2.66	2.58	2.49	2.44	2.37	2.33	2.27	2.24	2.22
25	2.11	2.07	2.01	1.96	1.92	1.87	1.84	1.80	1.78	1.75	1.73	1.72
	2.89	2.81	2.70	2.62	2.54	2.45	2.40	2.33	2.29	2.23	2.19	2.18
26	2.09	2.05	1.99	1.95	1.90	1.85	1.82	1.78	1.76	1.73	1.71	1.70
	2.86	2.78	2.66	2.58	2.50	2.42	2.36	2.29	2.25	2.19	2.16	2.14
27	2.08	2.04	1.97	1.93	1.88	1.84	1.81	1.76	1.74	1.71	1.69	1.68
	2.82	2.75	2.63	2.55	2.47	2.38	2.33	2.26	2.22	2.16	2.12	2.11
28	2.06	2.02	1.96	1.91	1.87	1.82	1.79	1.75	1.73	1.69	1.67	1.66
	2.79	2.72	2.60	2.52	2.44	2.35	2.30	2.23	2.19	2.13	2.09	2.08
29	2.05	2.01	1.94	1.90	1.85	1.81	1.77	1.73	1.71	1.67	1.65	1.65
	2.77	2.69	2.57	2.49	2.41	2.33	2.27	2.20	2.16	2.10	2.06	2.05
30	2.04	1.99	1.93	1.89	1.84	1.79	1.76	1.72	1.70	1.66	1.64	1.63
	2.74	2.66	2.55	2.47	2.39	2.30	2.25	2.17	2.13	2.07	2.03	2.02
32	2.01	1.97	1.91	1.86	1.82	1.77	1.74	1.69	1.67	1.63	1.61	1.60
	2.70	2.62	2.50	2.42	2.34	2.25	2.20	2.12	2.08	2.02	1.98	1.97
34	1.99	1.95	1.89	1.84	1.80	1.75	1.71	1.67	1.65	1.61	1.59	1.58
	2.66	2.58	2.46	2.38	2.30	2.21	2.16	2.08	2.04	1.98	1.94	1.92
36	1.98	1.93	1.87	1.82	1.78	1.73	1.69	1.65	1.62	1.59	1.56	1.56
	2.62	2.54	2.43	2.35	2.26	2.18	2.12	2.04	2.00	1.94	1.90	1.89
38	1.96	1.92	1.85	1.81	1.76	1.71	1.68	1.63	1.61	1.57	1.54	1.54
	2.59	2.51	2.40	2.32	2.23	2.14	2.09	2.01	1.97	1.90	1.86	1.85
40	1.95	1.90	1.84	1.79	1.74	1.69	1.66	1.61	1.59	1.55	1.53	1.52
	2.56	2.48	2.37	2.29	2.20	2.11	2.06	1.98	1.94	1.87	1.83	1.82
42	1.94	1.89	1.83	1.78	1.73	1.68	1.65	1.60	1.57	1.53	1.51	1.50
	2.54	2.46	2.34	2.26	2.18	2.09	2.03	1.95	1.91	1.85	1.80	1.79

续附表 5

ν_2	ν_1											
	14	16	20	24	30	40	50	75	100	200	500	2 000
44	1.92	1.88	1.81	1.77	1.72	1.67	1.63	1.59	1.56	1.52	1.49	1.49
	2.52	2.44	2.32	2.24	2.15	2.07	2.01	1.93	1.89	1.82	1.78	1.76
46	1.91	1.87	1.80	1.76	1.71	1.65	1.62	1.57	1.55	1.51	1.48	1.47
	2.50	2.42	2.30	2.22	2.13	2.04	1.99	1.91	1.86	1.80	1.76	1.74
48	1.90	1.86	1.79	1.75	1.70	1.64	1.61	1.56	1.54	1.49	1.47	1.46
	2.48	2.40	2.28	2.20	2.12	2.02	1.97	1.89	1.84	1.78	1.73	1.72
50	1.89	1.85	1.78	1.74	1.69	1.63	1.60	1.55	1.52	1.48	1.46	1.45
	2.46	2.38	2.27	2.18	2.10	2.01	1.95	1.87	1.82	1.76	1.71	1.70
55	1.88	1.83	1.76	1.72	1.67	1.61	1.58	1.53	1.50	1.46	1.43	1.42
	2.42	2.34	2.23	2.15	2.06	1.97	1.91	1.83	1.78	1.71	1.67	1.65
60	1.86	1.82	1.75	1.70	1.65	1.59	1.56	1.51	1.48	1.44	1.41	1.40
	2.39	2.31	2.20	2.12	2.03	1.94	1.88	1.79	1.75	1.68	1.63	1.62
65	1.85	1.80	1.73	1.69	1.63	1.58	1.54	1.49	1.46	1.42	1.39	1.38
	2.37	2.29	2.17	2.09	2.00	1.91	1.85	1.77	1.72	1.65	1.60	1.59
70	1.84	1.79	1.72	1.67	1.62	1.57	1.53	1.48	1.45	1.40	1.37	1.36
	2.35	2.27	2.15	2.07	1.98	1.89	1.83	1.74	1.70	1.62	1.57	1.56
80	1.82	1.77	1.70	1.65	1.60	1.54	1.51	1.45	1.43	1.38	1.35	1.34
	2.31	2.23	2.12	2.03	1.94	1.85	1.79	1.70	1.65	1.58	1.53	1.51
100	1.79	1.75	1.68	1.63	1.57	1.52	1.48	1.42	1.39	1.34	1.31	1.30
	2.27	2.19	2.07	1.98	1.89	1.80	1.74	1.65	1.60	1.52	1.47	1.45
125	1.77	1.73	1.66	1.60	1.55	1.49	1.45	1.40	1.36	1.31	1.27	1.26
	2.23	2.15	2.03	1.94	1.85	1.76	1.69	1.60	1.55	1.47	1.41	1.39
150	1.76	1.71	1.64	1.59	1.54	1.48	1.44	1.38	1.34	1.29	1.25	1.24
	2.20	2.12	2.00	1.92	1.83	1.73	1.66	1.57	1.52	1.43	1.38	1.35
200	1.74	1.69	1.62	1.57	1.52	1.46	1.41	1.35	1.32	1.26	1.22	1.21
	2.17	2.09	1.97	1.89	1.79	1.69	1.63	1.53	1.48	1.39	1.33	1.30
400	1.72	1.67	1.60	1.54	1.49	1.42	1.38	1.32	1.28	1.22	1.17	1.15
	2.13	2.05	1.92	1.84	1.75	1.64	1.58	1.48	1.42	1.32	1.25	1.22
1 000	1.70	1.65	1.58	1.53	1.47	1.41	1.36	1.30	1.26	1.19	1.13	1.11
	2.10	2.02	1.90	1.81	1.72	1.61	1.54	1.44	1.38	1.28	1.19	1.16
∞	1.70	1.65	1.57	1.52	1.46	1.40	1.35	1.29	1.25	1.18	1.12	1.09
	2.09	2.01	1.88	1.80	1.70	1.60	1.53	1.43	1.37	1.26	1.17	1.13

附表6 新复极差法5%（上）和1%（下）*SSR*值表（双尾）

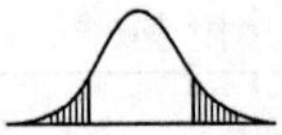

自由度ν	概率 P	检验极差的平均数个数(k) 2	3	4	5	6	7	8	9	10	12	14	16	18	20
1	0.05	18.0	18.0	18.0	18.0	18.0	18.0	18.0	18.0	18.0	18.0	18.0	18.0	18.0	18.0
	0.01	90.0	90.0	90.0	90.0	90.0	90.0	90.0	90.0	90.0	90.0	90.0	90.0	90.0	90.0
2	0.05	6.09	6.09	6.09	6.09	6.09	6.09	6.09	6.09	6.09	6.09	6.09	6.09	6.09	6.09
	0.01	14.0	14.0	14.0	14.0	14.0	14.0	14.0	14.0	14.0	14.0	14.0	14.0	14.0	14.0
3	0.05	4.50	4.50	4.50	4.50	4.50	4.50	4.50	4.50	4.50	4.50	4.50	4.50	4.50	4.50
	0.01	8.26	8.5	8.6	8.7	8.8	8.9	8.9	9.0	9.0	9.0	9.1	9.2	9.3	9.3
4	0.05	3.93	4.01	4.02	4.02	4.02	4.02	4.02	4.02	4.02	4.02	4.02	4.02	4.02	4.02
	0.01	6.51	6.8	6.9	7.0	7.1	7.1	7.2	7.2	7.3	7.3	7.4	7.4	7.5	7.5
5	0.05	3.64	3.74	3.79	3.83	3.83	3.83	3.83	3.83	3.83	3.83	3.83	3.83	3.83	3.83
	0.01	5.70	5.96	6.11	6.18	6.26	6.33	6.40	6.44	6.5	6.6	6.6	6.7	6.7	6.8
6	0.05	3.46	3.58	3.64	3.68	3.68	3.68	3.68	3.68	3.68	3.68	3.68	3.68	3.68	3.68
	0.01	5.24	5.51	5.65	5.73	5.81	5.88	5.95	6.00	6.0	6.1	6.2	6.2	6.3	6.3
7	0.05	3.35	3.47	3.54	3.58	3.60	3.61	3.61	3.61	3.61	3.61	3.61	3.61	3.61	3.61
	0.01	4.95	5.22	5.37	5.45	5.53	5.61	5.69	5.73	5.8	5.8	5.9	5.9	6.0	6.0
8	0.05	3.26	3.39	3.47	3.52	3.55	3.56	3.56	3.56	3.56	3.56	3.56	3.56	3.56	3.56
	0.01	4.74	5.00	5.14	5.23	5.32	5.40	5.47	5.51	5.5	5.6	5.7	5.7	5.8	5.8
9	0.05	3.20	3.34	3.41	3.47	3.50	3.52	3.52	3.52	3.52	3.52	3.52	3.52	3.52	3.52
	0.01	4.60	4.86	4.99	5.08	5.17	5.25	5.32	5.36	5.4	5.5	5.5	5.6	5.7	5.7
10	0.05	3.15	3.30	3.37	3.43	3.46	3.47	3.47	3.47	3.47	3.47	3.47	3.47	3.47	3.48
	0.01	4.48	4.73	4.88	4.96	5.06	5.13	5.20	5.24	5.28	5.36	5.42	5.48	5.54	5.55
11	0.05	3.11	3.27	3.35	3.39	3.43	3.44	3.45	3.46	4.46	3.46	3.46	3.46	3.47	3.48
	0.01	4.39	4.63	4.77	4.86	4.94	5.01	5.06	5.12	5.15	5.24	5.28	5.34	5.38	5.39
12	0.05	3.08	3.23	3.33	3.36	3.40	3.42	3.44	3.44	3.46	3.46	3.46	3.46	3.47	3.48
	0.01	4.32	4.55	4.68	4.76	4.84	4.92	4.96	5.02	5.07	5.13	5.17	5.99	5.24	5.26
13	0.05	3.06	3.21	3.30	3.35	3.38	3.41	3.42	3.44	3.45	3.45	3.46	3.46	3.47	3.47
	0.01	4.26	4.48	4.62	4.69	4.74	4.84	4.88	4.96	4.98	5.04	5.08	5.13	5.14	5.15
14	0.05	3.03	3.18	3.27	3.33	3.37	3.39	3.41	3.42	3.44	3.45	3.46	3.46	3.47	3.47
	0.01	4.21	4.42	4.55	4.63	4.70	4.78	4.83	4.87	4.91	4.96	5.08	5.04	5.06	5.07
15	0.05	3.01	3.16	3.25	3.31	3.36	3.38	3.40	3.42	3.43	3.44	3.45	3.46	3.47	3.47
	0.01	4.17	4.37	4.50	4.58	4.64	4.72	4.77	4.81	4.84	4.90	4.94	4.97	4.99	5.00

续附表 6

自由度 ν	概率 P	检验极差的平均数个数(k)													
		2	3	4	5	6	7	8	9	10	12	14	16	18	20
16	0.05	3.00	3.15	3.23	3.30	3.34	3.37	3.39	3.41	3.43	3.44	3.45	3.46	3.47	3.47
	0.01	4.13	4.34	4.45	4.54	4.60	4.67	4.72	4.76	4.79	4.84	4.88	4.91	4.93	4.94
17	0.05	2.98	3.13	3.22	3.28	3.33	3.36	3.38	3.40	3.42	3.44	3.45	3.46	3.47	3.47
	0.01	4.10	4.30	4.41	4.50	4.56	4.63	4.68	4.72	4.75	4.80	4.83	4.86	4.88	4.89
18	0.05	2.97	3.12	3.21	3.27	3.32	3.35	3.37	3.39	3.41	3.43	3.45	3.46	3.47	3.47
	0.01	4.07	4.27	4.38	4.46	4.53	4.59	4.64	4.68	4.71	4.76	4.79	4.82	4.84	4.85
19	0.05	2.96	3.11	3.19	3.26	3.31	3.35	3.37	3.39	3.41	3.43	3.44	3.46	3.47	3.47
	0.01	4.05	4.24	4.35	4.43	4.50	4.56	4.61	4.64	4.67	4.72	4.76	4.79	4.81	4.82
20	0.05	2.95	3.10	3.18	3.25	3.30	3.34	3.36	3.38	3.40	7.43	3.44	3.46	3.46	3.47
	0.01	4.02	4.22	4.33	4.40	4.47	4.53	4.58	4.61	4.65	4.69	4.73	4.76	4.78	4.79
22	0.05	2.93	3.08	3.17	3.24	3.29	3.32	3.35	3.37	3.39	3.42	3.44	3.45	3.46	3.47
	0.01	3.99	4.17	4.28	4.36	4.42	4.48	4.53	4.57	4.60	4.65	4.68	4.71	4.74	4.75
24	0.05	2.92	3.07	3.15	3.22	3.28	3.31	3.34	3.37	3.38	3.41	3.44	3.45	3.46	3.47
	0.01	3.96	4.14	4.24	4.33	4.39	4.44	4.49	4.53	4.57	4.62	4.64	4.67	4.70	4.72
26	0.05	2.91	3.06	3.14	3.21	3.27	3.30	3.34	3.36	3.38	3.41	3.43	3.45	3.46	3.47
	0.01	3.93	4.11	4.21	4.30	4.36	4.41	4.46	4.50	4.53	4.58	4.62	4.65	4.67	4.69
28	0.05	2.90	3.04	3.13	3.20	3.26	3.30	3.33	3.35	3.37	3.40	3.43	3.45	3.46	3.47
	0.01	3.91	4.08	4.18	4.28	4.34	4.39	4.43	4.47	4.51	4.56	4.60	4.62	4.65	4.67
30	0.05	2.89	3.04	3.12	3.20	3.25	3.29	3.32	3.35	3.37	3.40	3.43	3.44	3.46	3.47
	0.01	3.89	4.06	4.16	4.22	4.32	4.36	4.41	4.45	4.48	4.54	4.58	4.61	4.63	4.65
40	0.05	2.86	3.01	3.10	3.17	3.22	3.27	3.30	3.33	3.35	3.39	3.42	3.44	3.46	3.47
	0.01	3.82	3.99	4.10	4.17	4.24	4.30	4.34	4.37	4.51	4.46	4.51	4.54	4.57	4.59
60	0.05	2.83	2.98	3.08	3.14	3.20	3.24	3.28	3.31	3.33	3.37	3.40	3.43	3.45	3.47
	0.01	3.76	3.92	4.03	4.12	4.17	4.23	4.27	4.31	4.34	4.39	4.44	4.47	4.50	4.53
100	0.05	2.80	2.95	3.05	3.12	3.18	3.22	3.26	3.29	3.32	3.36	3.40	3.42	3.45	3.47
	0.01	3.71	3.96	3.98	4.06	4.11	4.17	4.21	4.25	4.29	4.35	4.38	4.42	4.45	4.48
∞	0.05	2.77	2.92	3.02	3.09	3.15	3.19	3.23	3.26	3.29	3.34	3.38	3.41	3.44	3.47
	0.01	3.64	3.80	3.90	3.98	4.04	4.09	4.14	4.17	4.20	4.26	4.31	4.34	4.38	4.41

附表 7　r 值表

df	$\alpha=0.05$	$\alpha=0.01$	df	$\alpha=0.05$	$\alpha=0.01$
1	0.997	1.000	21	0.413	0.526
2	0.950	0.990	22	0.404	0.515
3	0.878	0.959	23	0.396	0.505
4	0.811	0.917	24	0.388	0.496
5	0.754	0.874	25	0.381	0.487
6	0.707	0.834	26	0.374	0.478
7	0.666	0.798	27	0.367	0.470
8	0.632	0.765	28	0.361	0.463
9	0.602	0.735	29	0.355	0.456
10	0.576	0.708	30	0.349	0.449
11	0.553	0.684	35	0.325	0.418
12	0.532	0.661	40	0.304	0.393
13	0.514	0.641	45	0.288	0.372
14	0.497	0.623	50	0.273	0.354
15	0.482	0.606	60	0.250	0.325
16	0.468	0.590	70	0.232	0.302
17	0.456	0.575	80	0.217	0.283
18	0.444	0.561	100	0.195	0.254
19	0.433	0.549	200	0.138	0.181
20	0.423	0.537	300	0.113	0.148

附表 8　χ^2 值表(右尾)

$$P(\chi^2 > \chi^2_{\nu,\alpha}) = \alpha$$

自由度 ν	概率值(P)												
	0.995	0.990	0.975	0.950	0.900	0.750	0.500	0.250	0.100	0.050	0.025	0.010	0.005
1	0.00	0.00	0.00	0.04	0.02	0.10	0.45	1.47	2.71	3.84	5.02	6.63	7.88
2	0.01	0.02	0.05	0.10	0.21	0.58	1.39	2.98	4.61	5.99	7.38	9.21	10.60
3	0.07	0.11	0.22	0.35	0.58	1.21	2.37	4.36	6.25	7.81	9.35	11.34	12.84
4	0.21	0.30	0.48	0.71	1.06	1.92	3.36	5.67	7.78	9.49	11.14	13.28	14.86
5	0.41	0.55	0.83	1.15	1.61	2.67	4.35	6.94	9.24	11.07	12.83	15.09	16.75
6	0.68	0.87	1.24	1.64	2.20	3.45	5.35	8.18	10.64	12.59	14.45	16.81	18.55
7	0.99	1.24	1.69	2.17	2.83	4.25	6.35	9.40	12.02	14.07	16.01	18.48	20.28
8	1.34	1.65	2.18	2.73	3.49	5.07	7.34	10.61	13.36	15.51	17.53	20.09	21.95
9	1.73	2.09	2.70	3.33	4.17	5.90	8.34	11.80	14.68	16.92	19.02	21.67	23.59
10	2.16	2.56	3.25	3.94	4.87	6.74	9.34	12.98	15.99	18.31	20.48	23.21	25.19
11	2.60	3.05	3.82	4.57	5.58	7.58	10.34.	14.15	17.28	19.68	21.92	24.72	26.76
12	3.07	3.57	4.40	5.23	6.30	8.44	11.34	15.31	18.55	21.03	23.34	26.22	28.30
13	3.57	4.11	5.01	5.89	7.04	9.30	12.34	16.46	19.81	22.36	24.74	27.69	29.82
14	4.07	4.66	5.63	6.57	7.79	10.17	13.34	17.61	21.06	23.68	26.12	29.14	31.32
15	4.60	5.23	6.26	7.26	8.55	11.04	14.34	18.76	22.31	25.00	27.49	30.58	32.80
16	5.14	5.81	6.91	7.96	9.31	11.91	15.34	19.89	23.54	26.30	28.85	32.00	34.27
17	5.70	6.41	7.56	8.67	10.09	12.79	16.34	21.03	24.77	27.59	30.19	33.41	35.72
18	6.26	7.01	8.23	9.39	10.86	13.68	17.34	22.16	25.99	28.87	31.53	34.81	37.16
19	6.84	7.63	8.91	10.12	11.65	14.56	18.34	23.29	27.20	30.14	32.85	36.19	38.58
20	7.43	8.26	9.59	10.85	12.44	15.45	19.34	24.41	28.41	31.41	34.17	37.57	40.00
21	8.03	8.90	10.28	11.59	13.24	16.34	20.34	25.53	29.62	32.67	35.48	38.93	41.40
22	8.64	9.54	10.98	12.34	14.04	17.24	21.34	26.65	30.81	33.92	36.78	40.29	42.80
23	9.26	10.20	11.69	13.09	14.85	18.14	22.34	27.76	32.01	35.17	38.08	41.64	44.18
24	9.89	10.86	12.40	13.85	15.66	19.04	23.34	28.87	33.30	36.42	29.36	42.98	45.56
25	10.52	11.52	13.12	14.61	16.47	19.94	24.34	29.98	34.38	37.65	40.65	44.31	46.93
26	11.16	12.20	13.84	15.38	17.29	20.84	25.34	31.09	35.56	38.89	41.92	45.64	48.29
27	11.81	12.88	14.57	16.15	18.11	21.75	26.34	32.19	36.74	40.11	43.19	46.96	49.64
28	12.46	13.56	15.31	16.93	18.94	22.66	27.34	33.30	37.92	41.34	44.46	48.28	50.99
29	13.12	14.26	16.05	17.71	19.77	25.57	28.34	34.40	39.09	42.56	45.72	49.59	52.34
30	13.79	14.95	16.79	18.49	20.60	24.48	29.34	35.50	40.26	43.77	46.98	59.89	53.67
40	20.71	22.16	24.43	26.51	29.05	33.66	39.34	46.41	51.81	55.76	59.34	63.69	66.77
50	27.99	29.71	32.36	34.76	37.69	42.94	49.33	57.21	63.17	67.50	71.42	76.15	79.49
60	35.53	37.48	40.48	43.19	46.46	52.29	59.33	67.94	74.40	79.08	83.30	88.38	91.95
70	43.28	45.44	48.76	51.74	55.33	61.70	69.33	78.61	85.53	90.53	95.02	100.43	104.21
80	51.17	53.54	57.15	60.39	64.28	71.14	79.33	89.23	96.58	101.88	106.63	112.33	116.32
90	59.20	61.75	65.65	69.13	73.29	80.62	89.33	99.81	107.57	113.15	118.14	124.12	128.30
100	67.33	70.06	74.22	77.93	82.36	90.13	99.33	110.36	118.50	124.34	129.56	135.81	140.17

附表9 常用正交表(部分)

(1)$L_4(2^3)$正交表

处理号	列号		
	1	2	3
1	1	1	1
2	1	2	2
3	2	1	2
4	2	2	1

注:任意两列间的交互作用为剩下一列。

(2)$L_8(2^7)$正交表

处理号	列号						
	1	2	3	4	5	6	7
1	1	1	1	1	1	1	1
2	1	1	1	2	2	2	2
3	1	2	2	1	1	2	2
4	1	2	2	2	2	1	1
5	2	1	2	1	2	1	2
6	2	1	2	2	1	2	1
7	2	2	1	1	2	2	1
8	2	2	1	2	1	1	2

$L_8(2^7)$表头设计

因素数	列号						
	1	2	3	4	5	6	7
3	A	B	A×B	C	A×C	B×C	
4	A	B	A×B C×D	C	A×C B×D	B×C A×D	D
5	A	B C×D	A×B	C B×D	A×C	D B×C	A×D

(3)$L_{12}(2^{11})$正交表

处理号	列号										
	1	2	3	4	5	6	7	8	9	10	11
1	1	1	1	1	1	1	1	1	1	1	1
2	1	1	1	1	1	2	2	2	2	2	2
3	1	1	2	2	2	1	1	1	2	2	2
4	1	2	1	2	2	1	2	2	1	1	2
5	1	2	2	1	2	2	1	2	1	2	1
6	1	2	2	2	1	2	2	1	2	1	1

续表

处理号	列号										
	1	2	3	4	5	6	7	8	9	10	11
7	2	1	2	2	1	1	2	2	1	2	1
8	2	1	2	1	2	2	2	1	1	1	2
9	2	1	1	2	2	2	1	2	2	1	1
10	2	2	2	1	1	1	1	2	2	1	2
11	2	2	1	2	1	2	1	1	1	2	2
12	2	2	1	1	2	1	2	1	2	2	1

注：任意两列间的交互作用都不在表内。

(4)$L_{16}(4^5)$正交表

处理号	列号				
	1	2	3	4	5
1	1	1	1	1	1
2	1	2	2	2	2
3	1	3	3	3	3
4	1	4	4	4	4
5	2	1	2	3	4
6	2	2	1	4	3
7	2	3	4	1	2
8	2	4	3	2	1
9	3	1	3	4	2
10	3	2	4	3	1
11	3	3	1	2	4
12	3	4	2	1	3
13	4	1	4	2	3
14	4	2	3	1	4
15	4	3	2	4	1
16	4	4	1	3	2

注：任意两列间的交互作用为另外三列。

(5)$L_8(4\times 2^4)$正交表

处理号	列号				
	1	2	3	4	5
1	1	1	1	1	1
2	1	2	2	2	2
3	2	1	1	2	2
4	2	2	2	1	1
5	3	1	2	1	2
6	3	2	1	2	1
7	4	1	2	2	1
8	4	2	1	1	2

注：第 1 列与另外任意一列的交互作用为其余三列。

(6) $L_9(3^4)$ 正交表

处理号	列号			
	1	2	3	4
1	1	1	1	1
2	1	2	2	2
3	1	3	3	3
4	2	1	2	3
5	2	2	3	1
6	2	3	1	2
7	3	1	3	2
8	3	2	1	3
9	3	3	2	1

注：任意两列间的交互作用为另外两列。

(7) $L_{27}(3^{13})$ 正交表

处理号	列号												
	1	2	3	4	5	6	7	8	9	10	11	12	13
1	1	1	1	1	1	1	1	1	1	1	1	1	1
2	1	1	1	1	2	2	2	2	2	2	2	2	2
3	1	1	1	1	3	3	3	3	3	3	3	3	3
4	1	2	2	2	1	1	1	2	2	2	3	3	3
5	1	2	2	2	2	2	2	3	3	3	1	1	1
6	1	2	2	2	3	3	3	1	1	1	2	2	2
7	1	3	3	3	1	1	1	3	3	3	2	2	2
8	1	3	3	3	2	2	2	1	1	1	3	3	3
9	1	3	3	3	3	3	3	2	2	2	1	1	1
10	2	1	2	3	1	2	3	1	2	3	1	2	3
11	2	1	2	3	2	3	1	2	3	1	2	3	1
12	2	1	2	3	3	1	2	3	1	2	3	1	2
13	2	2	3	1	1	2	3	2	3	1	3	1	2
14	2	2	3	1	2	3	1	3	1	2	1	2	3
15	2	2	3	1	3	1	2	1	2	3	2	3	1
16	2	3	1	2	1	2	3	3	1	2	2	3	1
17	2	3	1	2	2	3	1	1	2	3	3	1	2
18	2	3	1	2	3	1	2	2	3	1	1	2	3
19	3	1	3	2	1	3	2	1	3	2	1	3	2
20	3	1	3	2	2	1	3	2	1	3	2	1	3
21	3	1	3	2	3	2	1	3	2	1	3	2	1
22	3	2	1	3	1	3	2	2	1	3	3	2	1
23	3	2	1	3	2	1	3	3	2	1	1	3	2
24	3	2	1	3	3	2	1	1	3	2	2	1	3
25	3	3	2	1	1	3	2	3	2	1	2	1	3
26	3	3	2	1	2	1	3	1	3	2	3	2	1
27	3	3	2	1	3	2	1	2	1	3	1	3	2

$L_{27}(3^{13})$表头设计

因素数	列号												
	1	2	3	4	5	6	7	8	9	10	11	12	13
3	A	B	$(A\times B)_1$	$(A\times B)_2$	C	$(A\times C)_1$	$(A\times C)_2$	$(B\times C)_1$			$(B\times C)_2$		
4	A	B	$(A\times B)_1$ $(C\times D)_2$	$(A\times B)_2$	C	$(A\times C)_1$ $(B\times D)_2$	$(A\times C)_2$		D	$(A\times D)_1$	$(B\times C)_2$	$(B\times D)_1$	$(C\times D)_1$

参考文献

[1]张力飞,梁春莉.田间试验与统计分析.北京:中国农业大学出版社,2022.
[2]王宝山,简峰.试验统计方法.3版.北京:中国农业出版社,2014.
[3]霍志军.试验统计方法.北京:中国农业出版社,2011.
[4]简峰.试验统计方法.4版.北京:中国农业出版社,2019.
[5]明道绪,刘永建.生物统计附试验设计.6版.北京:中国农业出版社,2019.
[6]高惠璇.应用多元统计分析.北京:北京大学出版社,2005.
[7]俞渭江,郭卓元.畜牧试验统计.贵阳:贵州科技出版社,1995.
[8]盖钧益.试验统计方法.北京:中国农业出版社,2000.
[9]李春喜,王文林.生物统计学.北京:科学出版社,1997.
[10]高山林.生物统计学.北京:中国农业出版社,1994.
[11]徐继初.生物统计及试验设计.北京:中国农业出版社,1992.
[12]高惠璇,李东风,耿直.SAS系统与基础统计分析.北京:北京大学出版社,1995.
[13]王芳,李传仁.田间试验与生物统计.北京:化学工业出版社,2009.
[14]刘来福.生物统计.北京:北京师范大学出版社,2007.
[15]李春喜,邵云,姜丽娜.生物统计学.北京:科学出版社,2008.
[16]刘权.果树试验设计及统计.北京:中国农业出版社,1992.
[17]朱明哲.田间试验与生物统计.北京:中国农业出版社,1999.
[18]朱孝达.田间试验与生物统计.重庆:重庆大学出版社,2000.
[19]金益.试验设计与统计分析.北京:中国农业出版社,2007.
[20]尚文艳,瞿宏杰.试验设计与统计方法.武汉:华中科技大学出版社,2012.
[21]方萍.实用农业试验设计与统计分析指南.北京:中国农业出版社,2000.
[22]董时富.生物统计学.北京:科学出版社,2002.
[23]明道绪.兽医统计方法.成都:成都科技大学出版社,1991.